EDA 工程技术丛书

Altium Designer 24

PCB设计官方教程　（基础应用）

Authoritative Tutorial for PCB Design
Based on Altium Designer 24
(Essential)

李崇伟　高夏英◎编著

清華大学出版社
北京

内 容 简 介

本书是一部系统论述 Altium Designer 24 PCB 基础应用的实战教程(含纸质图书、实战案例和配套视频教程)。全书共 9 章：第 1 章为 Altium Designer 24 软件概述；第 2 章为 PCB 设计流程与工程创建；第 3 章为元件库的创建和加载；第 4 章为原理图设计；第 5 章为 PCB 设计；第 6 章为 PCB 后期处理；第 7 章为 2 层 Leonardo 开发板的 PCB 设计；第 8 章为常见问题及解决方法；第 9 章为 Altium 365 平台；附录 A 提供了 Leonardo 项目所用到的完整原理图、PCB Layout 参考设计、三维 PCB 视图；附录 B 提供了软件通用快捷键。本书还配套提供了完整的教学课件及教学视频，可到清华大学出版社网站本书页面下载。

本书可以作为各大中专院校相关专业和培训班的教材，也可以作为电子、电气、自动化设计等相关专业人员的学习和参考用书。

本书由 Altium 公司授权出版，并对书的内容进行了审核。

图书在版编目（CIP）数据

Altium Designer 24 PCB设计官方教程：基础应用 /
李崇伟，高夏英编著. -- 北京：清华大学出版社，
2024. 10. -- (EDA工程技术丛书). -- ISBN 978-7-302-
67372-9

Ⅰ. TN410.2

中国国家版本馆CIP数据核字第2024VM3545号

策划编辑：盛东亮
责任编辑：范德一
封面设计：李召霞
责任校对：时翠兰
责任印制：刘 菲

出版发行：清华大学出版社

网　　　　址：https://www.tup.com.cn，https://www.wqxuetang.com

地　　　　址：北京清华大学学研大厦A座　　　　邮　　编：100084

社　总　机：010-83470000　　　　邮　　购：010-62786544

投稿与读者服务：010-62776969，c-service@tup.tsinghua.edu.cn

质　量　反　馈：010-62772015，zhiliang@tup.tsinghua.edu.cn

课　件　下　载：https://www.tup.com.cn，010-83470236

印　装　者：天津安泰印刷有限公司

经　　　销：全国新华书店

开　　本：185mm×260mm　　　印　张：22.25　　　字　数：540千字

版　　次：2024年10月第1版　　　印　次：2024年10月第1次印刷

印　　数：1～2500

定　　价：79.00元

产品编号：106635-01

  Altium 公司一直致力于为每个电子设计工程师提供最好的设计技术和解决方案。三十多年来，我们一直将其作为 Altium 公司的核心使命。

  期间，我们看到了电子设计行业的巨大变化。虽然设计在本质上变得越来越复杂，但获得设计和生产复杂 PCB 的能力已经变得越来越容易。

  中国正在从世界电子制造强国向电子设计强国转型，拥有巨大的市场潜力。专注于创新，提升设计能力和有效性，中国将有机会使这种潜力变为现实。Altium 公司看到这样的转变，一直在中国的电子设计行业投入巨资。

  我很高兴这本书将出版。学习我们的设计系统是非常实用和有效的，这将使任何电子设计工程师在职业生涯中受益。

  Altium 公司新的一体化设计方式取代了原来的设计工具，让创新设计变得更为容易，并可以避免高成本的设计流程、错误和产品的延迟。随着互联设备和物联网的兴起，成功、快速地将设计推向市场是每个公司成功的必由之路。

  希望您在使用 Altium Designer 的过程中，将设计应用到现实生活中，并祝愿您事业有成。

Altium 全球首席运营官 David Read

2019 年 3 月

At Altium we always have been passionate about putting the best available design technology into the hands of every electronics designer and engineer. We have made it our core mission at Altium for more than 30 years.

Over this time we have seen much change in the electronics design industry. While designs have become more and more complex in their nature, the ability to design and produce a complex PCB has become more and more accessible.

China has a great opportunity ahead, to move from being the world's electronics manufacturing power house, to become the world's electronics design power house. That opportunity will come from a focus on innovation and raising the power and effectiveness of the electronics designer. Seeing this transformation take place, Altium has been investing heavily in the design industry in China.

To that end, I am delighted to see this book. It is an extremely practical and useful approach to learning our design system that will surely benefit any electronics designer's career.

Our approach to unified design approach replaces the previous ad hoc collection of design tools, making it easier to innovate and allows you to avoid being bogged down in costly processes, mistakes or delays. With the rise of connected devices and IoT bringing designs to market successfully and quickly is imperative of every successful company.

I wish you the best of success in using Altium Designer to bring your designs to life and advance your career.

Chief Operating Officer of Altium
David Read
2019.3

随着电子工业和微电子设计技术与工艺的飞速发展，电子信息类产品的开发明显地出现了两个特点：一是开发产品的复杂程度加深，即设计者往往要将更多的功能、更高的性能和更丰富的技术含量集成于所开发的电子系统之中；二是开发产品的上市时限紧迫，减少延误、缩短系统开发周期以及尽早推出产品上市变得十分重要。

作为一个强大、一致的电子开发环境，Altium Designer 已经被构建起来。它包含用户需要的所有高级工具，可以实现高产、高效的设计。Altium Designer 将数据库、元件管理、原理图输入、电气/设计规则、验证、先进的 PCB 布线、原生三维（3D）PCB MCAD 协作、设计文档、输出生成和 BOM 管理统一起来，并将它们融入整洁的用户界面。用户不需要学习几种不同的工具完成工作，而且在从工程创建到设计再到发布的整个过程中不会失去设计数据的保真度。

Altium Designer 独特的原生三维 PCB 引擎是柔性 PCB 设计或刚柔结合板设计的最佳选择，通过全三维建模，可以在提高工作效率的同时减小设计误差。Altium Designer 还是企业级电子设计管理平台，项目内部管理、跨部门协同、生产数据发布管理等都可以在这个平台上找到适合的解决方案。

最新版本的 Altium Designer 24 采用时尚、新颖的用户界面，简化了设计流程，可以显著提高用户体验和设计效率，同时通过 64 位多线程架构实现了前所未有的性能优化。

1. 现代化的界面体验

新的、内聚的用户界面提供了一个全新、直观的环境，并使其最优化，使用户的设计工作流程能够获得无与伦比的可视化体验。属性面板结合了属性对话框和监视器（inspector）面板，通过选择过滤器、文档/快照选项、快捷方式和对象属性简化了对对象属性和参数的访问过程；库面板可以快速搜索和放置元件，同时整合来自一百多家经过验证的供应商的相关供应链数据；板层及颜色面板为用户提供了自定义板层比例、显示或屏蔽、三维对象建模，甚至是系统颜色可视化的完整功能。

2. 强大的PCB设计

64 位体系结构和多线程任务优化，让用户可以比以前更快地设计和发布大型、复杂的电路板。设计大型、复杂的电路板时，确保不会出现内存不足的情况；并且利用更高效的算法显著提高了许多常见任务（包括在线 DRC、项目验证、多边形铺铜和输出生成）的执行速度，大大缩短了设计时间。

3. 快速和高质量的布线能力

视觉约束和用户指导的互动结合，使用户能够跨板层进行复杂的拓扑结构布线——以计算机的速度布线，以人的智慧保证质量。ActiveRoute 提供了用户导向的布线自动化，以便在被定义的层范围内进行布线和调整，从而以机器的速度获得人类的高质量效果。

4. 原生3D PCB设计环境

PCB 的真实三维（3D）和实时渲染的视图包括通过直接连接 STEP 模型实现的 MCAD ECAD 协同设计、实时的三维安全间距检查、二维和三维模式的显示配置、正交投影以及二维和三维 PCB 模型的纹理渲染。PCB 编辑器也支持导入机械外壳，从而实现精确的三维违规检测。

5. 功能强大的多板设计系统

许多产品包括多个互连的印制电路板，将这些电路板组装在外壳内部并确保它们正确连接到一起是产品开发过程中具有挑战性的工作。这需要一个支持系统级设计的设计环境。利用 Altium Designer 的系统级多板工程，用户可以在其中定义功能逻辑系统，也可以定义将各种电路板连接在一起的空间，并在逻辑和物理上验证它们连接的正确性。

6. 简化的PCB文档处理流程

Draftsman 文档工具提供了快速、自动化的制造和装配文档。它可以直接将所有必需的装配和制造视图与实际源数据放在一起，以便更新；还可以除去另一个产品，并从用户的设计工作流程中分离各环节，以生成相应的制造和装配图纸。用户只需单击 Next 按钮，所有图纸就会更新以匹配源数据，而不需要文件交换。

为了让设计者更好地应用 Altium Designer 24 开展电子系统设计工作，Altium 中国技术支持中心组织编写了此书。书中详细介绍了 Altium Designer 24 的基本操作功能，并给出了 2 层开发板实例的设计步骤，以供读者学习和参考。

如果书中存在不妥之处，敬请读者批评指正，也欢迎读者咨询 Altium Designer 的售后使用及维保、续保问题。

Altium 中国技术支持中心

2024 年 8 月

第 1 章　Altium Designer 24 软件概述 ··· 1
　▶ 微课视频 95 分钟
　1.1　Altium Designer 24 软件介绍 ··· 1
　1.2　Altium Designer 24 的特点及新增功能 ······································ 2
　　1.2.1　Altium Designer 24 的特点 ··· 2
　　1.2.2　Altium Designer 24 新增功能 ··· 2
　1.3　Altium Designer 24 软件的运行环境 ·· 3
　1.4　Altium Designer 24 软件的安装和激活 ·· 3
　　1.4.1　Altium Designer 24 的安装 ·· 3
　　1.4.2　Altium Infrastructure Server 基础结构服务器的安装与激活 ············· 7
　　1.4.3　Altium Designer 24 的插件安装 ··· 14
　1.5　常用系统参数的设置 ·· 15
　　1.5.1　General 参数设置 ·· 16
　　1.5.2　View 参数设置 ··· 17
　　1.5.3　账户管理 ··· 18
　　1.5.4　Navigation 参数设置 ·· 19
　　1.5.5　Design Insight 参数设置 ·· 22
　　1.5.6　File Types 参数设置 ·· 24
　　1.5.7　鼠标滚轮配置 ·· 24
　　1.5.8　Network Activity 参数设置 ·· 25
　1.6　常用数据管理设置 ·· 25
　　1.6.1　自动备份设置 ·· 25
　　1.6.2　安装库的设置 ·· 25
　1.7　系统设置 ·· 26
　　1.7.1　系统参数的导出和导入 ·· 26
　　1.7.2　Light/Dark 主题切换功能 ··· 28
第 2 章　PCB 设计流程与工程创建 ··· 29
　▶ 微课视频 13 分钟
　2.1　PCB 设计总流程 ··· 29
　2.2　完整工程文件的组成 ·· 29
　2.3　创建新工程及各类组成文件 ·· 30
　2.4　给工程添加或移除已有文件 ·· 34
　　2.4.1　给工程添加已有文件 ·· 34
　　2.4.2　从工程中移除已有文件 ·· 34
　2.5　快速查询文件保存路径 ·· 35
　2.6　重命名文件名称 ··· 35

第 3 章　元件库的创建和加载 ··· 36

▶微课视频 90 分钟

3.1　元件的命名规范及归类 ··· 36

3.2　原理图库常用操作命令 ··· 38

3.3　元件符号的绘制方法 ·· 46

　　3.3.1　手工绘制元件符号 ··· 46

　　3.3.2　利用 Symbol Wizard 制作多引脚元件符号 ······················· 49

　　3.3.3　绘制含有子部件的库元件符号 ·· 51

3.4　封装的命名和规范 ·· 52

3.5　PCB 元件库的常用操作命令 ··· 54

3.6　封装制作 ·· 60

　　3.6.1　手工制作封装 ·· 60

　　3.6.2　IPC 向导（元件向导）制作封装 ······································· 64

　　3.6.3　异形焊盘的制作 ··· 70

3.7　创建及导入 3D 元件 ··· 76

　　3.7.1　绘制简单的 3D 模型 ·· 77

　　3.7.2　导入 3D 模型 ··· 79

3.8　元件与封装的关联 ··· 80

　　3.8.1　给单个元件匹配封装 ·· 80

　　3.8.2　符号管理器的使用 ·· 81

　　3.8.3　封装管理器的使用 ·· 83

3.9　集成库的制作方法 ··· 85

　　3.9.1　集成库的创建 ·· 85

　　3.9.2　库文件的加载 ·· 86

第 4 章　原理图设计 ·· 89

▶微课视频 13 分钟

4.1　原理图常用参数设置 ·· 89

　　4.1.1　General 参数设置 ··· 89

　　4.1.2　Graphical Editing 参数设置 ·· 92

　　4.1.3　Compiler 参数设置 ··· 94

　　4.1.4　Grids 参数设置 ·· 95

　　4.1.5　Break Wire 参数设置 ··· 96

4.2　原理图设计流程 ·· 97

4.3　设置图纸并放置元器件 ··· 98

　　4.3.1　图纸大小 ·· 98

　　4.3.2　图纸栅格 ·· 98

　　4.3.3　查找并放置元器件 ·· 99

4.3.4 设置元件属性 100

4.3.5 元件的对齐操作 101

4.3.6 元器件的复制、粘贴 101

4.4 连接元器件 103

4.4.1 自定义快捷键 103

4.4.2 放置导线连接元件 105

4.4.3 放置网络标签 105

4.4.4 端口的应用 106

4.4.5 放置离图连接器 110

4.4.6 放置差分对指示 110

4.4.7 原理图中设置差分对类 111

4.4.8 原理图中设置网络类 112

4.4.9 网络标签识别范围 114

4.5 原理图常规操作 115

4.5.1 自动图纸编号 115

4.5.2 网络名称的识别 116

4.5.3 网络全局高亮显示 116

4.5.4 元件引脚到多个焊盘的映射 117

4.5.5 元件库自定义备用元件 118

4.5.6 创建原理图模板 119

4.5.7 调用原理图模板 122

4.5.8 原理图和 PCB 网络颜色同步 124

4.5.9 原理图的屏蔽设置 125

4.5.10 全局编辑——查找相似对象 126

4.6 分配元件标号 127

4.7 原理图电气检测及项目验证 129

4.7.1 原理图常用检测设置 130

4.7.2 项目验证 131

4.7.3 原理图的修正 131

第 5 章 PCB 设计 132

微课视频 54 分钟

5.1 PCB 常用系统参数设置 132

5.1.1 General 参数设置 132

5.1.2 Display 参数设置 134

5.1.3 Board Insight Display 参数设置 135

5.1.4 Board Insight Modes 参数设置 136

5.1.5 Board Insight Color Overrides 参数设置 137

目录

5.1.6 DRC Violations Display 参数设置 138

5.1.7 Interactive Routing 参数设置 139

5.1.8 Defaults 参数设置 144

5.1.9 Layer Colors 参数设置 146

5.2 PCB 筛选功能 146

5.3 同步电路原理图数据 147

5.4 定义板框及原点设置 149

5.4.1 定义板框 149

5.4.2 从 CAD 里导入板框 150

5.4.3 设置板框原点 152

5.4.4 定位孔的设置 152

5.5 层的相关设置 154

5.5.1 层的显示与隐藏 154

5.5.2 层颜色设置 154

5.5.3 设计对象的显示与隐藏 156

5.6 常用规则设置 159

5.6.1 Electrical 之 Clearance 160

5.6.2 Electrical 之 Short Circuit 161

5.6.3 Electrical 之 UnRoutedNet 162

5.6.4 Electrical 之 Creepage Distance 162

5.6.5 Routing 之 Width 164

5.6.6 Routing 之 Routing Via Style 165

5.6.7 Routing 之 Differential Pairs Routing 165

5.6.8 Plane 之 Polygon Connect Style 165

5.6.9 规则优先级 167

5.6.10 规则的导入与导出 168

5.7 约束管理器 2.0 170

5.7.1 访问 Constraint Manager 2.0 171

5.7.2 设置基本规则 173

5.7.3 Advanced 规则 176

5.7.4 规则交叉探测 179

5.8 PCB 布局 180

5.8.1 软件分屏操作 181

5.8.2 交叉选择模式功能 181

5.8.3 PCB 的动态 Lasso 选择 183

5.8.4 区域内排列功能 184

5.8.5 交互式布局与模块化布局 184

5.8.6 布局常见的基本原则 185

5.8.7 元器件对齐及换层 186

5.9 PCB 布线 187

5.9.1 PCB 光标捕捉系统 187

5.9.2 差分对的添加 192

5.9.3 常用的布线命令 194

5.9.4 飞线的显示与隐藏 196

5.9.5 类的创建 196

5.9.6 网络颜色的更改 198

5.9.7 走线自动优化操作 200

5.9.8 PCB 的布线边界显示 206

5.9.9 滴泪的添加与删除 207

5.9.10 过孔盖油处理 208

5.9.11 全局编辑操作 210

5.9.12 铺铜操作 211

5.9.13 放置尺寸标注 212

5.9.14 放置 Logo 214

第 6 章 PCB 后期处理 ·· 218

▶ 微课视频20 分钟

6.1 DRC 检查 218

6.1.1 电气规则检查 219

6.1.2 天线网络检查 219

6.1.3 布线规则检查 220

6.1.4 DRC 检测报告 220

6.2 位号的调整 221

6.3 装配图制造输出 223

6.3.1 位号图输出 223

6.3.2 阻值图输出 233

6.4 输出生产文件 234

6.4.1 输出 Gerber Files 235

6.4.2 输出 NC Drill Files 237

6.4.3 输出 Test Point Report 239

6.4.4 输出坐标文件 239

6.5 BOM 输出 241

6.6 原理图 PDF 输出 243

6.7 文件规范存档 245

目录

第 7 章　2 层 Leonardo 开发板的 PCB 设计 ⋯⋯⋯⋯⋯⋯⋯⋯⋯⋯⋯⋯⋯⋯⋯ **246**

▶ 微课视频 336 分钟

7.1　实例简介 ⋯⋯⋯⋯⋯⋯⋯⋯⋯⋯⋯⋯⋯⋯⋯⋯⋯⋯⋯⋯⋯⋯⋯⋯⋯⋯⋯⋯246

7.2　工程文件的创建与添加 ⋯⋯⋯⋯⋯⋯⋯⋯⋯⋯⋯⋯⋯⋯⋯⋯⋯⋯⋯⋯⋯247

7.3　项目验证 ⋯⋯⋯⋯⋯⋯⋯⋯⋯⋯⋯⋯⋯⋯⋯⋯⋯⋯⋯⋯⋯⋯⋯⋯⋯⋯⋯247

7.4　封装匹配检查 ⋯⋯⋯⋯⋯⋯⋯⋯⋯⋯⋯⋯⋯⋯⋯⋯⋯⋯⋯⋯⋯⋯⋯⋯⋯248

7.5　更新 PCB 文件（同步原理图数据） ⋯⋯⋯⋯⋯⋯⋯⋯⋯⋯⋯⋯⋯⋯⋯⋯249

7.6　PCB 常规参数设置及板框的绘制 ⋯⋯⋯⋯⋯⋯⋯⋯⋯⋯⋯⋯⋯⋯⋯⋯⋯250

　　7.6.1　PCB 推荐参数设置 ⋯⋯⋯⋯⋯⋯⋯⋯⋯⋯⋯⋯⋯⋯⋯⋯⋯⋯⋯250

　　7.6.2　板框的绘制 ⋯⋯⋯⋯⋯⋯⋯⋯⋯⋯⋯⋯⋯⋯⋯⋯⋯⋯⋯⋯⋯⋯251

7.7　交互式布局和模块化布局 ⋯⋯⋯⋯⋯⋯⋯⋯⋯⋯⋯⋯⋯⋯⋯⋯⋯⋯⋯⋯252

　　7.7.1　交互式布局 ⋯⋯⋯⋯⋯⋯⋯⋯⋯⋯⋯⋯⋯⋯⋯⋯⋯⋯⋯⋯⋯⋯252

　　7.7.2　模块化布局 ⋯⋯⋯⋯⋯⋯⋯⋯⋯⋯⋯⋯⋯⋯⋯⋯⋯⋯⋯⋯⋯⋯253

7.8　PCB 布线 ⋯⋯⋯⋯⋯⋯⋯⋯⋯⋯⋯⋯⋯⋯⋯⋯⋯⋯⋯⋯⋯⋯⋯⋯⋯⋯254

　　7.8.1　Class 的创建 ⋯⋯⋯⋯⋯⋯⋯⋯⋯⋯⋯⋯⋯⋯⋯⋯⋯⋯⋯⋯⋯254

　　7.8.2　布线规则的添加 ⋯⋯⋯⋯⋯⋯⋯⋯⋯⋯⋯⋯⋯⋯⋯⋯⋯⋯⋯⋯255

　　7.8.3　整板模块短线的连接 ⋯⋯⋯⋯⋯⋯⋯⋯⋯⋯⋯⋯⋯⋯⋯⋯⋯257

　　7.8.4　整板走线的连接 ⋯⋯⋯⋯⋯⋯⋯⋯⋯⋯⋯⋯⋯⋯⋯⋯⋯⋯⋯258

7.9　PCB 设计后期处理 ⋯⋯⋯⋯⋯⋯⋯⋯⋯⋯⋯⋯⋯⋯⋯⋯⋯⋯⋯⋯⋯⋯259

　　7.9.1　串扰控制 ⋯⋯⋯⋯⋯⋯⋯⋯⋯⋯⋯⋯⋯⋯⋯⋯⋯⋯⋯⋯⋯⋯259

　　7.9.2　环路最小原则 ⋯⋯⋯⋯⋯⋯⋯⋯⋯⋯⋯⋯⋯⋯⋯⋯⋯⋯⋯⋯259

　　7.9.3　走线的开环检查 ⋯⋯⋯⋯⋯⋯⋯⋯⋯⋯⋯⋯⋯⋯⋯⋯⋯⋯⋯260

　　7.9.4　倒角检查 ⋯⋯⋯⋯⋯⋯⋯⋯⋯⋯⋯⋯⋯⋯⋯⋯⋯⋯⋯⋯⋯⋯260

　　7.9.5　孤铜与尖岬铜皮的修正 ⋯⋯⋯⋯⋯⋯⋯⋯⋯⋯⋯⋯⋯⋯⋯⋯261

　　7.9.6　地过孔的放置 ⋯⋯⋯⋯⋯⋯⋯⋯⋯⋯⋯⋯⋯⋯⋯⋯⋯⋯⋯⋯261

　　7.9.7　丝印调整 ⋯⋯⋯⋯⋯⋯⋯⋯⋯⋯⋯⋯⋯⋯⋯⋯⋯⋯⋯⋯⋯⋯262

7.10　DRC 检查 ⋯⋯⋯⋯⋯⋯⋯⋯⋯⋯⋯⋯⋯⋯⋯⋯⋯⋯⋯⋯⋯⋯⋯⋯⋯264

7.11　Gerber 输出 ⋯⋯⋯⋯⋯⋯⋯⋯⋯⋯⋯⋯⋯⋯⋯⋯⋯⋯⋯⋯⋯⋯⋯⋯264

第 8 章　常见问题及解决方法 ⋯⋯⋯⋯⋯⋯⋯⋯⋯⋯⋯⋯⋯⋯⋯⋯⋯⋯⋯⋯⋯ **265**

8.1　原理图库制作常见问题 ⋯⋯⋯⋯⋯⋯⋯⋯⋯⋯⋯⋯⋯⋯⋯⋯⋯⋯⋯⋯265

8.2　封装库制作常见问题 ⋯⋯⋯⋯⋯⋯⋯⋯⋯⋯⋯⋯⋯⋯⋯⋯⋯⋯⋯⋯⋯267

8.3　原理图设计常见问题 ⋯⋯⋯⋯⋯⋯⋯⋯⋯⋯⋯⋯⋯⋯⋯⋯⋯⋯⋯⋯⋯267

8.4　PCB 设计常见问题 ⋯⋯⋯⋯⋯⋯⋯⋯⋯⋯⋯⋯⋯⋯⋯⋯⋯⋯⋯⋯⋯273

第 9 章　Altium 365 平台 ⋯⋯⋯⋯⋯⋯⋯⋯⋯⋯⋯⋯⋯⋯⋯⋯⋯⋯⋯⋯⋯⋯⋯⋯ **294**

9.1　登录 Altium 365 平台 ⋯⋯⋯⋯⋯⋯⋯⋯⋯⋯⋯⋯⋯⋯⋯⋯⋯⋯⋯⋯294

9.2　Altium 365 界面介绍 ⋯⋯⋯⋯⋯⋯⋯⋯⋯⋯⋯⋯⋯⋯⋯⋯⋯⋯⋯⋯296

9.3　上传项目到 Altium 365 ⋯⋯⋯⋯⋯⋯⋯⋯⋯⋯⋯⋯⋯⋯⋯⋯⋯⋯⋯297

9.3.1 上传本地项目到 Altium 365 297

9.3.2 直接在工作区创建项目 299

9.3.3 控制项目是否同步 301

9.4 设计项目的协同工作 303

9.4.1 邀请工作区成员 303

9.4.2 在软件端分享项目 305

9.4.3 在 Altium 365 平台分享项目 307

9.5 云端项目下载编辑并上传 308

9.5.1 打开 Altium 365 中的现有项目 308

9.5.2 在 Altium Designer 24 中编辑项目 309

9.5.3 保存项目并回传云端服务器 311

9.6 项目审查与评论 313

9.7 基于云端的标准元器件库 314

9.7.1 元件查找和放置 315

9.7.2 元件创建 318

9.7.3 元件编辑 325

9.8 本地元件库迁移至工作区 327

附录 A 几种图形汇总 332

附录 B Altium Designer 24 快捷键 334

视 频 名 称	时长/min	位　　置
第1集　前言（课程内容介绍）	38	1.1节
第2集　Altium Designer 24软件整体介绍	40	1.1节
第3集　软件常用参数设置	17	1.5节
第4集　项目工程创建及管理	13	2.2节
第5集　元件库的创建及加载	35	3.1节
第6集　封装的制作及添加	55	3.6节
第7集　原理图界面常用设置	13	4.1节
第8集　PCB设计界面常用设置	13	5.1节
第9集　PCB常用规则设置	25	5.6节
第10集　PCB布局布线常用操作	16	5.8节
第11集　DRC检查及相关文件输出	20	6.1节
第12集　Leonardo开发板案例介绍	16	7.1节
第13集　新建工程及添加方法	10	7.2节
第14集　原理图绘制及编译	43	7.3节
第15集　封装匹配检查	8	7.4节
第16集　同步原理图数据（导网络表）	7	7.5节
第17集　板框绘制及重新定义	20	7.6节
第18集　交互式布局及模块化布局	49	7.7节
第19集　规则设计及PCB布线规划	20	7.8.2节
第20集　PCB布线实战及优化处理1	39	7.8.3节
第21集　PCB布线实战及优化处理2	57	7.8.4节
第22集　添加滴泪及铺铜处理	9	7.9节
第23集　DRC检查及丝印调整	17	7.10节
第24集　Gerber文件的输出	9	7.11节
第25集　位号图及阻值图输出	14	7.11节
第26集　文件归档及项目总结	18	7.11节

印制电路板（PCB）是所有电子元器件、微型集成电路芯片、现场可编程门阵列（FPGA）芯片、机电部件及嵌入式软件的载体，几乎所有的电子产品都包含一个或多个 PCB。PCB 上元件之间的电气连接是通过导电走线、焊盘和其他特性对象实现的（基本上都是铜皮层的叠加，每个铜皮层包含成千上万复杂铜皮走线）。PCB 设计越来越复杂，需要更强大的电子自动化设计软件支持。Altium Designer 24 作为新一代的板卡级设计软件，具有简单易用、功能强大和与时俱进的特点，其友好的界面环境及智能化性能为电路设计者提供了最优的服务。为了便于读者进一步学习 Altium Designer，并获取更多电路设计方面的技术文档与教学视频，可以关注 Altium 官方微信公众号。

本章介绍新版的 Altium Designer 24 软件，包括 Altium Designer 24 的特点及新增功能、安装和激活步骤，以及常用系统参数的设置，帮助读者了解并掌握该软件的基本结构和操作流程。

学习目标：
- 了解 Altium Designer 24 软件的特点及新功能。
- 掌握 Altium Designer 24 的安装与激活。
- 掌握常用系统参数的设置及导入与导出。

第 1 集
微课视频

第 2 集
微课视频

1.1　Altium Designer 24 软件介绍

Altium 公司（前身为 Protel 国际有限公司）于 1985 年在澳大利亚创立，致力于开发基于个人计算机（PC）的辅助工程软件，为印制电路板提供辅助设计。Altium Designer 作为新一代的板卡级设计软件，基于 Windows 界面风格，同时其独一无二的 DXP 集成平台技术也为电子设计系统提供了原理图、PCB 版图及计算机辅助制图等多种编辑器的兼容环境。

基于 64 位 Windows 操作系统的全新 Altium Designer 24 已正式发布。时尚的用户界面和卓越的性能优化，显著提高了用户体验和工作效率；结合 64 位体系结构和多线程，实现了 PCB 设计更好的稳定性和更快的响应速度。

1.2　Altium Designer 24 的特点及新增功能

1.2.1　Altium Designer 24 的特点

Altium Designer 24 能够创建互连的多板项目并快速、准确地呈现高密度、复杂的 PCB 装配系统，其时尚的用户界面，以及增强的布线功能、BOM 创建、规则检查和制造相关辅助功能的更新，使用户具有更高的设计和生产效率。具体体现在以下几方面。

（1）互连的多板装配。多个板之间的连接关系管理和增强的三维引擎可以为用户实时呈现设计模型和多板装配情况，显示更快速、直观、逼真。

（2）时尚的用户界面。全新、紧凑的用户界面提供了一个全新而直观的环境，并进行了优化，可以实现无与伦比的可视化设计工作流程。

（3）强大的 PCB 设计。利用 64 位 CPU 的架构优势和多线程任务优化使用户能够更快地设计和发布大型复杂的电路板。

（4）快速、高质量的布线。视觉约束和用户指导的互动结合使用户能够跨板层进行复杂的拓扑结构布线，以计算机的速度布线，以人的智慧保证质量。

（5）实时的 BOM 管理。链接到 BOM 的最新供应商元件信息使用户能够根据自己的时间表提出有根据的设计决策。

（6）简化的 PCB 文档处理流程。可以在 Output Job 文件中记录所有装配和制造视图，并通过链接的源数据进行一键更新。

（7）项目验证。内置的 XSPICE 混合模拟和数字分析编辑器和信号编辑器允许进行仿真分析。

1.2.2　Altium Designer 24 新增功能

Altium Designer 24 新增了很多功能，显著地提高了用户体验和工作效率。
下面详细说明新增功能。

（1）MultiBoard Draftsman 可以为多板设计的详细视图和文档提供统一平台，可以提前发现可能存在的设计和集成问题，从而提高设计评审效率和装配精确度。

（2）自动实施走线长度调整，告别烦琐的走线长度调整方式，获得全新的布线体验。

（3）PCB 布局复制功能允许快速复制重复电路模块的布局。消除了手动执行重复性任务，可以将元件组快速复制到新位置，并完全控制想要复制的内容，有助于在元件布局过程中节省时间和精力。

（4）强大的剖面图功能。掌握剖面图功能，可以让复杂设计中故障排除工作变得简单，可快速且直观地浏览项目的连接结构，确保用户获得全新的设计体验。

（5）使用约束管理器简化复杂的设计规则，允许通过基于对象的表格用户界面轻松浏览、创建、修改和重用经过验证的约束集。

（6）Ansys 协同设计通过连接 ECAD 和仿真来简化设计流程，从而消除手动导出/导入步骤。

（7）借助 PCB 协同设计，每个人都可以更轻松地协同工作和按时完成项目。Comments and Tasks 功能可以促进团队合作，而 Compare and Merge 则可以识别设计差异，从而减少错误和返工。

（8）混合仿真及其增强功能，能够确保获得全新的综合 PCB 设计体验。

（9）使用线束 MCAD 协同设计功能来检测电子外壳布线的潜在问题。将 3D 线束模型轻松导入多板装配体中，制造团队可以在统一的设计环境中实现无缝协作，减少出错的同时加快项目交付。

（10）一体化电子设计，可以实现 3D 可视化，从而能够进行细致的装配检查，确保元件完美配合。通过实时同步，可以快速呈现设计变更，从而防止发生错误。

1.3　Altium Designer 24 软件的运行环境

为了发挥 Altium Designer 24 卓越的 PCB 级设计功能，用户运行 Altium Designer 24 时计算机配置应不低于以下要求。

1. 硬件条件

（1）高性能台式计算机。最低配置：2.4GHz 多核处理器，4GB 内存，1GB 独立显存，16GB 硬盘，兼容 DirectX10。

（2）高带宽网络路由。最低配置：20Mb/s 宽带网络，100/1000Mb/s 路由器。

2. 软件配置

（1）Microsoft Windows 7 或 Windows 10 的专业版（Professional）或旗舰版（Ultimate）。

（2）IE11 或以上版本。

（3）Adobe PDF Reader 10 或以上版本。

（4）Microsoft Excel 2003 或以上版本。

1.4　Altium Designer 24 软件的安装和激活

1.4.1　Altium Designer 24 的安装

Altium Designer 24 软件是基于 64 位 Windows 操作系统开发的应用程序，推荐安装在具有 64 位的 Microsoft Windows 7 或 Windows 10 的专业版（Professional）或旗舰版（Ultimate）的计算机上。

安装前先关闭防火墙和杀毒软件；如果有加密软件，应做好设置规避对安装文件的限制。Altium Designer 24 的安装过程十分简单，具体安装步骤如下。

（1）双击运行 AltiumDesignerSetup_24_1_2.exe 文件，弹出 Altium Designer 24 的安装界面，如图 1-1 所示。

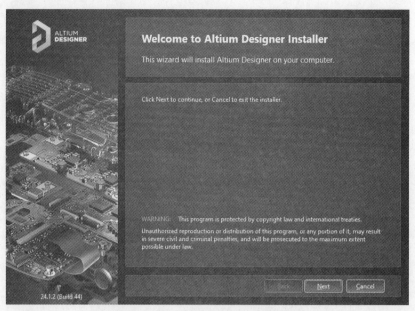

图 1-1　Altium Designer 24 安装界面

（2）单击 Next（下一步）按钮，弹出 License Agreement（安装协议）对话框。选择需要的语言，勾选 I accept the agreement（同意协议）复选框，如图 1-2 所示。

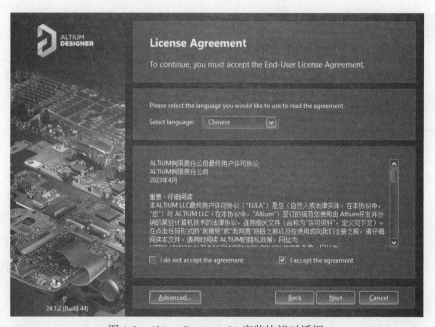

图 1-2　Altium Designer 24 安装协议对话框

如果是在线安装，需要输入 AltiumLive 账户密码，如图 1-3 所示；如果是离线安装，则不会弹出相关窗口。

（3）单击 Next 按钮，进入 Select Design Functionality（功能选择）对话框，勾选需要安装的各模块。黑色勾选部分是默认安装的模块，灰色勾选部分是安装了此模块的部分子模块，不勾选则是默认不安装的模块，用户可以根据自身需要灵活选择需要安装的模块。图 1-4 中有 4 种类型，用户可以全部勾选，也可以保持系统默认的选择。

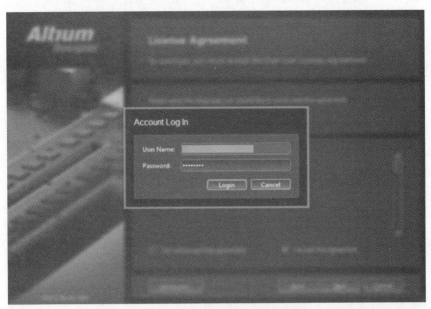

图 1-3　输入 AltiumLive 账户密码

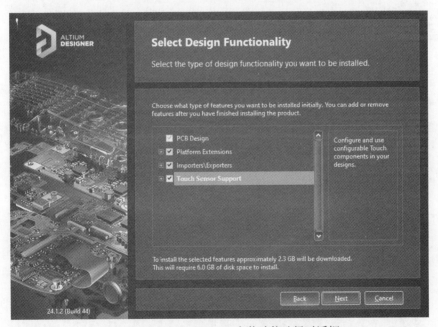

图 1-4　Altium Designer 24 安装功能选择对话框

（4）单击 Next 按钮，进入 Destination Folders（安装路径）对话框，在该对话框中，用户需要选择 Altium Designer 24 的安装路径。系统默认的安装路径为 C:\Program Files\Altium\AD24，用户也可以通过单击路径右边的文件夹图标自定义软件的安装路径，如图 1-5 所示。

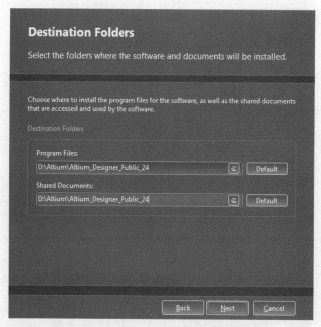

图 1-5　Altium Designer 24 安装路径对话框

（5）确定好安装路径后，单击 Next 按钮，弹出 Ready To Install 对话框，如图 1-6 所示。确认后单击 Next 按钮，此时会弹出 Updating Altium Designer 对话框，显示软件安装进度，如图 1-7 所示。由于系统需要复制大量文件，所以需要等待几分钟。

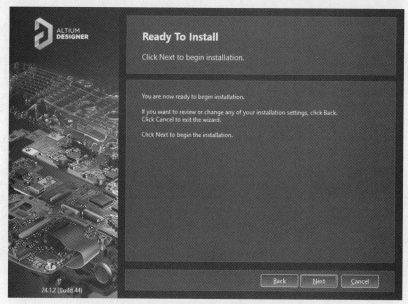

图 1-6　Altium Designer 24 确认安装对话框

（6）安装结束后，会出现 Installation Complete（安装完成）对话框，如图 1-8 所示。此时，先不要运行软件，取消勾选 Run Altium Designer 复选框，单击 Finish 按钮完成安装。接下来，准备激活服务器。

图 1-7　Altium Designer 24 安装进度对话框

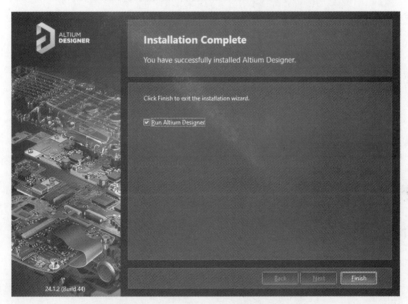

图 1-8　Altium Designer 24 安装完成对话框

1.4.2　Altium Infrastructure Server 基础结构服务器的安装与激活

对于需要在多个工作站上运行 Altium Designer 24 软件的公司，需要在企业级管理 Altium Designer 软件授权（License）的部署、配置和用户许可。Altium 公司开发了 Altium 基础结构服务器（AIS）———一种基于服务器的免费 Altium 软件授权管理解决方案，基于 Altium Server Foundation 平台构建。

安装在本地公司网络上时，新服务器可以集中控制 Altium 软件的离线安装、许可和更新，以及软件用户的管理和所属的角色（用户组）。

基础结构服务器提供的服务包括：

（1）用户配置文件管理和用户角色分配。

（2）客户端连接服务——会话管理、LDAP 同步。

（3）私人许可服务——软件许可证获取、分配和跟踪。

（4）网络安装服务——软件安装包的获取、捆绑、网络部署。

1．服务器安装

Altium 基础结构服务器（AIS）可以通过 Altium 公司官网（www.altium.com）下载，运行于 Windows 7（或更高版本）专业版或旗舰版。

通过从源文件 Altium_Infrastructure_Server_[version].zip 中提取并运行 Altium Infrastructure Server <version number>. exe 可执行文件激活安装 Infrastructure Server，如图 1-9 所示。服务器安装向导将指导用户完成整个过程。

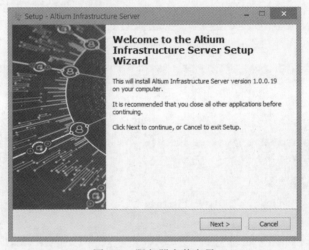

图 1-9　服务器安装向导

按照向导提示确认或编辑安装位置和 Web 服务器访问端口，如图 1-10 所示。

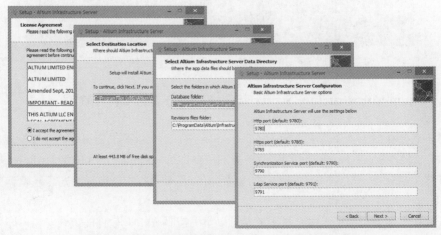

图 1-10　确认或编辑安装位置和 Web 服务器访问端口

完成服务器的配置后，即可继续安装。最终向导对话框中将显示本地 PC 上的服务器 Web 地址，用于标准网页（网址以 http 开头）和安全网页（网址以 https 开头）访问，如图 1-11 所示。

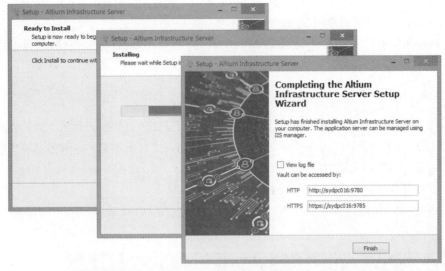

图 1-11　最终向导对话框

2. 服务器许可

初次访问基础结构服务器时，应使用默认的用户名（USER NAME：admin）和密码（PASSWORD：admin）登录，如图 1-12 所示。以后使用时，应更改用户名和密码。

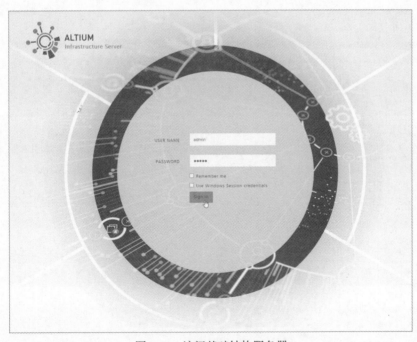

图 1-12　访问基础结构服务器

登录后，在主页的顶部出现提示信息，指出服务器未取得许可。单击关联的 Add License（添加许可证）超链接以打开基础结构服务器的"许可证管理器"页面，然后从 Add License 下拉列表中选择许可证类型及其来源。

- From File（从文件）：浏览并选择本地 PC 硬盘上的可用许可证文件。这是 Infrastructure Server 获得许可的常用方式。
- From Cloud（从云端）：连接到 AltiumLive 许可证服务器门户，获取组织可用的许可证。

3. 应用服务器许可文件

选择 From File 选项，导入基础结构服务器的许可证文件。例如，可从下载的安装文件（*.zip）中浏览并找到适用的许可证文件（*.alf），并将其上传到服务器。服务器需要两种类型的许可证才能实现完整的功能，如图 1-13 所示。

- 服务器许可证：激活基础结构服务器的功能和服务。
- 客户端访问许可证（CAL）：使组织内的软件用户能够通过网络访问基础结构服务器。

图 1-13　导入服务器许可文件

　　然后，在 Altium Infrastructure Server 的"许可证管理器"页面中选择列出的许可证，将其注册导入。要激活服务器的所有功能，应注销后重新登录，如图 1-14 所示。

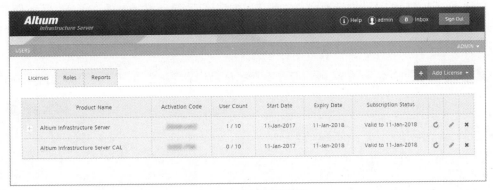

图 1-14　许可证管理器

4．从云端获取软件许可证

　　Altium Infrastructure Server 提供了对 Altium 的私有许可服务（PLS），可以获取、配置和分配公司用户或用户组（角色）的许可"席位"。PLS 提供了对许可证租赁模式、许可证漫游、许可证使用日志记录以及用户（LDAP）同步和实时通知等的控制。

　　管理和分发 Altium 软件许可证到网络工作站的第一步是通过 AltiumLive 门户从 Altium 基于云的许可证服务器上获取这些许可证。这是通过服务器的"许可证管理器"页面，从 Add License 下拉列表中选择 From Cloud 选项实现的。

　　只有有效的 AltiumLive 用户账户才能从云端访问和获取许可证。要建立与 AltiumLive 许可证服务器的初始连接，可在 AltiumLive 登录对话框中输入用户名和密码，然后单击 Sign in 按钮完成登录，如图 1-15 所示。此处假设基础结构服务器可以访问互联网。

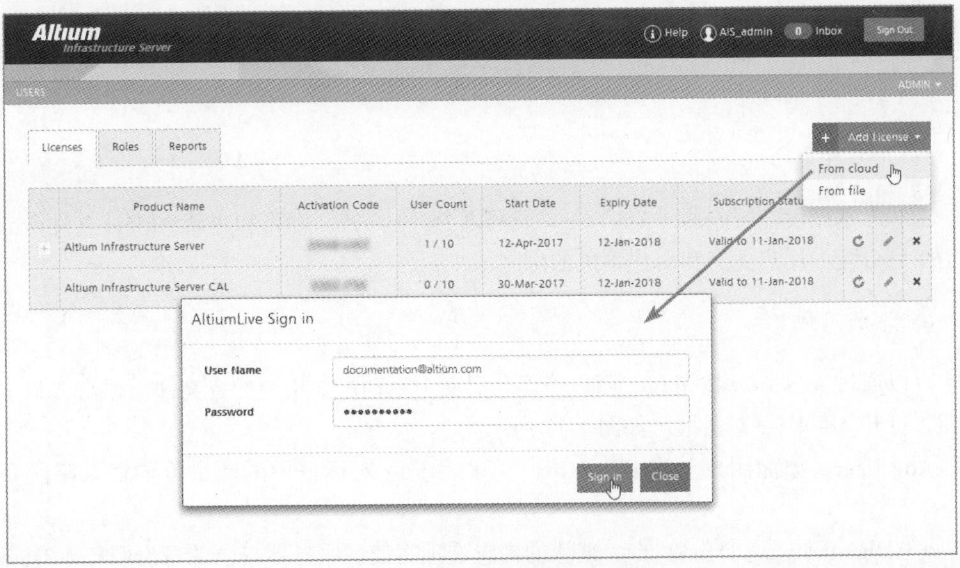

图 1-15　AltiumLive 登录对话框

一旦与远程 Altium 许可证服务器建立连接，公司可用的所有许可证都将列在 Add License（添加许可证）对话框中。

通过勾选对应的复选框选择服务器要获取的许可证。要下载指定的许可证，可单击 Add 按钮，打开 Add License（添加许可证）对话框。然后，在 Altium Infrastructure Server 的"许可证管理器"页面中选择并获取许可证，如图 1-16 所示。

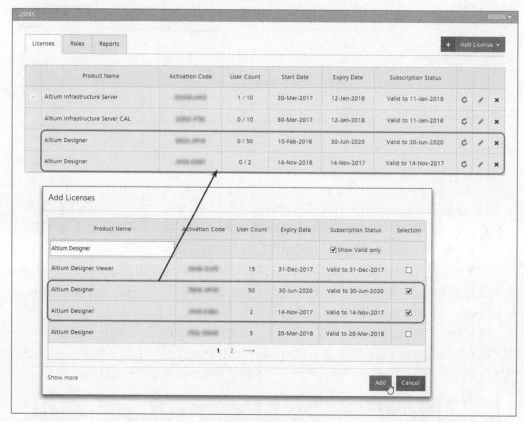

图 1-16　添加许可证

5. 用户和角色

Altium 基础设施服务器（AIS）在局域网内 PC 上部署，许可和更新 Altium 软件产品的能力受到分配的用户凭据和用户角色的限制。

6. 添加用户

可以通过 Add user 按钮在"用户管理"页面中手动添加用户配置文件。单击 Add user 按钮，打开 Add User 对话框，如图 1-17 所示。

Add User（添加用户）或 Edit User（编辑用户）对话框中的两个重要输入字段介绍如下。

- Authentication（身份验证）：默认的内置选项将使用服务器自己的身份服务（IDS）识别用户连接，而 Windows 方法适用于网络 PC 是 Windows 域的一部分，并且将使用

Windows 域身份验证。对于该选项，应输入与用户的 Windows 域登录名称完全匹配的用户名（由网络管理员提供）。

● New Roles（新角色）：可以将新用户添加到现有角色。在此字段中输入角色名称，例如，Administrator。该字段将动态搜索与用户输入的第一个字母匹配的现有角色。默认情况下，用户不包含在角色组中。

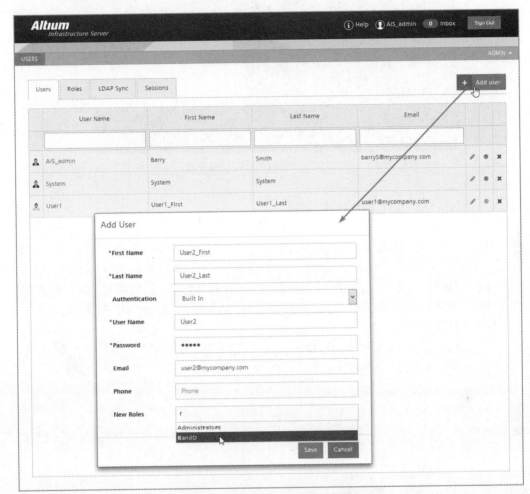

图 1-17　Add User（添加用户）对话框

7. 用户终端获取AIS服务器的License授权

通常通过 Altium Designer 用户账户下的 License Management（授权管理）页面中的 Setup Private License Server（私有许可证服务器设置）选项，建立与 AIS 服务管理器的连接。只需要配置 AIS 服务器名称（Server Name），实际上是 AIS 服务管理器主机的名称及其服务器端口号（Server Port：9780），如图 1-18 所示。

当 Altium Designer 24 用户终端与基础结构服务器建立连接时，AIS 会创建一个配置文件，其用户名与工作站的 Windows 用户账户名称相匹配。

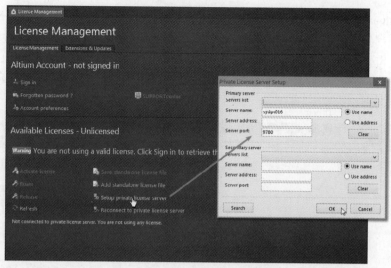

图 1-18　设置专用许可证服务器

1.4.3　Altium Designer 24 的插件安装

　　Altium Designer 24 提供了丰富的插件安装功能，用于扩展和增强软件的功能。例如导入/导出器插件，可实现 Altium Designer 24 与其他 EDA 平台的原理图、PCB、结构等文件之间的转换；MCAD Co-Designer 插件，通过提供一体化设计数据、元器件创建的生命周期管理等特性，促进机械和电子设计团队之间的协同。用户可根据需要随意地安装、更新或删除这些插件。

图 1-19　"扩展与更新"命令

　　Altium Designer 24 安装插件的步骤如下。

　　（1）单击工作区右上角的"当前用户信息"控件 ，选择 Extensions and Updates 命令，如图 1-19 所示。

　　（2）进入插件安装界面，单击 Configure 按钮，如图 1-20 所示。

图 1-20　扩展更新界面

（3）在配置平台界面中，单击 PCB Design 对应的 All On 命令，将所有插件全部选中（也可只勾选想要安装的插件），然后单击"应用"按钮执行安装命令，如图 1-21 所示。

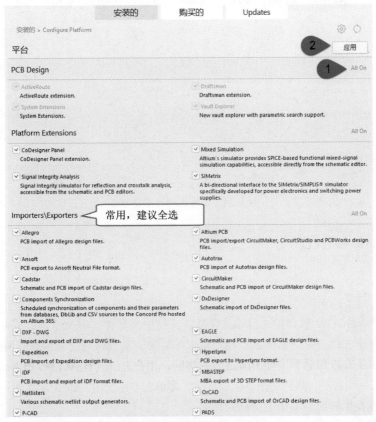

图 1-21　插件配置界面

（4）系统会弹出 Confirm 对话框，如图 1-22 所示。提示 Apply changes and restart application?（是否应用更改并重新启动应用程序），单击 OK 按钮，等待软件重新启动即可安装成功。

图 1-22　Confirm 对话框

1.5　常用系统参数的设置

Altium Designer 24 是一款很强大的 PCB 版图绘制软件，在使用该软件进行电路设计之前，需要对软件的常用参数进行一些常规设置，用户可以有针对性地优化配置环境参数，以便更高效地使用 Altium Designer 24 软件。

打开 Altium Designer 24，单击工作区右上角的"设置系统参数"按钮✿，如图 1-23 所示。打开 Preferences（优选项）对话框，如图 1-24 所示。

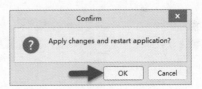

图 1-23　"设置系统参数"按钮

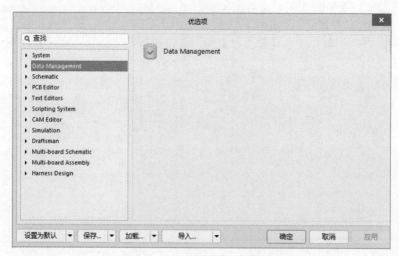

图 1-24 "优选项"对话框

1.5.1 General 参数设置

1. 软件汉化

Altium Designer 24 软件的语言本地化功能支持中文简体、中文繁体、英文、日文、德文、法语、俄语和韩语等语言体系。用户可根据需要，实现软件语言体系的切换。

单击 Preferences 对话框左侧 System 下的 General 子选项，勾选右侧 Localization 下的 Use localized resources 选项，然后单击 Apply 按钮，再单击 OK 按钮，如图 1-25 所示。重新启动软件即可完成操作界面的本地语言格式转换。

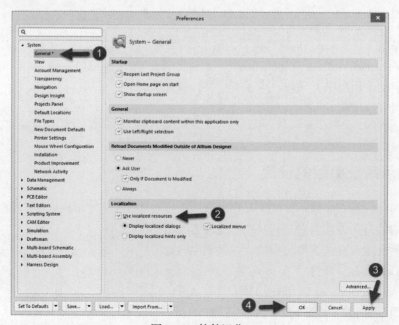

图 1-25 软件汉化

2. 关闭非必要启动项

用户可以关闭 General 子选项卡中一些不必要的启动项来提高打开软件和加载文件的速度。一般在"开始"选项组中取消勾选相关复选框，如图 1-26 所示。

- Reopen Last Project Group：勾选此复选框，可在软件启动时自动打开上次保存的工作区。每次启动软件都重新打开上一个项目组，如图 1-27 所示。

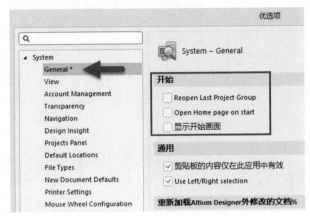
图 1-26 "开始"选项组

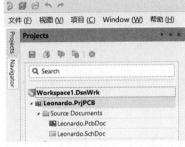
图 1-27 重新打开上一个项目组

- Open Home page on start：开始时打开主页。勾选此选项可显示主页，用户可以在主页打开项目、获取帮助、检索系统信息、配置版本控制系统等。禁用此选项将不显示主页。
- 显示开始画面：如果需要在 Altium Designer 24 软件加载到计算机内存时查看启动屏幕，可启用此功能。勾选该复选框，用户在每次打开 Altium Designer 24 软件时计算机桌面上便会显示软件正在加载的提示。启动过程可能需要一段时间，具体取决于是否打开以前的项目工作区。

1.5.2 View 参数设置

单击 Preferences 对话框左侧 System 选项卡下的 View 子选项，如图 1-28 所示。下面介绍该子选项卡中的常用选项。

1. "桌面"选项组

- 自动保存桌面：启用此功能，可在关闭时自动保存文档窗口设置的位置和大小，包括面板和工具栏的位置和可见性，此复选框默认勾选。

例如每次打开 PCB 编辑区时，界面上方的工具栏都会被隐藏。可先将工具栏显示出来，然后勾选"自动保存桌面"复选框，即可保证工具栏的可见性。

- 恢复打开文档：启用此选项可在软件启动时，根据上一个会话中的状态打开工作区中的文档。禁用后，重新打开软件时工作区为空白。

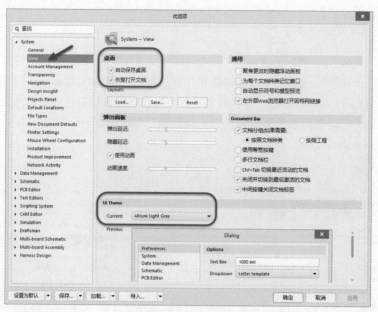

图 1-28　View 子选项卡

2. UI Theme选项组

● Current（当前）：Altium Designer 24 中有两种用户界面主题可供选择，即 Altium Dark Gray（深灰色）和 Altium Light Gray（浅灰色），如图 1-29 所示。

图 1-29　主题界面对比

● Preview（预览）：用于显示上述选项所选主题的示例。

1.5.3　账户管理

在 Altium Designer 24 的 Preferences（优选项）对话框中，切换到 System-Account Management（系统–账户管理）子选项卡，对 Altium 账户进行设置，如图 1-30 所示。Altium Designer 24 提供了多种按需功能，可通过 Altium 服务站点（portal2.altium.com）登录 Altium 账户后获取授权使用。这些功能包括软件授权许可证、自动软件更新、检索和调用供应链在线元器件数据库信息等。

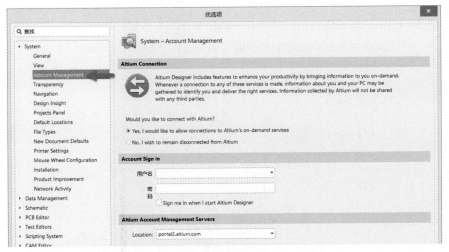

图 1-30　账户管理

其中，Account Sign in（账户登录）选项组介绍如下。
- 用户名：在此字段输入用户名，是创建 Altium Designer 24 账户凭据时的用户名。
- 密码：在此字段中输入账户密码。
- Sign me in when I start Altium Designer：勾选该选项可在启动 Altium Designer 24 软件时自动登录账户。

1.5.4　Navigation 参数设置

切换到 System-Navigation 子选项卡，用户可以根据自己的需要设置高亮方式和交叉选择模式。常用的 Navigation 参数设置如图 1-31 所示。

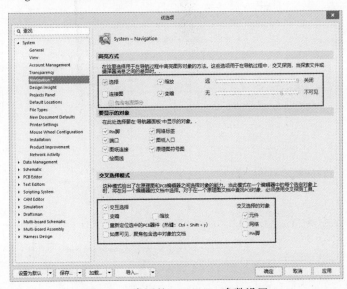

图 1-31　常用的 Navigation 参数设置

1. "高亮方式"选项组

● 选择：如果只勾选该选项，用户在原理图中高亮显示某一个网络时，原理图对应的所有网络都会处于一个被选中的状态，如图 1-32 所示。

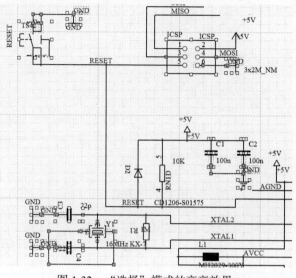

图 1-32　"选择"模式的高亮效果

● 缩放：如果只勾选该选项，用户在原理图中高亮显示某一个网络时，原理图对应的所有网络进行一个缩放的动作，将具有相同网络名的对象缩放到适合所有对象的状态，如图 1-33 所示，所有的 VIN 被放到可视区域内。

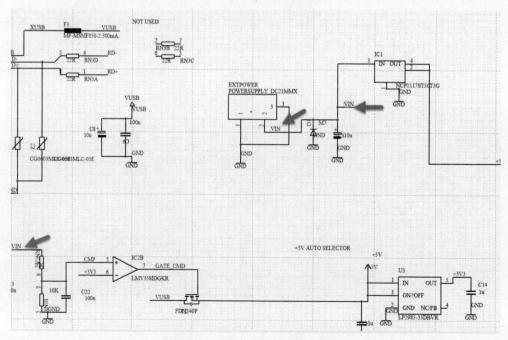

图 1-33　"缩放"模式的高亮效果

- 连接图：如果只勾选该选项，用户在原理图中高亮显示某一个网络时，原理图对应的所有网络会以一个连接关系图展示出来，如图 1-34 所示。

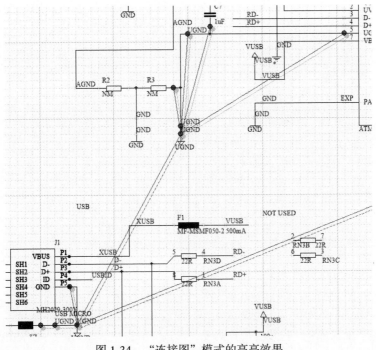

图 1-34　"连接图"模式的高亮效果

- 变暗：如果只勾选该选项，用户在原理图中高亮显示某一个网络时，原理图对应的所有网络都呈现高亮效果，其他所有网络会变暗，如图 1-35 所示。

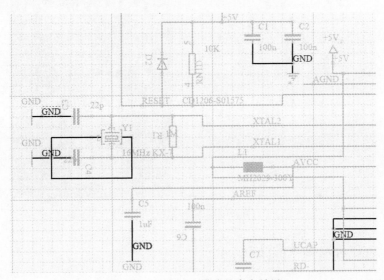

图 1-35　"变暗"模式的高亮效果

综合以上所有效果，同时勾选"选择""缩放""变暗"这 3 个复选框会使高亮显示效果最好，如图 1-36 所示。

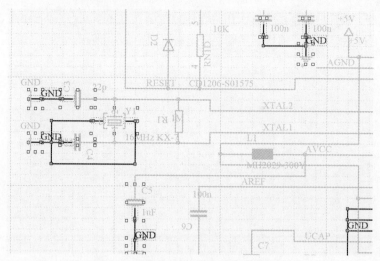

图 1-36　同时选择三种模式的高亮效果

2."交叉选择模式"选项组

- 交互选择：用于打开和关闭交叉选择功能。
- 变暗：可以调暗所选项目以外的所有其他对象的显示。
- 缩放：被选中的对象会进行缩放动作，缩放到适合所有对象的界面。
- 交叉选择的对象：这里设置用户需要交叉选择的选项，如元件、网络和 Pin 脚。用户可勾选需交叉选择的对象，一般只勾选"元件"这一项。在原理图中框选元件，PCB 中对应的元件会被选中，其交叉选择效果如图 1-37 所示。

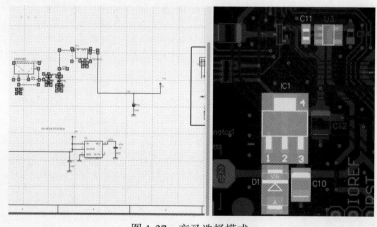

图 1-37　交叉选择模式

1.5.5　Design Insight 参数设置

切换到 System-Design Insight 子选项卡，用户可以控制设计查看的各个方面，例如文档预览、供应链信息和超链接。用户可按如图 1-38 所示进行设置，实现项目验证之后网络对象的连接检视，便于查看整个工程中某一网络的分布。也可保持默认全选。

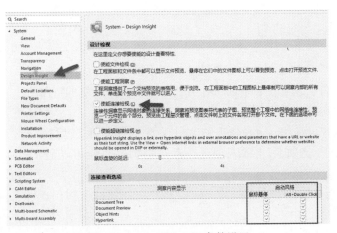

图 1-38 Design Insight 参数设置

- 鼠标盘旋的延迟：使用滑块控制 Connectivity Insight 信息出现的延迟，从左侧的 0s（秒）开始，到右侧的最大 4s。建议用户不要设置过小或过大，过小（如 0s）对后期选择网络操作不便；过大（如 4s）则等待信息出现的时间较久，不利于查看效率。
- 启动风格：支持使用"鼠标悬停"或按快捷键 Alt+左键双击两种方式来启动 Connectivity Insight 信息。

针对某一网络的连接检视如图 1-39 所示。图中表示 VCC-PC 在原理图 06 PMIC、07 FLASH 中出现。

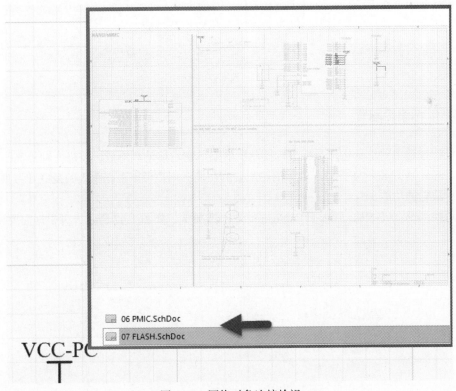

图 1-39 网络对象连接检视

1.5.6　File Types 参数设置

用户在使用软件的过程中，有可能会出现误操作导致无法通过双击图标来打开文件，或者重装系统的时候出现如图 1-40 所示的空白图标，无法显示图标样式的情况。

pcb.PrjPcb

这时可用 Altium Designer 24 的文件关联操作解决。切换到 System-File Types 子选项卡，根据需要选择相关联的选项，也可以全选，如图 1-41 所示。

图 1-40　空白图标

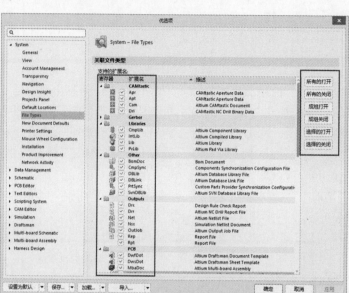

图 1-41　文件关联选项

1.5.7　鼠标滚轮配置

设计过程中熟练地运用鼠标滚轮控制图的上下左右移动和缩放，将极大地提高画图效率。Altium Designer 24 提供了鼠标滚轮配置的功能，用户可以根据个人的爱好和习惯来调整鼠标滚轮的功能。

切换到 System-Mouse Wheel Configuration 子选项卡，如图 1-42 所示，可根据需要调整。

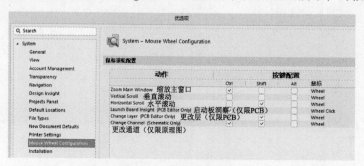

图 1-42　鼠标滚轮配置

1.5.8 Network Activity 参数设置

Altium 设计者可以使用互联网和第三方服务器连接到 Altium 云、供应商以及寻找更新等。在某些情况或环境下，用户可能需要离线工作。

在"优选项"对话框中切换到 System-Network Activity 子选项卡，用户可以通过勾选或取消来勾选允许或禁用特定的网络活动或所有网络活动。用户如果不希望软件联网，可取消勾选"允许网络活动"复选框，如图 1-43 所示，这样软件的联网功能将会被禁止。

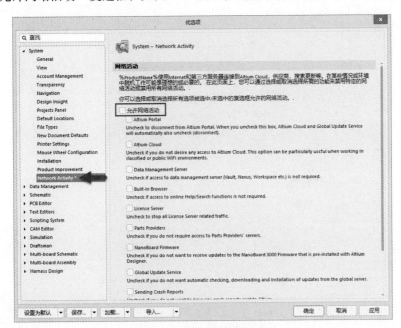

图 1-43　关闭软件联网活动

1.6 常用数据管理设置

1.6.1 自动备份设置

Altium Designer 24 提供设置数据备份位置和频率的控件，用户可以设置保存的时间、数目及保存的路径，以防设计过程中因断电等意外带来的文件损坏。建议用户养成手动保存（按快捷键 Ctrl+S）的习惯。

在"优选项"对话框中切换到 Data Management-Backup 子选项卡，如图 1-44 所示，按需设置。

1.6.2 安装库的设置

Altium Designer 24 提供用于管理 File-based Libraries 列表的控件。此列表上定义的库是 Altium Designer 24 环境的一部分，因此，其中的组件或模型可用于所有打开的项目。用户可通过该选项卡，给软件加载个人的库文件。

在"优选项"对话框中切换到 Data Management-File-based Libraries 子选项卡，如图 1-45 所示。

图 1-44 自动备份设置

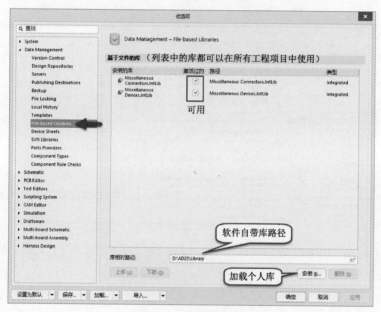

图 1-45 加载库文件

1.7 系统设置

1.7.1 系统参数的导出和导入

完成常用系统参数的设置后，可以随时调用。为了方便调用，首先需要将设置好的系统参数导出，即将系统参数设置文件另存到指定的路径下。下面介绍详细的导出步骤。

（1）单击软件界面右上角的"设置系统参数"按钮 ✿，打开"优选项"对话框。

（2）单击对话框左下角的"保存"按钮，打开"保存优选项"对话框，选择好保存路径并输入文件名，如 DXPPreferences1，如图 1-46 所示。

（3）单击"保存"按钮，等待软件将系统参数导出，导出结果如图 1-47 所示。

有时候因计算机系统软件或者 Altium 软件的重装，用户预先设置的系统参数可能被清除，这时就可以导入之前导出的系统参数设置文件。导入步骤如下。

图 1-46 系统参数导出

（1）打开 Altium Designer 24，单击软件界面右上角的"设置系统参数"按钮**☼**，打开"优选项"对话框。

图 1-47 导出的系统参数设置文件

（2）单击对话框左下角的"加载"按钮，在弹出的"加载优选项"对话框中选择需要导入的系统参数设置文件，单击"打开"按钮，如图 1-48 所示。

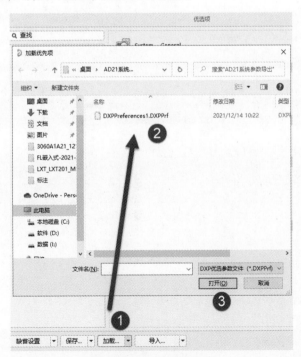

图 1-48 系统参数的导入

（3）在弹出的 Load preferences from file 对话框中单击"导入"按钮，等待完成系统参数的导入，如图 1-49 所示。

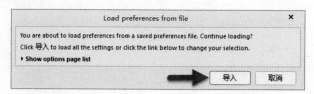

图 1-49　Load preferences from file 对话框

1.7.2　Light/Dark 主题切换功能

Altium Designer 24 支持在默认的深色 Altium Dark Gray 用户界面主题与新的 Altium Light Gray 主题之间进行切换。单击菜单栏右侧的"设置系统参数"按钮 ✿，打开"优选项"对话框，在 System-View 页面中的 UI Theme Current 下拉列表中进行主题的切换，如图 1-50 所示。设置完毕后重启 Altium Designer 24 软件即可生效更改。

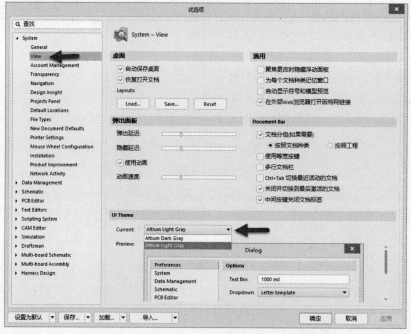

图 1-50　UI 主题切换

工程是每个电子产品设计的基础，可将设计元素链接起来，包括原理图、PCB 和预留在项目中的所有库或模型。Altium Designer 24 允许用户通过 Projects 面板访问与项目相关的所有文档，还可以在通用的 Workspace（工作空间）链接相关项目，轻松访问与公司目前正在开发的某种产品相关的所有文档。强大的开发管理功能，使用户能够有效地对设计相关的各项文件进行管理。

本章介绍 Altium Designer 24 工程的创建及管理，帮助读者了解并掌握软件的基本操作。

学习目标：
- 掌握 PCB 设计的基本流程。
- 掌握 Altium Designer 24 工程的创建。
- 掌握 Altium Designer 24 的文件管理。

第 4 集
微课视频

2.1 PCB 设计总流程

PCB 设计具有很大的灵活性，每个工程师的习惯不同，设计出的产品也不会相同。但对 PCB 的整体设计而言，其流程大同小异，按照流程进行项目设计工作，将有助于设计人员明确下一步的工作内容。

PCB 设计流程基本分为原理图与 PCB 两大部分，总体流程如图 2-1 所示。

2.2 完整工程文件的组成

一个完整的 Altium Designer 24 工程至少包含五个文件，如图 2-2 所示。

（1）工程文件，后缀名为.PrjPCB。
（2）原理图文件，后缀名为.SchDoc。
（3）原理图库文件，后缀名为.SCHLIB。
（4）PCB 文件，后缀名为.PcbDoc。
（5）PCB 元件库文件，后缀名为.PcbLib。

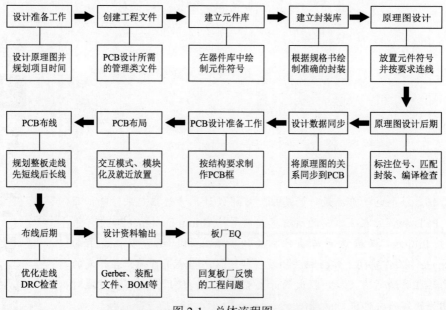

图 2-1　总体流程图

图 2-2　完整工程文件的组成

2.3　创建新工程及各类组成文件

1. 工程文件的创建

打开 Altium Designer 24，执行菜单栏中"文件"→"新的..."→"项目"命令，如图 2-3 所示。在弹出的 Create Project 对话框中选择 Local Projects 选项卡，在 Project Type 列表框中选择 <Empty> 类型，并在右侧输入工程名及保存路径后，单击 Create 按钮，即可创建一个新的 PCB 工程，如图 2-4 所示。

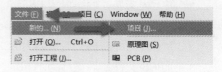

图 2-3　新建工程命令

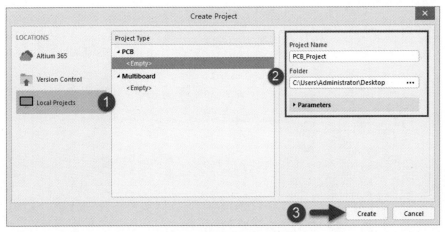

图 2-4　创建并保存工程

2. 原理图文件的创建

执行菜单栏中"文件"→"新的..."→"原理图"命令，如图 2-5 所示。单击快速访问工具栏中的"保存"按钮或者按快捷键 Ctrl+S，保存新建的原理图到工程文件路径下，如图 2-6 所示。

图 2-5　新建原理图文件

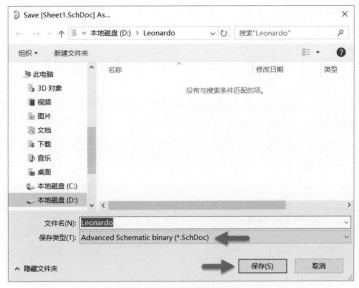

图 2-6　保存原理图文件

3. 原理图库文件的创建

执行菜单栏中"文件"→"新的..."→"库"命令。在弹出的 New Library 对话框中选择 File 选项卡，并点选 Schematic Library，单击 Create 按钮，如图 2-7 所示。单击快速访问工具栏中的"保存"按钮或者按快捷键 Ctrl+S，保存新建的原理图库文件到工程文件路径下，如图 2-8 所示。

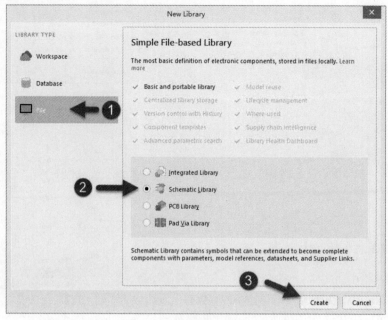

图 2-7　新建原理图库文件

图 2-8　保存原理图库文件

4. PCB文件的创建

执行菜单栏中"文件"→"新的..."→"PCB"命令，如图 2-9 所示。单击快速访问工具栏中的"保存"按钮或者按快捷键 Ctrl+S，保存新建的 PCB 文件到工程文件路径下，如图 2-10 所示。

图 2-9　新建 PCB 文件

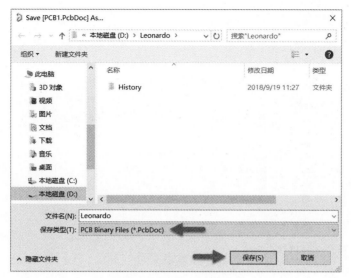

图 2-10 保存 PCB 文件

5. PCB元件库文件的创建

执行菜单栏中"文件"→"新的..."→"库"命令。在弹出的 New Library 对话框中选择 File 选项卡，并点选 PCB Library，单击 Create 按钮，如图 2-11 所示。单击快速访问工具栏中的"保存"按钮或者按快捷键 Ctrl+S，保存新建的 PCB 元件库文件到工程文件路径下，如图 2-12 所示。

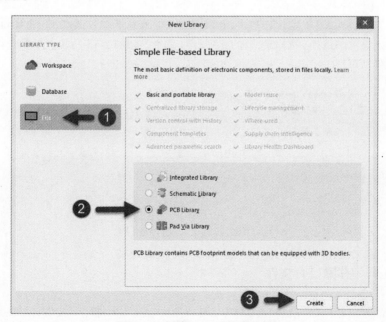

图 2-11 新建 PCB 元件库文件

提示： Altium Designer 24 软件采用工程文件管理所有的设计文件，因此设计文件应当都保存在工程文件中，单独的设计文件则称为 Free Document。工程中所有相关文件都尽量放在同一路径（文件夹）下，以方便管理。

图 2-12　保存 PCB 元件库文件

2.4　给工程添加或移除已有文件

2.4.1　给工程添加已有文件

如要为工程添加已有原理图、PCB、原理图库、PCB 元件库等文件，在工程目录上右击，在弹出的快捷菜单中选择"添加已有的到项目"命令，如图 2-13 所示，然后选择需要添加到工程的文件即可。

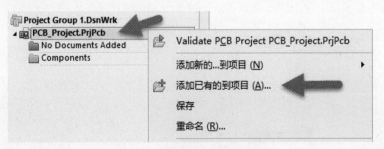

图 2-13　添加已有文件到工程

2.4.2　从工程中移除已有文件

如要从工程中移除已有原理图、PCB、原理图库、PCB 元件库等文件，可在工程目录下选择要移除的文件右击，在弹出的快捷菜单中执行"从项目中删除…"命令，即可从工程中移除相应的文件。如图 2-14 所示为从工程中移除原理图文件，其他文件的移除方法与原理图文件的移除方法一致，不再赘述。

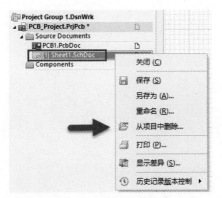

图 2-14　从工程中移除原理图文件

2.5　快速查询文件保存路径

在工程目录上右击，执行"浏览"命令，即可浏览工程文件所在的路径，用户可以快速地找到工程文件的存放位置并查看文件，如图 2-15 所示。

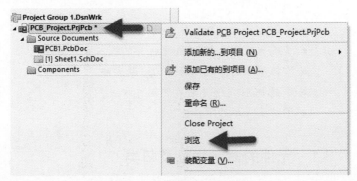

图 2-15　工程文件的路径查找

2.6　重命名文件名称

Altium Designer 24 支持在 Project 面板中给文件重命名，避免在文件夹中命名导致文件脱离工程的管理。在工程目录上右击，执行"重命名"命令，即可直接修改文件名称，如图 2-16 所示。

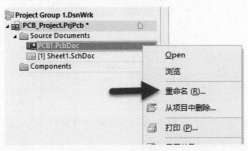

图 2-16　文件重命名

第 3 章
元件库的创建和加载

第 5 集
微课视频

虽然 Altium Designer 24 提供了丰富的元件资源，但是在实际的电路设计中，有些特定的元件仍需自行制作。根据工程项目的需要，建立基于该项目的 PCB 元件库，有利于在以后的设计中更加方便、快捷地调入元件封装，管理工程文件。

本章将对原理图库和 PCB 元件库的创建进行详细的介绍，让读者学会创建和管理自己的元件库，从而更方便地进行 PCB 设计。

学习目标：
- 了解元件和封装的命名规范。
- 了解原理图库和 PCB 元件库的基本操作命令。
- 掌握原理图库元件符号的绘制方法。
- 掌握 PCB 元件库封装的制作方法。
- 了解集成库的制作方法。

3.1 元件的命名规范及归类

1. 原理图库分类及命名

依据元件种类分类（元件一律用大写字母表示），原理图库分类及命名如表 3-1 所示。

表 3-1 原理图库分类及命名

元件库	元件种类	简称	元件名（Lib Ref）
RCL.LIB（电阻、电容、电感库）	普通电阻类，包括SMD、碳膜、金膜、氧化膜、绕线、水泥、玻璃釉等	R	R
	康铜丝类，包括各种规格康铜丝电阻	RK	RK
	排阻	RA	RA-电阻数-PIN距
	热敏电阻类，包括各种规格热敏电阻	RT	RT

元件库	元件种类	简称	元件名（Lib Ref）
RCL.LIB（电阻、电容、电感库）	压敏电阻类，包括各种规格压敏电阻	RZ	RZ
	光敏电阻，包括各种规格光敏电阻	RL	RL
	可调电阻类，包括各种规格单路可调电阻	VR	VR-型号
	无极性电容类，包括各种规格无极性电容	C	CAP
	有极性电容类，包括各种规格有极性电容	C	CAE
	电感类	L	L-电感数-型号
	变压器类	T	T-型号
DQ.LIB（二极管、晶体管库）	普通二极管类	D	D
	稳压二极管类	DW	DW
	双向触发二极管类	D	D-型号
	双二极管类，包括BAV99	Q	D2
	桥式整流器类	BG	BG
	三极管类	Q	Q-类型
	MOS管类	Q	Q-类型
	IGBT类	Q	IGBT
	单向可控硅（晶闸管）类	SCR	SCR-型号
	双向可控硅（晶闸管）类	BCR	BCR-型号
IC.LIB（集成电路库）	三端稳压IC类，包括78系列三端稳压IC	U	U-型号
	光电耦合器类	U	U-型号
	IC	U	U-型号
CON.LIB（接插件库）	端子排座，包括导电插片、四脚端子等	CON	CON-PIN数
	排线	CN	CN-PIN数
	其他连接器	CON	CON-型号
DISPLAY.LIB（光电元件库）	发光二极管	LED	LED
	双发光二极管	LED	LED2
	数码管	LED	LED-位数-型号
	数码屏	LED	LED-型号
	背光板	BL	BL-型号
	LCD	LCD	LCD-型号
OTHER.LIB（其他元器件库）	按键开关	SW	SW-型号
	触摸按键	MO	MO
	晶振	Y	Y-型号
	保险管	F	FUSE
	蜂鸣器	BZ	BUZ
	继电器	K	K
	电池	BAT	BAT
	模块		简称-型号

2. 原理图中元件值标注规则

原理图中元件值标注规则如表 3-2 所示。

表 3-2　原理图中元件值标注规则

元件	标注规则	
电阻	≤1Ω	以小数表示，而不以毫欧表示，可表示为 0RXX，例如0R47（0.47Ω）、0R033（0.033Ω）
	≤999Ω	整数表示为XXR，例如100R（100Ω）、470R
	≤999kΩ	整数表示为XXK，例如100K（100kΩ）、470K
	≤999kΩ（包含小数）	表示为XKX，例如4K7（4.7kΩ）、4K99、49K9
	≥1MΩ	整数表示为XXM，例如1M（1MΩ）、10M
	≥1MΩ（包含小数）	表示为XMX，例如4M7（4.7MΩ）、2M2
	电阻如只标数值，则代表其功率低于1/4W。如果其功率大于1/4W，则需要标明实际功率。缺省定义为"精度5±5%" 为区别电阻种类，可在其后标明种类: CF（碳膜）、MF（金属膜）、PF（氧化膜）、FS（熔断）、CE（瓷壳）	
电容	≤1pF	以小数加p表示，例如0p47（0.47pF）
	≤100pF	整数表示为XXp，例如100p（100pF）
	≥100pF	采用指数表示，例如:1000pF为102
	≤999pF（包含小数）	表示为XpX，例如4p7（4.7pF）、6p8
	接近1μF	可以以0.XXμ表示，例如0.1μ、0.22μ
	≥1μF	整数表示为XXμF/耐压值，例如100μF/25V、470μF/16V
	≥1μF（包含小数）	表示为X.X/耐压值，例如2.2μF/400V
	电容值后标明耐压值，以"/"与电容值隔开。电解电容必须标明耐压值，其他介质电容如不标明耐压值，则缺省定义耐压值为50V	
电感	电感标法同电容标法	
变压器	按实际型号	
二极管	按实际型号	
三极管	按实际型号	
集成电路	按实际型号	
接插件	标明引脚数	
光电器件	按实际型号	
其他元件	按实际型号	

3.2　原理图库常用操作命令

打开或新建一个原理图库文件，即可进入原理图库文件编辑器，如图 3-1 所示。

图 3-1　原理图库文件编辑器

单击工具栏中的绘图工具 ，在弹出的下拉列表中列出了原理图库常用的操作命令，如图 3-2 所示。其中各个命令按钮与"放置"下拉菜单中的各项命令具有对应关系。

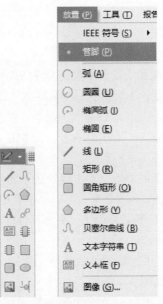

图 3-2　原理图库常用操作命令

提示：若没有找到对应工具栏，在菜单栏空白处右击，单击相应命令即可打开对应工具栏，如图 3-3 所示。

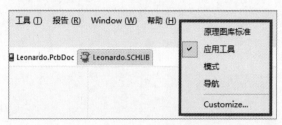

图 3-3　打开"应用工具"

各个工具的功能说明如下。

/：放置线条。

⌒：放置椭圆弧。

A：放置文本字符串。

▦：放置文本框。

▦：添加部件。

▦：放置圆角矩形。

▣：放置图像。

⋏：放置贝塞尔曲线。

⬡：放置多边形。

⌀：放置超链接。

▦：创建器件。

▦：放置矩形。

⬭：放置椭圆。

◹：放置引脚。

1．放置线条

在绘制原理图库时可以用放置线条命令绘制元件的外形。该线条在功能上与导线有本质区别，它不具有电气连接特性，不会影响到电路的电气结构。

放置线条的步骤如下：

（1）执行菜单栏中的"放置"→"线条"命令，或单击工具栏中的"放置线条"按钮/，光标变成十字形状。

（2）将光标移到要放置线条的位置，单击确定线条的起点，然后多次单击，确定多个固定点，在放置线条的过程中，如需要拐弯，可以单击确定拐弯的位置，同时按 Shift+空格快捷键来切换拐弯的模式。在 T 形交叉点处，系统不会自动添加结点。线条绘制完毕后，右击或按 Esc 键退出。

（3）设置线条属性，双击需要设置属性的线条（或在绘制状态下按 Tab 键），系统将弹出相应的线条属性编辑面板，如图 3-4 所示。

在该面板中可以对线条的线宽、类型和颜色等属性进行设置。其中常用选项介绍如下。

● Line：设置线条的线宽，有 Smallest（最小）、Small（小）、Medium（中等）、Large（大）
4 种线宽供用户选择。

- Line Style：设置线条的线型，Solid（实线）、Dashed（虚线）、Dotted（点线）、Dash Dotted（点画线）4种线型可供选择。
- ■：设置线条的颜色。

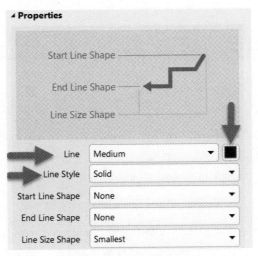

图 3-4　线条属性编辑面板

2. 放置椭圆弧

椭圆弧和圆弧的绘制过程是一样的，圆弧实际上是椭圆弧的一种特殊形式。

放置椭圆弧的步骤如下：

（1）执行菜单栏中的"放置"→"椭圆弧"命令，或者单击工具栏中的"椭圆弧"按钮 ，光标变成十字形状。

（2）将光标移到要放置椭圆弧的位置，单击第 1 次确定椭圆弧的中心，单击第 2 次确定椭圆弧 X 轴的长度，单击第 3 次确定椭圆弧 Y 轴的长度，从而完成椭圆弧的绘制。

（3）此时软件仍处于绘制椭圆的状态，重复步骤（2）的操作即可绘制其他的椭圆弧。右击或按 Esc 键退出操作。

3. 放置文本字符串

为了增加原理图库的可读性，在某些关键的位置处应该添加一些文字说明，即放置文本字符串，便于用户之间的交流。

放置文本字符串的步骤如下：

（1）执行菜单栏中"放置"→"文本字符串"命令，或单击工具栏中"文本字符串"按钮 A，光标变成十字形状，并带有一个文本字符串 Text 标志。

（2）将光标移到要放置文本字符串的位置，单击即可放置该字符串。

（3）此时软件仍处于放置字符串状态，重复步骤（2）的操作即可放置其他的字符串。右击或按 Esc 键退出操作。

（4）设置文本属性。双击需要设置属性的文本字符串（或在绘制状态下按 Tab 键），系统将弹出相应的文本字符串属性编辑面板，如图 3-5 所示。

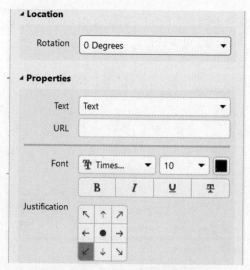

图 3-5　文本字符串的属性编辑面板

- Rotation：设置文本字符串在原理图中的放置方向，有 0 Degrees、90 Degrees、180 Degrees 和 270 Degrees 共 4 个选项，实际放置时可按空格键修改。
- Text：用于输入文本字符串的具体内容，也可以在放置文本字符串完毕后选中该对象，然后直接单击即可输入文本内容。
- Font：用于选择文本字符串的字体类型和字体大小等。
- ■：用于设置文本字符串的颜色。
- Justification：用于设置文本字符串的位置。

4. 放置文本框

文本字符串针对的是简单的单行文本，如果需要大段的文字说明，就需要使用文本框。文本框可以放置多行文本，字数没有限制。

放置文本框步骤如下：

（1）执行菜单栏中"放置"→"文本框"命令，或单击工具栏中"文本框"按钮🔲，光标变成十字形状，并带有一个空白的文本框图标。

（2）将光标移到要放置文本框的位置，单击确定文本框的一个顶点，移动光标到合适位置再单击一次确定其对角顶点，完成文本框的放置。

（3）此时软件仍处于放置文本框的状态，重复步骤（2）的操作即可放置其他文本框。右击或按 Esc 键退出操作。

（4）设置文本框属性。双击需要设置属性的文本框（或在放置状态下按 Tab 键），系统将弹出相应的文本框属性编辑面板，如图 3-6 所示。

文本框的设置和文本字符串的设置大致相同，这里不再赘述。

5. 添加部件

执行菜单栏中"工具"→"新部件"命令，或单击工具栏中"新部件"按钮🔲，即可为元件添加部件，如图 3-7 所示。

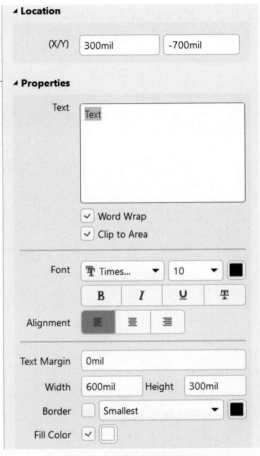

图 3-6　文本框属性编辑面板

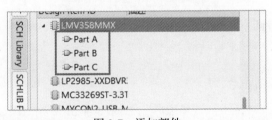

图 3-7　添加部件

6. 放置圆角矩形

放置圆角矩形的步骤如下：

（1）执行菜单栏中"放置"→"圆角矩形"命令，或单击工具栏中"放置圆角矩形"按钮▢，光标变成十字形状，并带有一个圆角矩形图标。

（2）将光标移到要放置圆角矩形的位置，单击确定圆角矩形的一个顶点，移动光标到合适的位置再一次单击确定其对角顶点，从而完成圆角矩形的绘制。

（3）此时软件仍处于绘制圆角矩形的状态，重复步骤（2）的操作即可绘制其他的圆角矩形。右击或按 Esc 键退出操作。

（4）设置圆角矩形属性。双击需要设置属性的圆角矩形（或在绘制状态下按 Tab 键），系统将弹出相应的圆角矩形属性编辑面板，如图 3-8 所示。

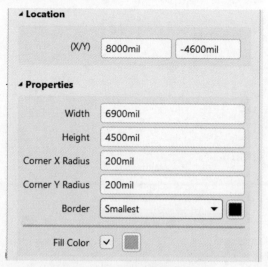

图 3-8　圆角矩形属性编辑面板

- Location：设置圆角矩形的起始与终止顶点的位置。
- Width：设置圆角矩形的宽度。
- Height：设置圆角矩形的高度。
- Corner X Radius：设置 1/4 圆角 X 方向的半径长度。
- Corner Y Radius：设置 1/4 圆角 Y 方向的半径长度。
- Border：设置圆角矩形边框的线宽，有 Smallest、Small、Medium 和 Large 4 种线宽可供用户选择。
- Fill Color：设置圆角矩形的填充颜色。

7. 放置多边形

放置多边形的步骤如下：

（1）执行菜单栏中"放置"→"多边形"命令，或单击工具栏中"放置多边形"按钮⬡，光标变成十字形状。

（2）将光标移到要放置多边形的位置，单击确定多边形的一个顶点，接着每单击一下就确定一个顶点，绘制完毕后右击退出当前多边形的绘制。

（3）此时软件仍处于绘制多边形的状态，重复步骤（2）的操作即可绘制其他的多边形。右击或按 Esc 键退出操作。

多边形属性的设置和圆角矩形的设置大致相同，这里不再赘述。

8. 创建器件

创建器件的步骤如下：

（1）执行菜单栏中"工具"→"新器件"命令，或单击工具栏中"创建器件"按钮📇，弹出 New Component 对话框。

（2）输入器件名称，单击"确定"按钮，即可创建一个新的器件，如图 3-9 所示。

9．放置矩形

放置矩形步骤如下：

（1）执行菜单栏中"放置"→"矩形"命令，或单击工具栏中"放置矩形"按钮 ■，光标变成十字形状，并带有一个矩形图标。

（2）将光标移到要放置矩形的位置，单击确定矩形的一个顶点，移动光标到合适的位置再一次单击确定其对角顶点，从而完成矩形的绘制。

（3）此时仍处于绘制矩形的状态，重复步骤（2）的操作即可绘制其他的矩形。

（4）设置矩形属性。双击需要设置属性的矩形（或在绘制状态下按 Tab 键），系统将弹出相应的矩形属性编辑面板，如图 3-10 所示。

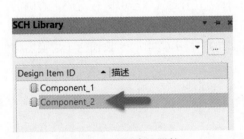

图 3-9　已创建的器件

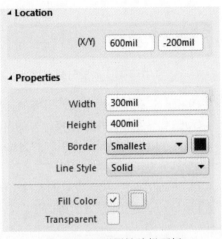

图 3-10　矩形属性编辑面板

● Transparent：勾选该复选框，则矩形为透明的，内无填充颜色。

● Line Style：矩形边框线样式，可对矩形边框线样式进行更改（如虚线或实线）。

其他属性与圆角矩形的属性一致，这里不再赘述。

10．放置引脚

放置引脚步骤如下：

（1）执行菜单栏中"放置"→"引脚"命令，或单击工具栏中"放置引脚"按钮 ，光标变成十字形状，并带有一个引脚图标。

（2）将该引脚移到矩形边框处单击，完成放置。放置引脚时，一定要保证具有电气特性的一端，即带有"×"号的一端朝外，如图 3-11 所示，这可以通过在放置引脚时按空格键实现旋转。

（3）此时仍处于放置引脚的状态，重复步骤（2）的操作即可放置其他的引脚。

（4）设置引脚属性。双击需要设置属性的引脚（或在绘制状态下按 Tab 键），系统将弹出相应的引脚属性编辑面板，如图 3-12 所示。

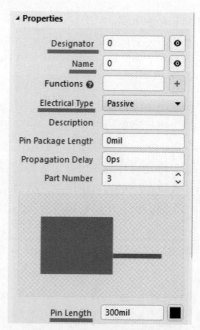

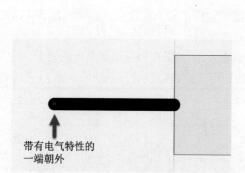

带有电气特性的
一端朝外

图 3-11　放置引脚　　　　　　　图 3-12　引脚属性编辑面板

- Designator：用于设置元件引脚的标号，标号应与封装焊盘引脚相对应。右侧的"显示/隐藏"◉按钮用于切换标号的可见性。
- Name：用于设置库元件引脚的名称。右面的"显示/隐藏"◉按钮用于切换名称的可见性。
- Electrical Type：用于设置库元件引脚的电气属性。
- Pin Length：用于设置引脚的长度。

3.3　元件符号的绘制方法

下面以绘制 NPN 三极管、ATMEGA32U4 芯片为例，详细介绍元件符号的绘制过程。

3.3.1　手工绘制元件符号

1. NPN三极管元件符号的绘制方法

（1）绘制库元件的原理图符号
绘制库元件的原理图符号的操作步骤如下：
① 执行菜单栏中"文件"→"新的"→"库"命令。在弹出的 New Library 对话框中选择 File 选项卡，并点选 Schematic Library，单击 Create 按钮，如图 3-13 所示。启动原理图库文件编辑器，并创建一个新的原理图库文件，命名为 Leonardo.SchLib。
② 为新建的原理图符号命名。
在创建了一个新的原理图库文件的同时，系统已自动为该库添加了一个默认原理图符

号名为 Component_1 的库文件（打开 SCH Library 面板可以看到）。单击选择这个名为 Component_1 的原理图符号，单击下面的"编辑"按钮，将该原理图符号重新命名为"NPN 三极管"。

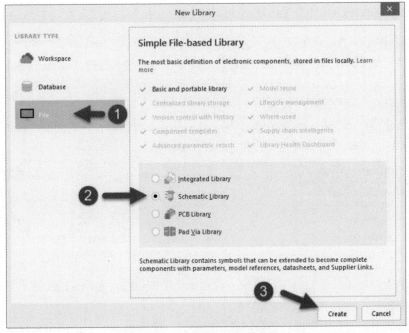

图 3-13　新建原理图库文件

③ 单击原理图符号绘制工具栏中的"放置线条"按钮，光标变成十字形状。绘制出一个 NPN 三极管符号，如图 3-14 所示。

（2）放置引脚

① 单击原理图符号绘制工具栏中"放置引脚"按钮，光标变成十字形状，并带有一个引脚图标。

② 移动该引脚到三极管符号处，单击完成放置，如图 3-15 所示。

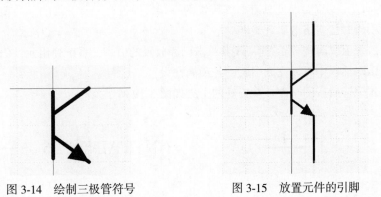

图 3-14　绘制三极管符号　　　　图 3-15　放置元件的引脚

放置引脚时，一定要保证具有电气特性的一端，即带有"×"号的一端朝外，这可以通过在放置引脚时按空格键进行旋转引脚。

③ 在放置引脚时按 Tab 键，或者双击已经放置的引脚，系统弹出元件引脚属性编辑对话框，在该对话框中可以完成引脚的各项属性设置。单击"保存"按钮，即可完成 NPN 三极管元件符号的绘制。

2. ATMEGA32U4元件符号的绘制方法

1）绘制库元件的原理图符号

（1）执行菜单栏中"工具"→"新器件"命令，或者按快捷键 T+C 新建一个器件，如图 3-16 所示。

（2）为新建的原理图符号命名。

执行新建器件命令后，系统会弹出 New Component 对话框，在对话框中输入元件名为 ATMEGA32U4，然后单击"确定"按钮，如图 3-17 所示。

图 3-16　新建器件　　　　　　　　　　　图 3-17　给器件命名

（3）单击原理图符号绘制工具栏中"放置矩形"按钮 ，光标变成十字形状，并带有一个矩形图标。

（4）两次单击，在编辑窗口的第四象限内绘制一个矩形。

矩形用来作为库元件的原理图符号外形，其大小应根据要绘制的库元件引脚的多少来决定。由于 ATMEGA32U4 芯片引脚是左右两排的排布方式，所以应画成矩形，并画得大一些，以便于引脚的放置，引脚放置完毕以后，可以再调整矩形框为合适的尺寸。

2）放置引脚

（1）单击原理图符号绘制工具栏中"放置引脚"按钮 ，光标变成十字形状，并带有一个引脚图标。

（2）移动该引脚到矩形边框处，单击完成放置，如图 3-18 所示。

放置引脚时，一定要保证具有电气特性的一端，即带有"×"号的一端朝外，这可以通过在放置引脚时按空格键实现旋转。

（3）在放置引脚时按 Tab 键，或者双击已经放置的引脚，系统弹出元件引脚属性编辑对话框，在该对话框中可以完成引脚的各项属性设置。

（4）设置完毕后按回车键，设置好的引脚如图 3-19 所示。

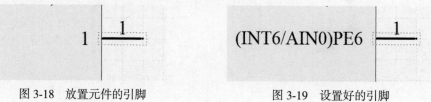

图 3-18　放置元件的引脚　　　　　　　　图 3-19　设置好的引脚

（5）按照同样的操作，或者使用阵列粘贴的功能，完成其余引脚的放置，并设置好相应的属性，完成 ATMEGA32U4 元件符号的绘制，如图 3-20 所示。

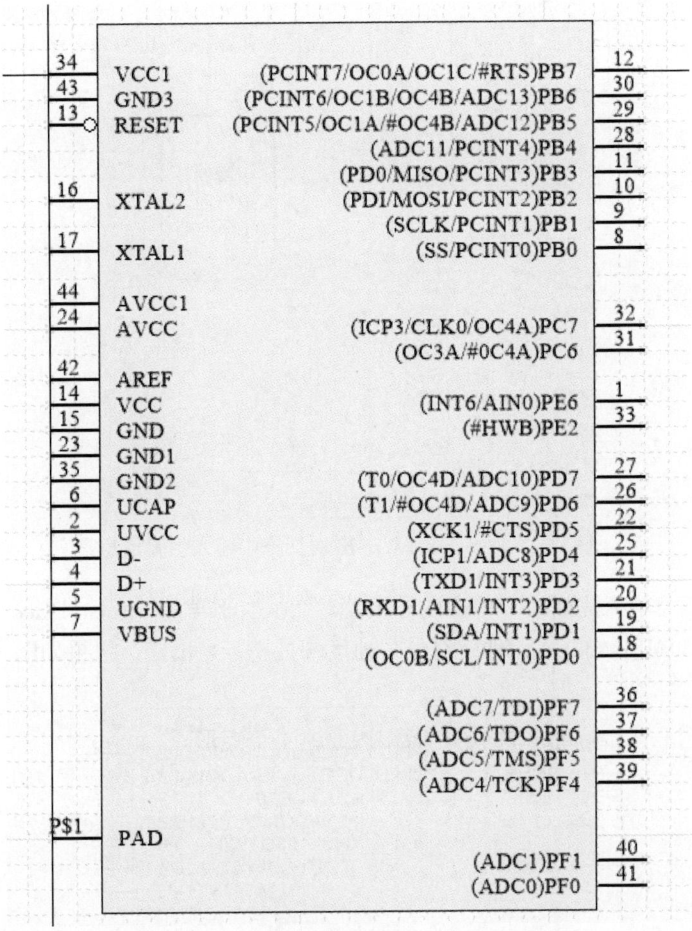

图 3-20　绘制好的 ATMEGA32U4 元件符号

3.3.2　利用 Symbol Wizard 制作多引脚元件符号

在 Altium Designer 24 中，建立原理图库时可以使用一些辅助工具快速建立。这对于集成 IC 等元件的建立特别适用，如一个芯片有几十个乃至几百个引脚，就可通过辅助工具来快速完成。

依旧以 ATMEGA32U4 元件为例来详细介绍使用 Symbol Wizard 制作元件符号的方法。具体操作步骤如下：

（1）在原理图库编辑界面下，执行菜单栏中"工具"→"新器件"命令，新建一个器件，并重新命名，这里命名为 ATMEGA32U4。

（2）然后执行菜单栏中"工具"→Symbol Wizard 命令。打开 Symbol Wizard 向导设置对话框，如图 3-21 所示。接下来就是在对话框中输入需要的信息，可以将这些引脚信息从器件规格书或者其他地方复制粘贴过来，不需要一个个手工填写。手工填写不仅耗时、费力而且容易出错。

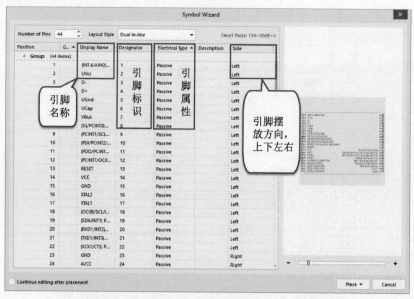

图 3-21　在 Symbol Wizard 对话框中输入引脚信息

（3）引脚信息输入完成后，单击向导设置对话框右下角的 Place→Place Symbol 命令，这样就画好了 ATMEGA32U4 元件库符号，速度快且不容易出错，效果如图 3-22 所示。

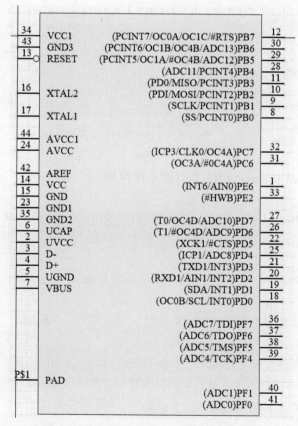

图 3-22　用 Symbol Wizard 制作的元件符号

3.3.3　绘制含有子部件的库元件符号

下面利用相应的库元件管理命令，来绘制一个含有子部件的库元件 LMV358。

1.　绘制库元件的第一个部件

（1）执行菜单栏中"工具"→"新器件"命令，创建一个新的原理图库元件，并为该库元件重新命名，如图 3-23 所示。

（2）执行菜单栏中"工具"→"新部件"命令，给该元件新建两个新的部件，如图 3-24 所示。

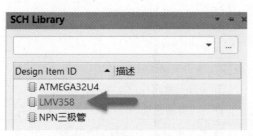

图 3-23　创建新的原理图库元件

图 3-24　为库元件创建子部件

（3）先在 Part A 里绘制第一个部件，单击原理图绘制工具栏中的"放置多边形"按钮 多边形，光标变成十字形状，在原理图库编辑器的原点位置绘制一个三角形的运算放大器符号。

（4）放置引脚，单击原理图符号绘制工具栏的"放置引脚"按钮，光标变成十字形状，并带有一个引脚图标。移动该引脚到运算放大器符号边框处，单击完成放置。用同样的方法，放置其他引脚在运算放大器三角形符号上，并设置好每一个引脚的属性，如图 3-25 所示。这样就完成了第一个部件的绘制。

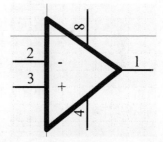

图 3-25　绘制元件的第一个子部件

其中，引脚 1 为输出引脚 OUT1，引脚 2、3 为输入引脚 IN1- 和 IN1+，引脚 8、4 则为公共的电源引脚，即 VCC 和 GND。

2.　创建库元件的第二个子部件

按照 Part A 中元件符号的绘制，在 Part B 中绘制第二个子部件的元件符号，即包含引脚 5、6、7 的部分。这样就完成了含有两个子部件的元件符号的绘制。使用同样的方法，在原理图库中可以创建含有多个子部件的库元件。

3.4 封装的命名和规范

1. PCB元件库分类及命名

依据元件工艺类（元件一律采用大写字母表示），PCB 元件库分类及命名如表 3-3 所示。

表 3-3 PCB元件库分类及命令

元件库	元件种类	简称	封装名（Footprint）
SMD.LIB （贴片封装库）	SMD电阻	R	R-元件英制代号
	SMD排阻	RA	RA-电阻数-PIN距
	SMD电容	C	C-元件英制代号
	SMD电解电容	C	C-元件直径
	SMD电感	L	L-元件英制代号
	SMD钽电容	CT	CT-元件英制代号
	柱状贴片	M	M-元件英制代号
	SMD二极管	D	D-元件英制代号
	SMD三极管	Q	常规为SOT23，其他为：Q-型号
	SMD IC	U	1. 封装-PIN数 如：PLCC6、QFP8、SOP8、SSOP8、TSOP8 2. IC型号-封装-PIN数
	接插件	CON	CON-PIN数-PIN距
AI.LIB （自动插接件封装库）	电阻	R	R-跨距（mm）
	瓷片电容	C	CAP-跨距（mm）-直径
	聚丙烯电容	C	C-跨距（mm）-长×宽
	涤纶电容	C	C-跨距（mm）-长×宽
	电解电容	C	C-直径-跨距（mm） 立式电容：C-直径×高度-跨距（mm）-L
	二极管	D	D-直径-跨距（mm）
	三极管类	Q	Q-型号
	MOS管类	Q	Q-型号
	三端稳压IC	U	U-型号
	LED	LED	LED-直径-跨距（mm）
MI.LIB （手工插接件封装库）	立插电阻	R	RV-跨距（mm）-直径
	水泥电阻	R	RV-跨距（mm）-长×宽
	压敏压阻	RZ	RZ-型号
	热敏电阻	RT	RT-跨距（mm）
	光敏电阻	RL	RL-型号
	可调电阻	VR	VR-型号

元件库	元件种类	简称	封装名（Footprint）
MI.LIB（手工插接件封装库）	排阻	RA	RA-电阻数-PIN距
	卧插电容	C	CW-跨距（mm）-直径×高
	盒状电容	C	C-跨距（mm）-长×宽
	立式电解电容	C	C-跨距（mm）-直径
	电感	L	L-电感数-型号
	变压器	T	T-型号
	桥式整流器	BG	BG-型号
	三极管	Q	Q-型号
	IGBT	Q	IGBT-序号
	MOS管	Q	Q-型号
	单向可控硅	SCR	SCR-型号
	双向可控硅	BCR	BCR-型号
	三端稳压IC	U	U-型号
	光电耦合器类	U	U-PIN数
	IC	U	如：PLCC6、QFP8、SOP8、SSOP8、TSOP8
	排座	CON	1. PIN距为2.54mm 简称-PIN数 如：CON5 CN5 SIP5 CON5 2. PIN非为2.54mm SIP-PIN数-PIN距 3. 带弯角的加上-W、普通的加上-L
	排线	CN	
	排针	SIP	
	其他连接器	CON	
	发光二极管	LED	LED-跨距（mm）-直径
	双发光二极管	LED	LED2-跨距（mm）-直径
	数码管	LED	LED-位数-尺寸
	数码屏	LED	LED-型号
	背光板	BL	BL-型号
	LCD	LCD	LCD-型号
	按键开关	SW	SW-型号
	触摸按键	MO	MO-型号
	晶振	Y	Y-型号
	保险管	F	F-跨距（mm）-长×直径
	蜂鸣器	BUZ	BUZ-跨距（mm）-直径
	继电器	K	K-型号
	电池	BAT	BAT-直径
	电池片		型号
	模块	MK	MK-型号

续表

元件库	元件种类	简称	封装名（Footprint）
MARK.LIB （标示对象库）	MARK点	MARK	
	AI孔	AI	
	螺丝孔	M	
	测试点	TP	
	过炉方向	SOL	

2. PCB封装图形要求

（1）外形尺寸：指元件的最大外形尺寸。封装库的外形（尺寸和形状）必须和实际元件的封装外形一致。

（2）主体尺寸：指元件的塑封体的尺寸=宽度×长度。

（3）尺寸单位：英制单位为 mil，公制单位为 mm。

（4）封装的焊盘必须定义编号，一般使用数字来编号，并与原理图引脚对应。

（5）贴片元件的原点一般设定在元件图形的中心，插装元件原点一般设定在第一个焊盘中心。

（6）表面贴装元件的封装必须在元件面建立，不允许在焊接面建立镜像的封装。

（7）封装的外形建立在丝印层上。

3.5 PCB 元件库的常用操作命令

打开或新建一个 PCB 元件库文件，即可进入 PCB 元件库编辑器，如图 3-26 所示。

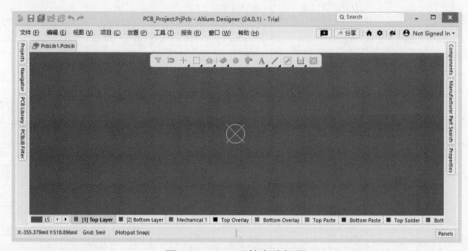

图 3-26　PCB 元件库编辑器

打开 PCB 元件库中放置工具栏，里面列出了 PCB 元件库常用的操作命令，如图 3-27 所示。其中各个按钮与"放置"菜单栏下的各项命令具有对应关系。

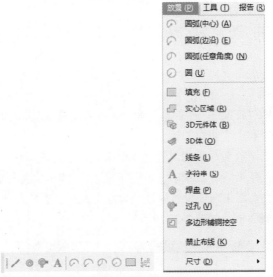

图 3-27　PCB 元件库常用的操作命令

各个工具的功能说明如下。

/：放置线条。

◎：放置焊盘。

♀：放置过孔。

A：放置字符串。

⌒：放置圆弧（中心）。

⌒：放置圆弧（边沿）。

⌒：放置圆弧（任意角度）。

◯：放置圆。

▣：放置填充。

▦：阵列式粘贴。

1. 放置线条

放置线条的步骤如下：

（1）执行菜单栏中"放置"→"线条"命令，或单击工具栏中"放置线条"按钮/，光标变成十字形状。

（2）移动光标到需要放置线条位置处，单击确定线条的起点，多次单击确定多个固定点。在放置线条的过程中，需要拐弯时，可以单击确定拐弯的位置，同时按下"Shift+空格键"快捷键切换拐弯模式。在 T 形交叉点处，系统不会自动添加结点。线条绘制完毕后，右击或按 Esc 键退出。

（3）设置线条属性。双击需要设置属性的线条（或在绘制状态下按 Tab 键），系统将弹出相应的线条属性编辑面板，如图 3-28 所示。

　其中，常用选项介绍如下。

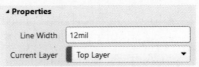

图 3-28　线条属性编辑面板

- Line Width：用于设置线条的宽度。
- Current Layer：用于设置线条所在的层。

2. 放置焊盘

放置焊盘的步骤如下：

（1）执行菜单栏中"放置"→"焊盘"命令，或者单击工具栏中"放置焊盘"按钮 ◎，光标变成十字形状并带有一个焊盘图标。

（2）移动光标到需要放置焊盘的位置处，单击即可放置该焊盘。

（3）此时软件仍处于放置焊盘状态，重复步骤（2）即可放置其他的焊盘。

（4）设置焊盘属性。双击需要设置属性的焊盘（或在放置状态下按 Tab 键），系统将弹出相应的焊盘属性编辑面板，如图 3-29 所示。

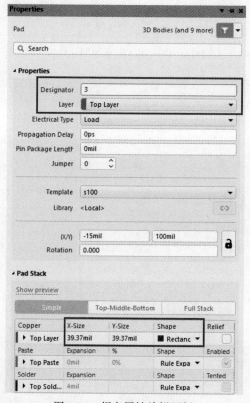

图 3-29　焊盘属性编辑面板

其中常用选项介绍如下。

- Designator：用于设置焊盘的标号，该标号要与原理图库中的元件符号引脚标号相对应。
- Layer：用于设置焊盘所在的层。
- Shape：用于设置焊盘的外形，有 Round（圆形）、Rectangular（矩形）、Octagonal（八边形）、Rounded Rectangle（圆角矩形）、Chamfered Rectangle（倒角矩形）和 Custom shape（自定义形状）6 种选项可供选择。

● X-Size/Y-Size：用于设置焊盘的尺寸。

3. 放置过孔

放置过孔的步骤如下：

（1）执行菜单栏中"放置"→"过孔"命令，或者单击工具栏中"放置过孔"按钮　，光标变成十字形状并带有一个过孔图标。

（2）移动光标到需要放置过孔的位置处，单击即可放置该过孔。

（3）此时软件仍处于放置过孔状态，重复步骤（2）即可放置其他的过孔。

（4）设置过孔属性。双击需要设置属性的过孔（或在放置状态下按 Tab 键），系统将弹出相应的过孔属性编辑面板，如图 3-30 所示。

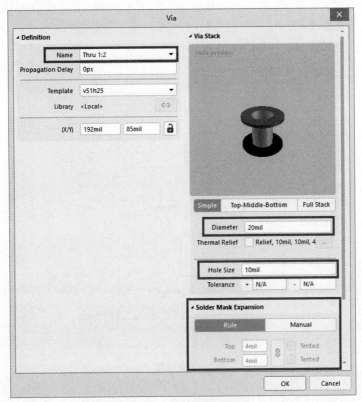

图 3-30　过孔属性编辑面板

其中，常用选项介绍如下。

● Name：可用于设置过孔所连接到的层。下拉列表列出了在"层堆栈"中定义的所有通孔范围。

● Diameter：设置过孔外径尺寸。

● Hole Size：设置过孔内径尺寸。

● Solder Mask Expansion：设置过孔顶层和底层阻焊扩展值，Rule 遵循适用的阻焊层扩展设计规则中的定义值，默认 4mil；Manual 可手动指定通孔的阻焊层扩展值，勾选 Tented 可取消阻焊层扩展（即盖油）。

4. 放置圆弧和放置圆

圆弧和圆的放置方法与 3.2 节介绍的放置方法一致，这里不再赘述。

5. 放置填充

放置填充的步骤如下：

（1）执行菜单栏中"放置"→"填充"命令，或者单击工具栏中"放置填充"按钮▣，光标变成十字形状。

（2）移动光标到需要放置填充的位置处，单击确定填充的一个顶点，移动光标到合适的位置再一次单击确定其对角顶点，从而完成填充的绘制。

（3）此时仍处于放置填充状态，重复步骤（2）的操作即可绘制其他的填充。

（4）设置填充属性。双击需要设置属性的填充（或在绘制状态下按 Tab 键），系统将弹出相应的填充属性编辑面板，如图 3-31 所示。

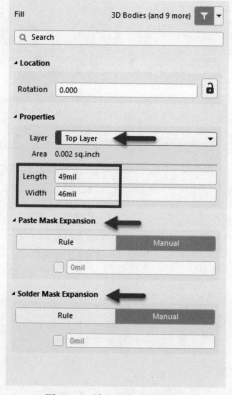

图 3-31　填充属性编辑面板

其中常用选项介绍如下。

● Layer：用于设置填充所在的层。

● Length：设置填充的长度。

● Width：设置填充的宽度。

● Paste Mask Expansion：设置填充的助焊层扩展值。

● Solder Mask Expansion：设置填充的阻焊层外扩值。

6．阵列式粘贴

阵列式粘贴是 Altium Designer 24 PCB 设计中更加灵巧的粘贴工具。可一次把复制的对象粘贴出多个排列成圆形或线性阵列的对象。

阵列式粘贴的使用方法如下：

（1）复制一个对象后，执行菜单栏中"编辑"→"特殊粘贴"命令，或者按快捷键 E+A，或者单击工具栏中"阵列式粘贴"按钮 ░。

（2）在弹出的"设置粘贴阵列"对话框中输入需要的参数，即可把复制的对象粘贴出多个排列成圆形或线性阵列的对象，如图 3-32 所示。

图 3-32　设置粘贴阵列对话框

● 对象数量：想粘贴的对象数量。
● 文本增量：输入正/负数值，以设置文本的自动递增/递减。例如，复制标识为 1 焊盘，若文本增量为 1，之后粘贴的焊盘标识将按 2，3，4…排列；若增量为 2，则标识按 3，5，7…排列。
● 间距（度）：进行圆形阵列时需要设置的对象角度，间距 × 对象数量=360°。

（3）粘贴后的效果如图 3-33 所示。

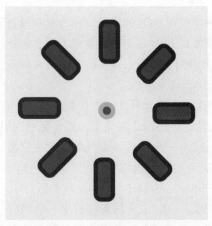

图 3-33　阵列式粘贴的使用

3.6 封装制作

3.6.1 手工制作封装

1. Altium Designer 24 的层定义

在进行封装制作之前，需要了解 PCB 库编辑界面各个层的含义。Altium Designer 24 常用的层有线路层、丝印层、机械层、阻焊层、助焊层、钻孔引导层、禁止布线层、钻孔图层和多层。

（1）信号/线路层（Signal Layer）：Altium Designer 24 最多可提供 32 个信号层，包括顶层（Top Layer）、底层（Bottom Layer）和中间层（Mid-Layer）。各层之间可通过通孔（Via）、盲孔（Blind Via）和埋孔（Buried Via）实现互相连接。

- Top Layer（顶层信号层）：也称元件层，主要用来放置元器件，对于双层板和多层板可以用来布置导线或覆铜。
- Bottom Layer（底层信号层）：也称焊接层，主要用于布线及焊接，对于双层板和多层板也可以用来放置元器件。
- Mid-Layer（中间信号层）最多可有 30 层，在多层板中用于布置信号线。

（2）内部电源层（Internal Plane）：通常简称为内电层，仅在多层板中出现，PCB 层数一般是指信号层和内电层相加的总和数。与信号层相同，内电层与内电层之间、内电层与信号层之间可通过通孔、盲孔、埋孔实现互相连接。

（3）丝印层（Silkscreen Layer）：PCB 上有 2 个丝印层，分别是 Top Overlay（顶层丝印层）和 Bottom Overlay（底层丝印层），一般为白色。主要用于放置印制信息，如元器件的轮廓和标注、各种注释字符、Logo 等，方便 PCB 的元器件焊接和电路检查。

（4）机械层（Mechanical Layer）：一般用于放置有关制板和装配方法的指示性信息，如 PCB 的外形尺寸、尺寸标记、数据资料、过孔信息、装配说明等信息，这些信息因设计公司或 PCB 制造厂家的要求而有所不同。Altium Designer 24 提供了无限机械层，可根据实际需要添加，以下举例说明常用的方法。

- Mechanical 1：一般用来绘制 PCB 的边框，作为其机械外形，故也称为外形层。
- Mechanical 2：常用来放置 PCB 加工工艺要求表格，包括尺寸、板材、板层等信息。
- Mechanical 13 / 15：大多用于放置元器件的本体尺寸信息，包括元器件的三维模型；为了页面的简洁，该层默认未显示。
- Mechanical 16：大多用于放置元器件的占位面积信息，在项目早期可用来估算 PCB 尺寸；为了页面的简洁，该层默认未显示，而且颜色为黑色。

（5）阻焊层（Solder Mask Layer）：在焊盘以外的各部位涂覆一层涂料，如防焊漆，用于阻止这些部位上锡。阻焊层用于在设计过程中匹配焊盘，是自动产生的。Altium Designer 24 提供了 Top Solder（顶层）和 Bottom Solder（底层）两个阻焊层。

（6）助焊层（Paste Mask Layer）：或称锡膏防护层、钢网层，针对表面贴（SMD）元件的焊盘，该层用来制作钢网，而钢网上的孔对应着电路板上的 SMD 器件的焊盘。Altium

第 6 集
微课视频

Designer 24 提供了 Top Paste （顶层）和 Bottom Paste （底层）两个助焊层，同样在设计过程中自动匹配焊盘而产生的。

注意：

● 阻焊层是用于盖绿油的，助焊层是用于开钢网涂锡的。

● 如果需要涂锡，如焊盘/测试点等，需要同时使用 Solder 和 Paste 层。

● 如果只需要露出铜而不需要涂锡，如机械安装孔/MARK 点，则只要 Solder 层。

（7）钻孔引导层（Drill Guide）：主要用于显示设置的钻孔信息，一般不需要设置。

（8）禁止布线层（Keep-out Layer）：定义电气边界，具有电气特性的对象不能超出该边界。

（9）钻孔图层（Drill Drawing）：按 X、Y 轴的数值定位，画出整个 PCB 上所需钻孔的位置图，一般不需要设置。

（10）多层（Multi-Layer）：可指代 PCB 上的所有层，用于描述 PCB 上跨越所有板层的通孔信息，多用于直插器件的焊盘设置。

2. 手工制作封装

以 LMV358 芯片为例，进行手工创建封装的详细介绍，LMV358 芯片的规格书如图 3-34 所示。

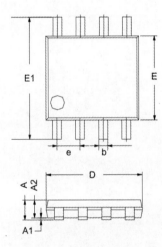

Symbol	Dimensions In Millimeters	
	Min	Max
A	0.800	1.200
A1	0.000	0.200
A2	0.750	0.950
b	0.30 TYP	
C	0.15 TYP	
D	2.900	3.100
e	0.65 TYP	
E	2.900	3.100
E1	4.700	5.100
L1	0.400	0.800
θ	0°	6°

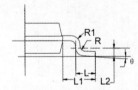

图 3-34　LMV358 规格书

（1）执行菜单栏中"文件"→"新的..."→"库"→"PCB 元件库"命令。在 PCB 元件库编辑界面会出现一个新的名为 PcbLib1.PcbLib 的库文件和一个名为 PCBCOMPONENT_1 的空白图纸，如图 3-35 所示。

（2）单击快速访问工具栏中的"保存"按钮图或者按快捷键 Ctrl+S，将库文件保存并更名为 Leonardo.PcbLib。

（3）双击 PCBCOMPONENT_1，可以更改元件的名称，如图 3-36 所示。

图 3-35　新建 PCB 库文件

图 3-36　更改元件名称

（4）执行菜单栏中"放置"→"焊盘"命令，在放置焊盘状态下按 Tab 键设置焊盘属性，因为该元件是表面贴片元件（若是直插器件，Layer 应设置为 Multi-Layer），所以焊盘的属性设置如图 3-37 所示。

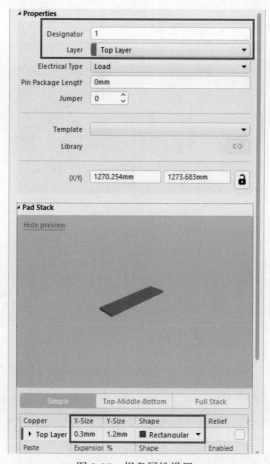

图 3-37　焊盘属性设置

（5）从规格书可以了解到纵向焊盘的中心到中心间距为 0.65mm，横向焊盘中心到中心的平均间距为 3.95mm，按照规格书所示的引脚序号和间距依次摆放焊盘。放置焊盘通常可以通过以下两种方法来实现焊盘的精准定位：

① 先将两个焊盘重合放置，然后选择其中一个焊盘，按快捷键 M，选择"通过 X，Y 移动选中对象"命令，即可弹出如图 3-38 所示对话框，根据规格书设置需要移动的距离（建议用户使用此方式，更方便快捷）。

- X 代表水平移动，正数代表向右移动，负数代表向左移动。
- Y 代表垂直移动，正数代表向上移动，负数代表向下移动。
- 按钮 · 可切换正负数值。

② 双击焊盘，通过计算并输入 X/Y 坐标移动对象，如图 3-39 所示。

图 3-38　使用偏移量移动对象

图 3-39　输入 X/Y 坐标移动对象

③ 经移动后得到中心距为 0.65mm 的两个焊盘，如图 3-40 所示。

（6）之后的 3、4 脚，可以利用复制粘贴功能快速放置。选中 2 脚焊盘，按快捷键 Ctrl+C 复制，将复制参考点放到 1 脚中心；接着按快捷键 Ctrl+V 粘贴，此时将粘贴参考点放到 2 脚中心，如图 3-41 所示。再双击更改引脚标号即可。

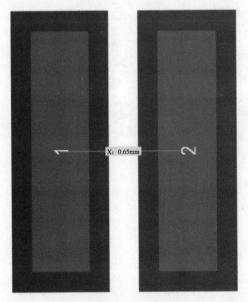

图 3-40　移动得到的距离

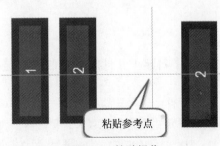

图 3-41　粘贴操作

（7）重复上述移动及复制粘贴操作，最终绘制效果如图 3-42 所示，可按快捷键 Ctrl+M 进行测量验证。

图 3-42　放置所有焊盘

（8）在顶层丝印层（Top Overlay）绘制元件丝印，按照上文放置线条的方法，根据器件规格书的尺寸绘制出元件的丝印框，线宽一般采用 0.2mm，并在 1 脚附近放置 1 脚标识（可用圆圈、圆点等方式标识）。

（9）放置元件原点，执行菜单栏中"编辑"→"设置参考"→"中心"，或按快捷键 E+F+C 将器件参考点定在元件中心。

（10）到此，检查以上参数无误后，即完成了手工创建封装的步骤，如图 3-43 所示。

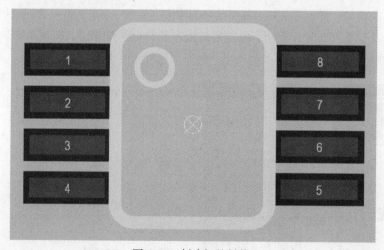

图 3-43　创建好的封装

3.6.2　IPC 向导（元件向导）制作封装

PCB 元件库编辑器的"工具"下拉菜单中有一个 IPC Compliant Footprint Wizard 命令，它可以根据元件数据手册填入封装参数，快速准确地创建一个元件封装。下面以 SOP-8 和 SOT223 为例介绍 IPC 向导创建封装的详细步骤。

1. SOP-8封装制作

SOP-8 封装规格书如图 3-44 所示。

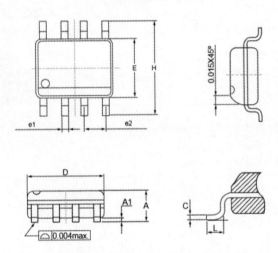

图 3-44　SOP-8 封装规格书

SYMBOLS	Millimeters			Inches		
	MIN.	Nom.	MAX.	MIN.	Nom.	MAX.
A	1.35	1.55	1.75	0.053	0.061	0.069
A1	0.10	0.17	0.25	0.004	0.007	0.010
C	0.18	0.22	0.25	0.007	0.009	0.010
D	4.80	4.90	5.00	0.189	0.193	0.197
E	3.80	3.90	4.00	0.150	0.154	0.158
H	5.80	6.00	6.20	0.229	0.236	0.244
e1	0.35	0.43	0.56	0.014	0.017	0.022
e2	1.27BSC			0.05BSC		
L	0.40	0.65	1.27	0.016	0.026	0.050

（1）在 PCB 元件库编辑界面下，执行菜单栏中"工具"→IPC Compliant Footprint Wizard 命令，弹出 PCB 元件库向导，如图 3-45 所示。

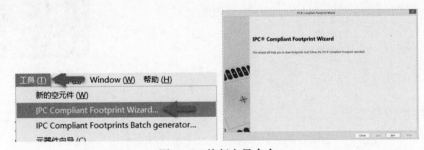

图 3-45　执行向导命令

（2）单击 Next 按钮，在弹出的 Select Component Type 对话框中，选择相对应的封装类型，这里选择 SOP 系列，如图 3-46 所示。

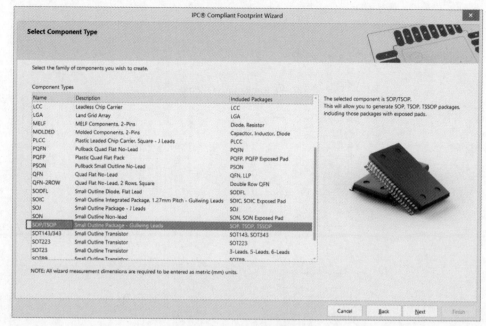

图 3-46　选择封装类型

（3）选择好封装类型之后，单击 Next 按钮，在弹出的 SOP/TSOP Package Dimensions 对话框中根据图 3-44 所示的芯片规格书输入对应的参数，如图 3-47 所示。

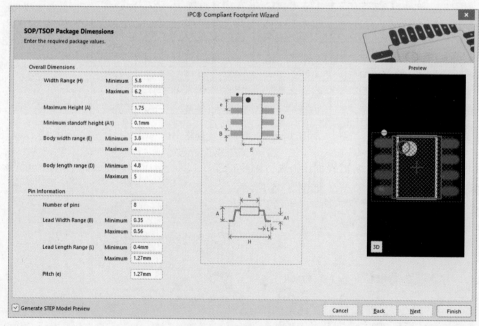

图 3-47　输入芯片参数

（4）参数输入完成后，单击 Next 按钮。在弹出的对话框中保持参数的默认值（即不用修改），一直单击 Next 按钮，直到在 Pad Shape（焊盘外形）选项组中选择焊盘的形状，如图 3-48 所示。

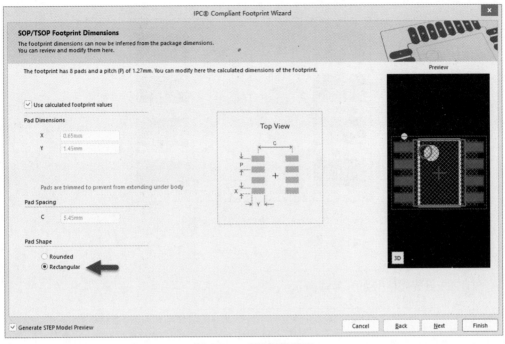

图 3-48　选择焊盘外形

（5）选择好焊盘外形以后，继续单击 Next 按钮，直到最后一步，编辑封装信息，如图 3-49 所示。

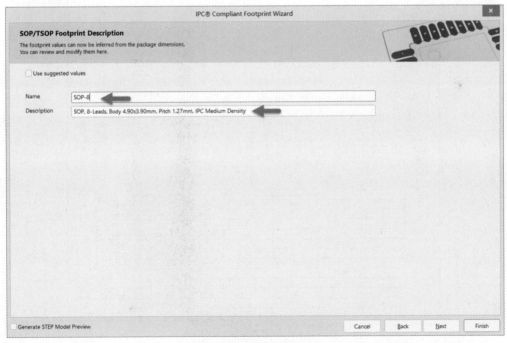

图 3-49　编辑封装信息

（6）单击 Finish 按钮，完成封装的制作，效果如图 3-50 所示。

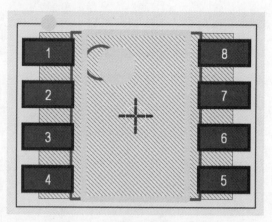

图 3-50　创建好的 SOP-8 封装

2. SOT223封装制作

SOT223 封装规格书如图 3-51 所示。

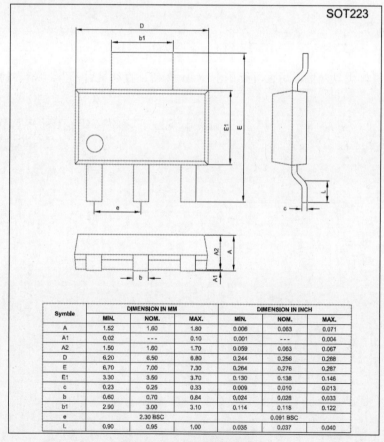

Symble	DIMENSION IN MM			DIMENSION IN INCH		
	MIN.	NOM.	MAX.	MIN.	NOM.	MAX.
A	1.52	1.60	1.80	0.006	0.063	0.071
A1	0.02	---	0.10	0.001	---	0.004
A2	1.50	1.60	1.70	0.059	0.063	0.067
D	6.20	6.50	6.80	0.244	0.256	0.268
E	6.70	7.00	7.30	0.264	0.276	0.287
E1	3.30	3.50	3.70	0.130	0.138	0.146
c	0.23	0.25	0.33	0.009	0.010	0.013
b	0.60	0.70	0.84	0.024	0.028	0.033
b1	2.90	3.00	3.10	0.114	0.118	0.122
e	2.30 BSC			0.091 BSC		
L	0.90	0.95	1.00	0.035	0.037	0.040

图 3-51　SOT223 封装规格书

（1）在 PCB 元件库编辑界面下，执行菜单栏中"工具"→IPC Compliant Footprint Wizard
命令，弹出 PCB 元件库向导，如图 3-52 所示。

图 3-52　执行向导命令

（2）单击 Next 按钮，在弹出的 Select Component Type 对话框中选择相应的封装类型，这里选择 SOT223 系列。

（3）选择好封装类型之后，单击 Next 按钮，在弹出的参数对话框中根据芯片规格书输入对应的参数，如图 3-53 和图 3-54 所示。

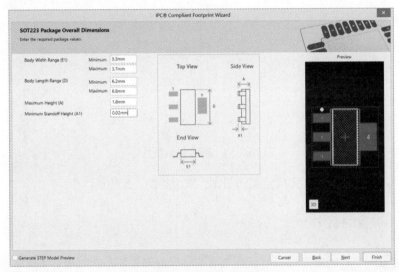

图 3-53　输入芯片参数

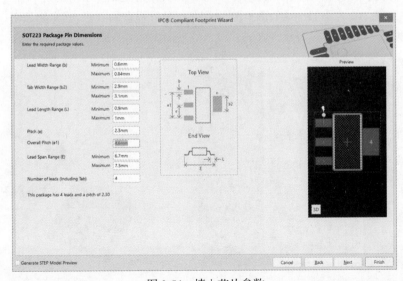

图 3-54　填入芯片参数

（4）参数输入完成后，单击 Next 按钮。在弹出的对话框中保持参数的默认值（即不用修改），一直单击 Next 按钮。

（5）直到最后一步，编辑封装信息，如图 3-55 所示。

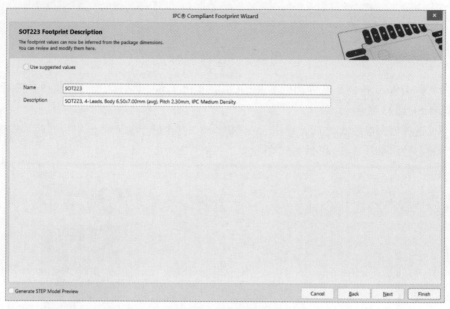

图 3-55　编辑封装信息

（6）单击 Finish 按钮，完成封装的制作，效果如图 3-56 所示。

3.6.3　异形焊盘的制作

在设计过程中，经常会看到带有不规则形状焊盘的封装，类似于金手指、锅仔片、手机按键等，通过常规的焊盘无法设置成异形，所以异形焊盘只能手动绘制。

下面以 DC-DC 芯片 TPS63700DRCR 为例介绍异形焊盘的制作。其实物如图 3-57 所示，封装尺寸如图 3-58 所示。

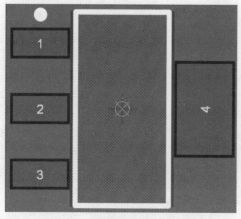

图 3-56　创建好的 SOT223 封装

图 3-57　实物

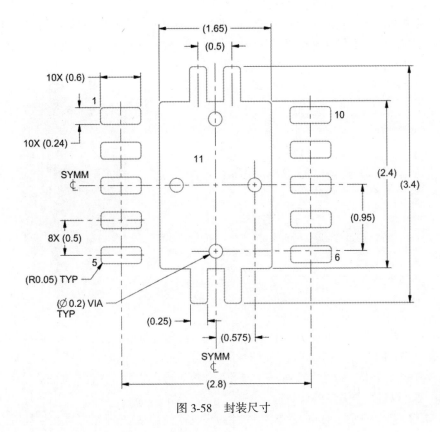

图 3-58 封装尺寸

1. 通过多层叠加的方式创建异形焊盘

（1）可以先设置中间的异形焊盘。常规情况下，中心的焊盘可以通过 5 个焊盘叠加而成，只要将它们的引脚标号都设置为 11 就可以了。此处介绍另一种做法，根据数据执行菜单栏中"放置"→"线条"命令来绘制焊盘的外形，如图 3-59 所示。

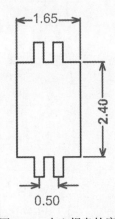

图 3-59 中心焊盘轮廓

（2）然后选中轮廓，执行菜单栏中"工具"→"转换"→"从选择的元素创建区域"命令，如图 3-60 所示，或按快捷键 T+V+E。

（3）接着给区域设置标号，就是在该区域中放置一个小焊盘，焊盘标号设置为 11（焊盘大小任意设置，只要保证能被区域完全覆盖即可），如图 3-61 所示。

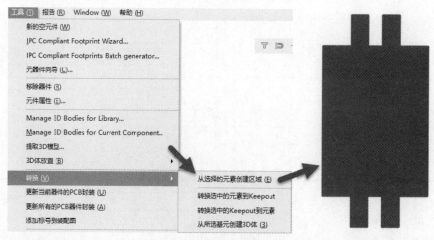

图 3-60　创建区域

（4）正常的焊盘都有铜皮层、用于裸露铜皮的阻焊层和用于上锡膏的助焊层，即需要将该轮廓在 Top Layer、Top Solder、Top Paste 重合。其重合方式如下：

① 先在外形轮廓旁任意位置放一个过孔，作为参考点使用。然后左键框选轮廓，按快捷键 Ctrl+C，以过孔作为参考点复制。

② 切换到 Top Solder，执行菜单栏中"编辑"→"特殊粘贴"命令（或按快捷键 E+A），打开"选择性粘贴"对话框，勾选"粘贴到当前层"复选框，如图 3-62 所示。

图 3-61　设置标号

图 3-62　选择性粘贴对话框

③ 重复步骤②的操作，粘贴到 Top Paste。自此完成 3 个层的重合叠加，然后删掉作为参考的过孔。

（5）按照手工制作封装的步骤，依次将周边的 10 个焊盘放好即可。完成的封装如图 3-63 所示。

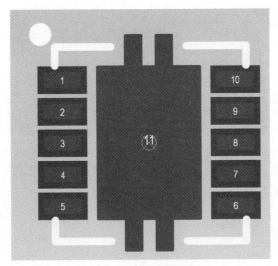

图 3-63　完成的异形封装

2. 自定义焊盘形状

Altium Designer 22.8 及以上的版本相比之前增加了自定义焊盘形状的功能,在制作异形焊盘方面便捷了很多,可直接通过放置"实心区域"或闭合轮廓快速创建异形焊盘。依旧以芯片 TPS63700DRCR 为例,介绍另外两种创建异形焊盘的方法。

(1)放置"实心区域"创建异形焊盘。执行菜单栏中"放置"→"实心区域"命令来绘制所需焊盘的外形,选择绘制好的"实心区域"右击,在弹出的快捷菜单中执行"焊盘操作"→"将选定区域添加到自定义焊盘"命令便可将"实心区域"转换成焊盘,再把焊盘序号改成需要的序号即可,如图 3-64 所示。

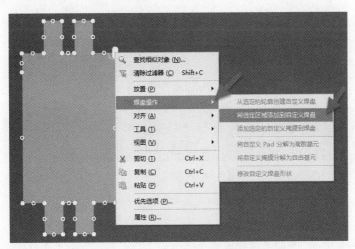

图 3-64　放置"实心区域"创建异形焊盘

(2)放置闭合轮廓创建异形焊盘。执行菜单栏中的"放置"→"线条"命令来绘制焊盘的外形,选择绘制好的闭合轮廓右击,在弹出的快捷菜单中执行"焊盘操作"→"从选定的轮廓创建自定义焊盘"命令便可将闭合轮廓转换成焊盘,把闭合线删掉,再把焊盘序号改成需要的序号即可，如图 3-65 所示。

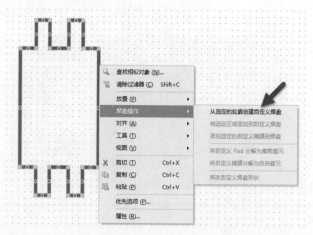

图 3-65　放置闭合轮廓创建异形焊盘

（3）创建好的焊盘如图 3-66 所示。

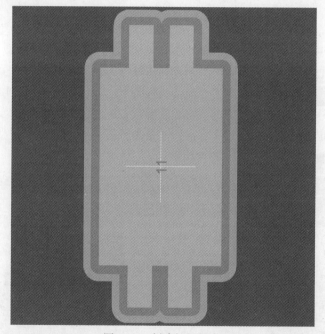

图 3-66　创建好的焊盘

3. 自定义助焊层/阻焊层

另外，Altium Designer 23.8 及以上版本还增加了自定义助焊层／阻焊层的功能，使用此功能可以对焊盘助焊层和阻焊层创建自定义形状。如果设计需求需要对焊盘的阻焊层或助焊层做自定义形状处理，可以通过以下方法实现。

（1）选择需要处理的焊盘，打开 Properties 面板，从助焊层/阻焊层的 Shape 下拉列表框中选定 Custom Shape，并单击 Edit 按钮，将基元设置为可编辑状态，如图 3-67 所示。

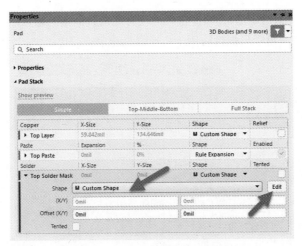

图 3-67　将基元设置为可编辑状态

（2）此时焊盘在助焊层/阻焊层中形状状态为可编辑状态，通过编辑现有基元或重新放置新基元（线路、圆弧、填充等）对该层上的区域形状进行定义，最后单击 Properties 面板上的 Complete 按钮即可对原基元做变形处理，如图 3-68 所示。

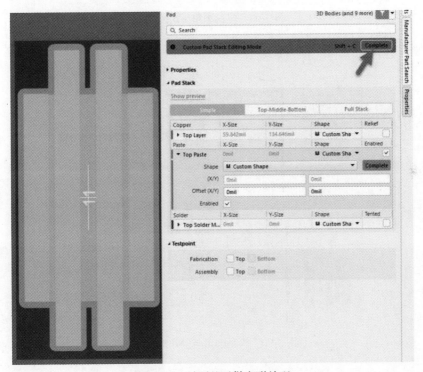

图 3-68　对原基元做变形处理

（3）对于需要进行圆角或倒角处理的焊盘，可在 Properties 面板 Pad 模式下的 Pad Stack 区域直接编辑相应设置制作出所需的焊盘。操作方法如下：

① 执行菜单栏中的"放置"→"焊盘"命令，在放置过程中按 Tab 键打开 Properties 面板，在 Pad Stack 选项卡中的 Shape 下拉列表中选择 Rounded Rectangle（圆角矩形）或

Chamfered Rectangle（倒角矩形），即可将焊盘改为圆角或倒角的焊盘形状。此时可在 Shape 下方可编辑项对现有圆角矩形焊盘或倒角矩形焊盘转角进行自定义，如图 3-69 所示。

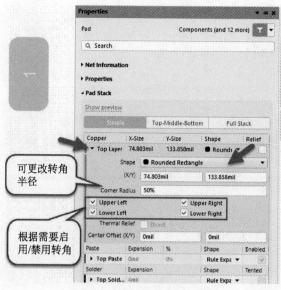

图 3-69　焊盘圆角/倒角处理

② 圆角焊盘与倒角焊盘参数及形状对比如图 3-70 所示。

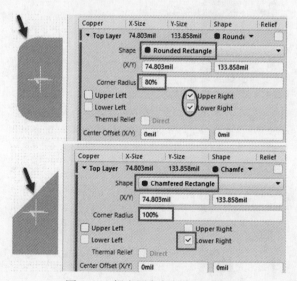

图 3-70　焊盘圆角与倒角对比图

3.7　创建及导入 3D 元件

Altium Designer 24 对于 STEP 格式的 3D 模型的支持及导入导出，极大地方便了 ECAD 和 MCAD 之间的无缝协作。在 Altium Designer 24 中 3D 元件体的来源一般有以下 3 种：

（1）用 Altium 自带的 3D 元件体绘制功能，绘制简单的 3D 元件体模型。

（2）从其他网站下载 3D 模型，用导入的方式加载 3D 模型。

（3）用 SolidWorks 等专业三维软件来创建的 3D 模型。

3.7.1 绘制简单的 3D 模型

使用 Altium 自带的 3D 元件体绘制功能，可以绘制简单的 3D 元件体模型，下面以 0603R 为例绘制简单的 0603 封装的 3D 模型。

（1）打开封装库，找到 0603R 电阻封装，如图 3-71 所示。

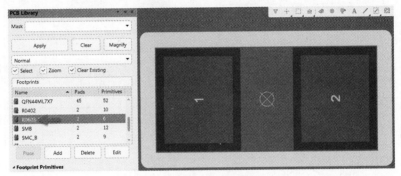

图 3-71 0603R 电阻封装

（2）执行菜单栏中"放置"→"3D 元件体"命令，软件会自动跳到 Mechanical 层并出现一个十字光标，按 Tab 键，弹出如图 3-72 所示 3D 模型选择及参数设置面板。

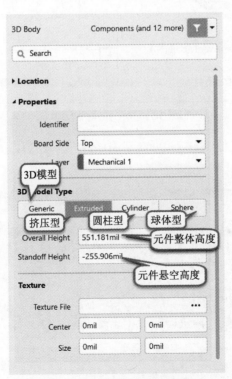

图 3-72 3D 模型参数设置面板

（3）选择 Extruded（挤压型），并按照 0603R 的封装尺寸输入参数，如图 3-73 所示。

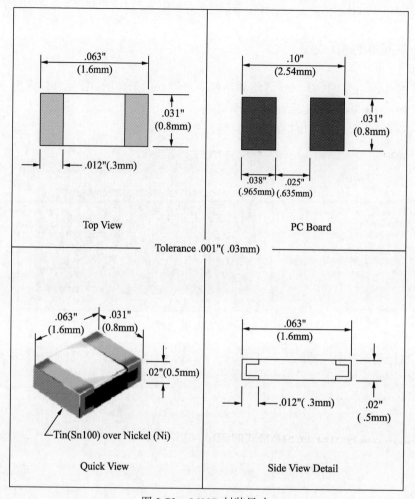

图 3-73   0603R 封装尺寸

（4）设置好参数后，按照实际尺寸绘制 3D 元件体，绘制好的网状区域即 0603R 的实际尺寸，如图 3-74 所示。

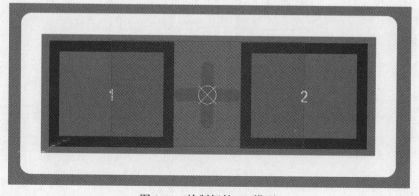

图 3-74   绘制好的 3D 模型

（5）按键盘的主数字键 3，进入三维状态，查看 3D 效果，如图 3-75 所示。数字键盘提供了用于操纵 PCB 3D 视图的一系列快捷键，在 3D 模式下通过"视图"→"3D 视图控制"命令可查看相关操纵行为。

图 3-75　0603R 3D 效果图

3.7.2　导入 3D 模型

一些复杂元件的 3D 模型，Altium Designer 24 无法绘制，可以通过导入 3D 元件体的方式放置 3D 模型，3D 模型可以通过其他网站进行下载。

下面对导入 3D 模型进行详细介绍。

（1）打开 PCB 元件库，找到 0603R 封装，与上文中手工绘制 3D 模型步骤一样。

（2）执行菜单栏中"放置"→"3D 元件体"命令，软件会跳到机械层并出现一个十字光标，按 Tab 键会弹出如图 3-76 所示模型选择及参数设置对话框，选择 Generic 选项，单击 Choose...按钮；或直接单击"放置"菜单栏中的"3D 体"命令，然后在弹出的 Choose Model 对话框中选择后缀为 STEP 或 STP 格式的 3D 模型文件。

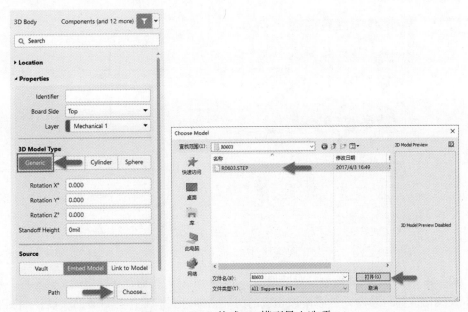

图 3-76　STEP 格式 3D 模型导入选项

（3）打开选择的 3D 模型，并放到相应的焊盘位置，切换到 3D 视图，查看效果，如图 3-77 所示。

图 3-77　导入的 3D 模型

（4）PCB 上的器件全都添加 3D 模型后，可以确保板子的设计形状和外壳的适配度，Altium Designer 24 支持将 3D PCB 导出为图像。在 PCB 编辑界面的 3D 状态下，执行菜单栏"文件"→"导出"→PCB 3D Print 即可导出后缀为.png 的图像。

3.8　元件与封装的关联

有了原理图库和 PCB 元件库之后，接下来就是将原理图中的元件与其对应的封装关联起来，Altium Designer 24 提供了 3 种关联方式，用户可以给单个的元件匹配封装，也可以通过符号管理器或封装管理器批量关联封装。

3.8.1　给单个元件匹配封装

（1）打开 SCH Library 面板，选择其中一个元件，在 Editor 一栏中执行 Add Footprint 命令，如图 3-78 所示。

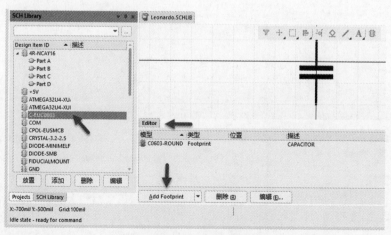

图 3-78　给元件添加封装

（2）在弹出的"PCB 模型"对话框中，单击"浏览"按钮，在弹出的"浏览库"对话框中找到对应的封装库，然后添加相应的封装，即可完成元件与封装的关联，如图 3-79 所示。

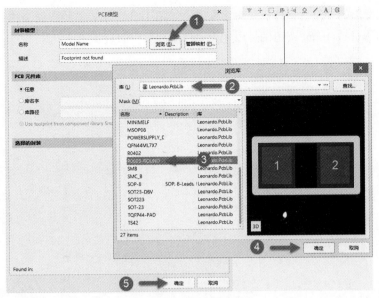

图 3-79　添加封装模型

（3）或者在原理图编辑界面下，双击器件，在弹出的 Properties 面板中单击 Add 按钮，选择 Footprint 命令，如图 3-80 所示。然后重复步骤（2）即可。

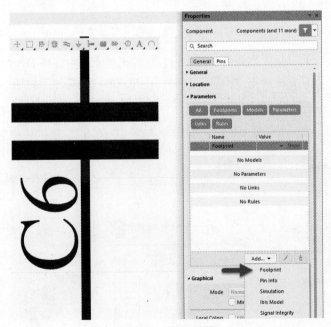

图 3-80　添加封装

3.8.2　符号管理器的使用

（1）在原理图库文件编辑界面执行菜单栏中"工具"→"符号管理器"命令（快捷键 T+A），或单击工具栏中"符号管理器"按钮 　。

（2）在弹出的"模型管理器"对话框中，如图 3-81 所示，左侧以列表的形式给出了元件，右边的 Add Footprint 按钮则是用于为元件添加对应的封装。

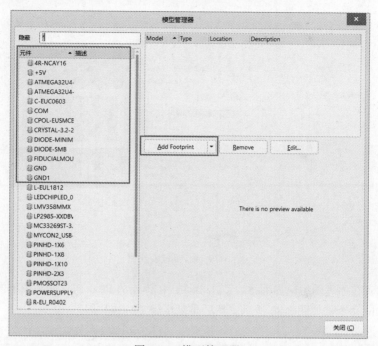

图 3-81　模型管理器

（3）单击 Add Footprint 右侧的下拉按钮，在弹出的菜单中选择 Footprint 命令，在弹出的"PCB 模型"对话框中单击"浏览"按钮，在弹出的"浏览库"对话框中选择对应的封装，然后依次单击"确定"→"确定"按钮，即可完成元件符号与封装的关联，如图 3-82 所示。

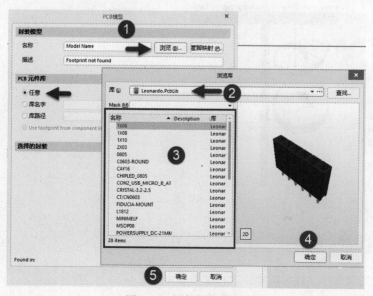

图 3-82　添加封装模型

3.8.3 封装管理器的使用

（1）在原理图编辑界面执行菜单栏中"工具"→"封装管理器"命令，如图 3-83 所示，或按快捷键 T+G，打开封装管理器，从中可以查看原理图所有元件对应的封装模型。

（2）如图 3-84 所示，封装管理器元件列表中 Current Footprint 一栏展示的是元件当前的封装，若元件没有封装，则对应的 Current Footprint 一栏为空，可以单击右侧"添加"按钮添加新的封装。

（3）封装管理器不仅可以为单个元件添加封装，还可以同时对多个元件进行封装的添加、删除、编辑等操作，此外，还可以通过"注释"等值筛选，局部或全局更改封装名，如图 3-85 所示。

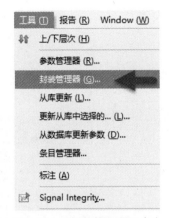

图 3-83 "封装管理器"命令

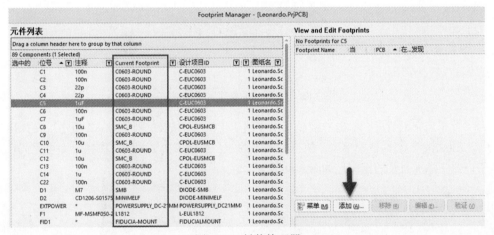

图 3-84 封装管理器

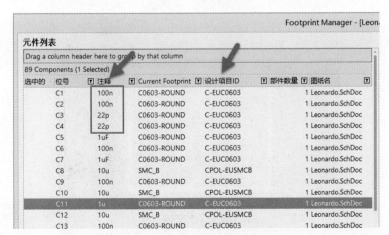

图 3-85 封装管理器筛选功能的使用

（4）单击右侧的"添加"按钮，在弹出的"PCB 模型"对话框中单击"浏览"按钮，选择对应的封装库并选中需要添加的封装，单击"确定"按钮完成封装的添加，如图 3-86 所示。

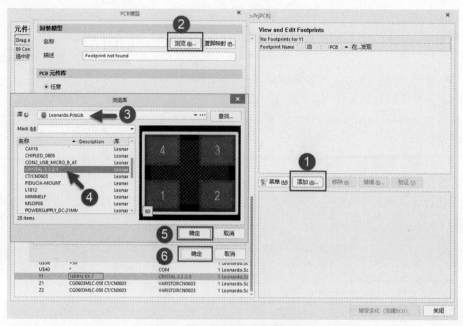

图 3-86　使用封装管理器添加封装

（5）添加完封装后，单击"接受变化（创建 ECO）"按钮，如图 3-87 所示。在弹出的"工程变更指令"对话框中单击"执行变更"按钮，最后单击"关闭"按钮，即可完成在封装管理器中添加封装的操作，如图 3-88 所示。

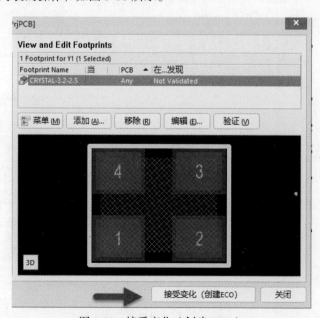

图 3-87　接受变化（创建 ECO）

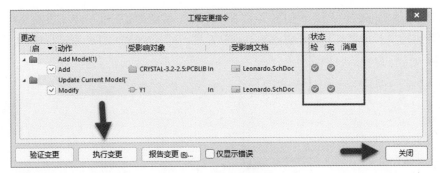

图 3-88　执行变更指令

3.9　集成库的制作方法

3.9.1　集成库的创建

在进行 PCB 设计时，经常会遇到这样的情况，即系统库中没有自己所需要的元件。这时可以创建自己的原理图库和 PCB 元件库。而如果创建一个集成库，它能将原理图库和 PCB 元件库的元件进行一一对应关联起来，使用起来更加的方便、快捷。创建集成库的方法如下：

（1）执行菜单栏中"文件"→"新的..."→"库"命令，在弹出的 New Library 对话框中选择 File 选项卡，并点选 Integrated Library，单击 Create 按钮，创建一个新的集成库文件。

（2）执行菜单栏中"文件"→"新的..."→"库"命令，在弹出的 New Library 对话框中选择 File 选项卡，并点选 Schematic Library，单击 Create 按钮，创建一个新的原理图库文件。

（3）执行菜单栏中"文件"→"新的..."→"库"→命令，在弹出的 New Library 对话框中选择 File 选项卡，并点选 PCB Library，单击 Create 按钮，创建一个新的 PCB 元件库文件。

单击快速访问工具栏中的"保存"按钮，或按快捷键 Ctrl+S，保存新建的集成库文件，将上面三个文件保存在同一路径下，如图 3-89 所示。

（4）为集成库中的原理图库和 PCB 元件库添加元件和封装，此处复制前面制作好的原理图库和 PCB 元件库，并将它们关联起来，即为原理图库元件添加相应的 PCB 封装，如图 3-90 所示。

图 3-89　创建好的集成库文件

（5）将光标移动到 Integrated_Library1.LibPkg 位置右击，在弹出的快捷菜单中选择 Compile Integrated Library Integrated_Library1.LibPkg（编译集成库）命令，如图 3-91 所示。

（6）在集成库保存路径下，Project Outputs for Integrated_Library1 文件夹中会得到集成库

文件 Integrated_Library1.IntLib，如图 3-92 所示。需要注意的是，集成库不支持直接修改元件或封装，用户若想更改其中任意参数，需到原理图库或 PCB 元件库中进行修改，保存好后再次编译，以得到新的集成库。

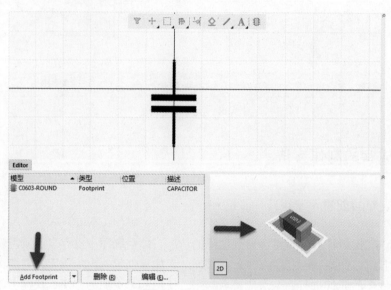

图 3-90　为原理图库元件添加相应的 PCB 封装

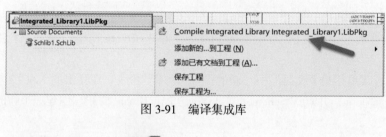

图 3-91　编译集成库

图 3-92　得到集成库文件

3.9.2　库文件的加载

设计过程中，设计者有可能会收集整理不同的库文件，将常用的器件包含其中，方便下一次设计使用。将个人整理的库文件加载到软件中，可以在任意设计项目中调用库中的元件或封装，非常方便。

以集成库的加载为例。在原理图或 PCB 编辑界面下，单击右下角 Panels 按钮，在弹出的选项中单击 Components 按钮。

在弹出的 Components 面板中，单击 Operations 按钮≡，弹出的选项中单击 File-based Libraries Preferences...按钮，如图 3-93 所示。

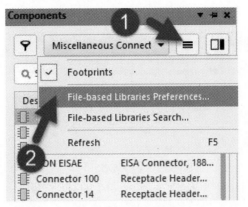

图 3-93　添加库步骤

在弹出的"可用的基于文件的库"对话框中，单击"添加库（A）..."按钮，如图 3-94 所示，选择库路径添加 Project Outputs for Integrated_Library 文件夹中的 Integrated_Library1. IntLib 集成库文件，即可完成集成库的加载，如图 3-95 所示。

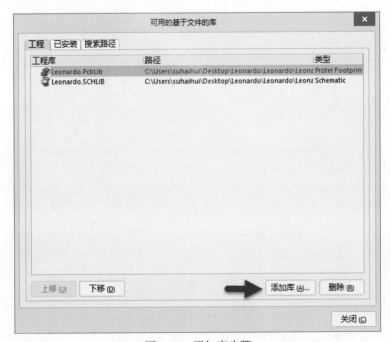

图 3-94　添加库步骤

图 3-95　添加对应的集成库文件

成功加载后可在库下拉列表中看到添加进来的集成库，如图 3-96 所示。

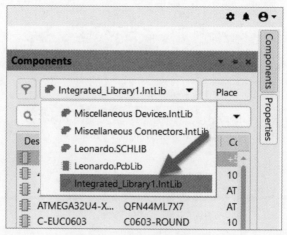

图 3-96　成功加载集成库文件

提示： 想要加载其他库到 Altium Designer 24 软件中，加载方式与加载集成库的方法一致。

第4章 原理图设计

在整个电子设计流程中，电路原理图设计是最基础的部分。只有绘制出符合需要和规范的原理图，最终才能变为可以用于生产的 PCB 印制电路板文件。

本章将详细介绍关于原理图设计的一些基础知识，具体包括原理图的设计流程、原理图常用参数设置、原理图图纸设置和绘制原理图的步骤等。

学习目标：
- 熟悉原理图的设计流程。
- 熟悉原理图常用参数设置。
- 掌握绘制原理图的方法。
- 掌握项目验证功能的使用。

4.1 原理图常用参数设置

在原理图绘制的过程中，其效率和正确性往往与环境参数的设置有着密切的关系。系统参数设置的合理与否，直接影响到设计过程中软件的功能能否充分发挥。

执行菜单栏中"工具"→"原理图优先项"命令，或在原理图编辑界面下右击，在弹出的快捷菜单中执行"原理图优先项"命令，即可打开"优选项"对话框。

在左侧的 Schematic 选项卡下有 8 个子选项卡，分别为 General（常规设置）、Graphical Editing（图形编辑）、Compiler（编译器）、AutoFocus（自动获得焦点）、Library AutoZoom（原理图库自动缩放模式）、Grids（栅格）、Break Wire（打破线）、Defaults（默认）。

4.1.1 General 参数设置

原理图的常规参数设置可以通过 General（常规设置）子选项卡来实现，如图 4-1 所示。

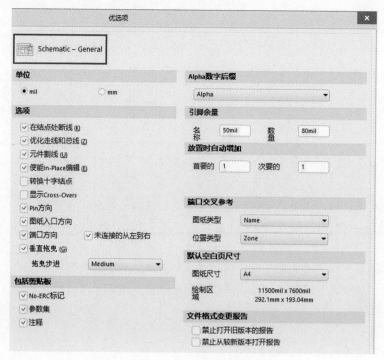

图 4-1 General 子选项卡

General 原理图的常规参数设置说明如下。

1. 选项

（1）在结点处断线：用于设置在电气连接线的交叉点位置（T 形连接），是否自动分割电气连接线的功能。即以电气连接线交叉点为分界中心，把一段电气连接线分割为两段，且分割后的两个线段依旧存在电气连接关系。便于对两段线进行单独的删除、编辑等操作，建议用户默认勾选。其效果如图 4-2 所示。

（2）优化总线和走线（Optimize Wires & Buses）：主要针对画线，防止多余的导线。勾选此复选框时，系统对于重叠绘制的导线会进行移除。

（3）元件割线（Components Cut Wires）：勾选此复选框，当移动元件到导线上时，导线会自动断开，把元件嵌入导线中。此功能的前提是启用"优化导线和总线"选项。元件割线效果如图 4-3 所示。

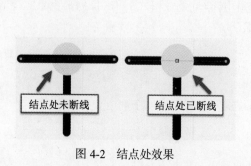

图 4-2 结点处效果

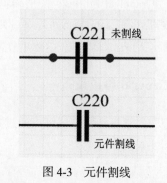

图 4-3 元件割线

（4）使能 In-Place 编辑（Enable In-Place Editing）：勾选此复选框，可以对绘制区域内的文本对象直接进行编辑，如元件的位号、阻值等，双击之后（或单击文字再按快捷键 F2）可直接编辑修改，不需要进入属性编辑框之后再编辑，如图 4-4 所示。

（5）转换交叉点（Convert Cross Junctions）：勾选此复选框，两条网络连接的导线十字交叉连接时，交叉结点将自动分开成两个电气结点，如图 4-5 所示。

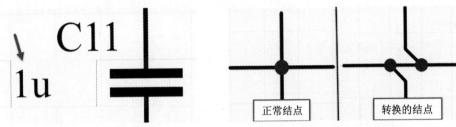

图 4-4　文本对象编辑　　　　　　　　　图 4-5　结点转换对比

（6）显示 Cross-Overs（Display Cross-Overs）：勾选此复选框，两条不同网络的导线相交时，穿越导线区域将显示跨接圆弧，如图 4-6 所示。

（7）垂直拖曳（Drag Orthogonal）：直角拖曳。勾选此复选框，则在拖曳元件时，与元件一起拖曳的所有连线都将保持正交（即角为 90°）。如果禁用此选项，则与元件拖曳的布线可呈现任意角度，如图 4-7 所示。

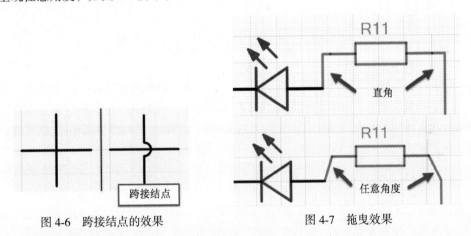

图 4-6　跨接结点的效果　　　　　　　　图 4-7　拖曳效果

2．Alpha数字后缀

该选项用于设置多部件元件中每个子部件的标识后缀，由字母或数字唯一标识。使用此下拉列表可选择后缀的显示方式，并应用于所有当前打开的图纸。一般保持默认即可。

（1）Alpha：字母选项。启用此选项，子部件的后缀由不带分隔符的字母显示。例如，R12A、R12B、R12C。

（2）Numeric，separated by a dot '.'：启用此选项，子部件的后缀由带点分隔符的数字显示。例如，R12.1、R12.2、R12.3。

（3）Numeric，separated by a colon ':'：启用此选项，子部件的后缀由带有冒号分隔符的数字显示。例如，R12:1、R12:2、R12:3。

3. 引脚余量

（1）名称：用于设置原理图元件的引脚名称与元件轮廓边缘的距离，应用于当前打开页面的所有元件。系统默认 50mil。

（2）数量：用于设置原理图元件的引脚标号与元件轮廓边缘的距离，应用于当前打开页面的所有元件。系统默认 80mil。

整体显示效果对比如图 4-8 所示。

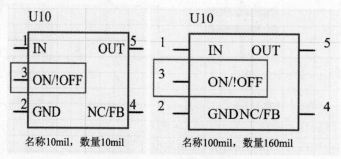

名称10mil，数量10mil　　　　名称100mil，数量160mil

图 4-8　引脚余量效果显示

4. 放置时自动增加

（1）首要的：在放置元件的引脚时，输入一个值以便在元件的引脚标号上自动递增或递减，库编辑器中构建元件。一般对引脚号使用正增量值。例如：Primary（首要的）=1，则元件引脚标号按 1、2、3 创建；Primary=2，则元件引脚标号按 1、3、5 创建。

（2）次要的：在放置元件的引脚时，输入一个值以便在元件的引脚名称上自动递增或递减，在库编辑器中构建元件。例如：Secondary（次要的）=-1，若第一次放置的名称为 D8，则名称按 D8，D7，D6 创建。

5. 默认空白页尺寸

图纸尺寸（Sheet Size）：设置原理图图纸尺寸。

常用配置如图 4-1 所示，完成配置后，单击"应用"按钮，生效配置。

4.1.2　Graphical Editing 参数设置

图形编辑环境的参数设置可以通过 Graphical Editing（图形编辑）子选项卡来实现，如图 4-9 所示。该子选项卡主要用来设置与绘图有关的一些参数。

常用选项涉及原理图图形设计的相关信息说明如下。

1. 选项

（1）剪贴板参考：启用该复选框，在复制和剪切选中的对象时，系统将提示需要确定一个参考点。

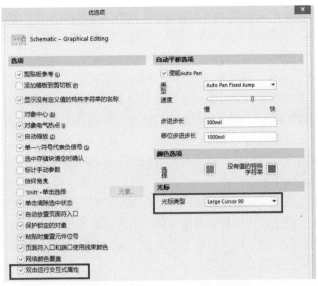

图 4-9　Graphical Editing 子选项

（2）单一"\"符号代表负信号（Single"\"Negation）：一般在电路设计中，习惯在引脚的说明顶部加一条横线表示该引脚低电平有效。Altium Designer 24 允许用户使用"\"为文字添加一条横线。例如，RESET 低电平有效，可以采用"\R\E\S\E\T"的方式为该字符串顶部加一条横线。勾选该复选框后，只要在网络标签名称的第一个字符加一个"\"，则该网络标签名将全部被加上横线。如图 4-10 所示。

（3）始终拖曳：启用此复选框，则每次在原理图编辑界面拖曳元件或端口等对象时，导线与拖曳对象始终保持连接状态。

（4）'Shift'+单击选择：启用此复选框，需按住 Shift+单击左键才能选中对象。为提高绘图效率，建议用户不勾选此项。

（5）单击清除选中状态：启用此复选框，在原理图编辑区任意空白位置单击，可取消选择选定的设计对象。建议用户勾选此项。

（6）粘贴时重置元件位号：启用此复选框，可在粘贴到原理图图纸时重置元件位号为"?"。例如，粘贴一个电阻元件，其位号会被重置为 R?。

（7）网络颜色覆盖：启用此选项，激活网络颜色功能。可通过原理图窗口下工具栏中的"颜色"图标 ✏· 查看网络突出显示。禁用此选项后，如果用户尝试突出显示网络，将出现 Net Color Override 对话框，如图 4-11 所示。

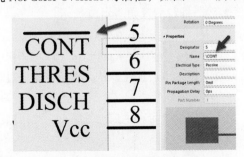

图 4-10　低电平有效表示方式

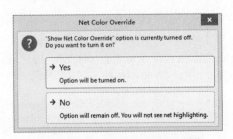

图 4-11　Net Color Override 对话框

（8）双击运行交互式属性：勾选此复选框，可在双击编辑对象时禁用属性对话框。反之，可在双击对象时弹出相应的属性对话框，即还原旧版本双击对象时的模式。

2. 自动平移选项

十字准线动作光标处于活动状态并且将光标移到视图区域的边缘时，自动平移生效。如果启用了自动平移，则图纸将自动朝光标移动方向平移。

（1）类型：包含两种类型，一种是 Auto Pan Fixed Jump（自动平移固定跳转），平移时光标始终停留在视图区域的边缘；另一种是 Auto Pan ReCenter（自动平移重新居中），光标在平移后的新视图区域中重新居中。

（2）速度：拖动滑块，可设定原理图移动的速度。滑块越向右，速度越快。

（3）步进步长：用于设置原理图编辑区每次平移时的步长。

（4）移位步进步长：用于设置自动平移并按下 Shift 键时原理图编辑区平移的速度。

上述参数建议用户保持默认即可。

3. 颜色选项

（1）选择：用于所选项目的突出显示颜色。选择原理图图纸上的对象时，将使用此颜色的虚线框突出显示该对象。

（2）没有值的特殊字符串：用于没有分配值的特殊字符串的突出显示颜色。原理图图纸上没有指定值的特殊字符串将使用此颜色突出显示。

4. 光标

光标显示形态，在原理图文档中执行任何编辑操作时，将显示此光标。

系统提供了 4 种光标类型。

- Large Cursor 90：大型 90° 十字光标。建议用户设置为此选项。
- Small Cursor 90：小型 90° 十字光标。
- Small Cursor 45：小型 45° 斜线光标。
- Tiny Cursor 45：极小型 45° 斜线光标。

常用配置如图 4-9 所示。完成配置后，单击"应用"按钮，生效配置。

4.1.3 Compiler 参数设置

Compiler 子选项卡用于设置项目验证的相关参数，推荐配置如图 4-12 所示。

其中常用参数说明如下。

（1）错误和警告（Errors & Warnings）：警示信息分为 3 个类别，Fatal Error（严重错误）、Error（错误）和 Warning（警告）。用户可自行设置颜色，也可保持默认，以便在验证过程中区别错误信息的严重性。

（2）自动结点（Auto-Junctions）：原理图在 T 形连接处会自动生成电气结点，此选项用于设置结点的样式，可设置大小和颜色。

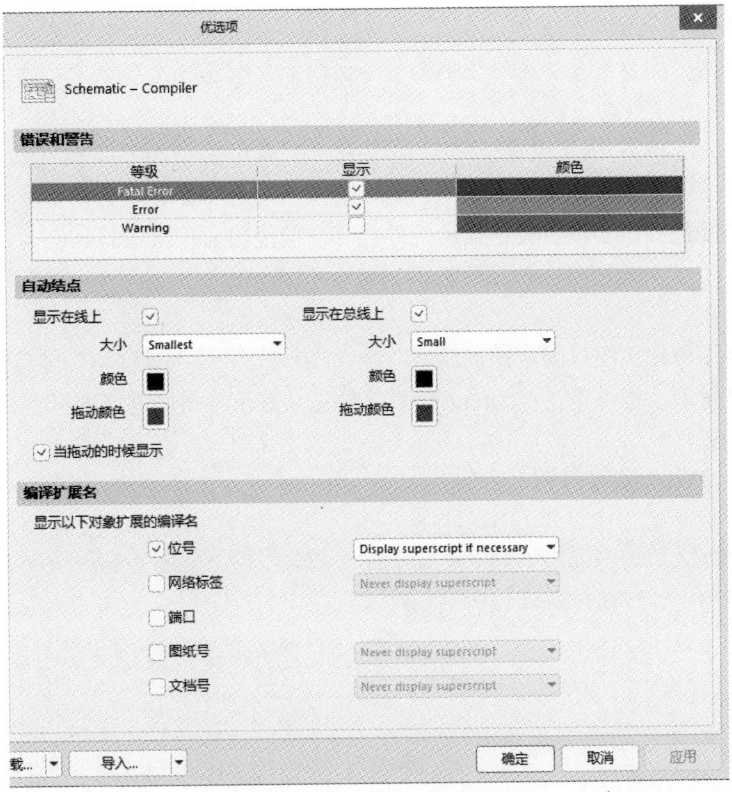

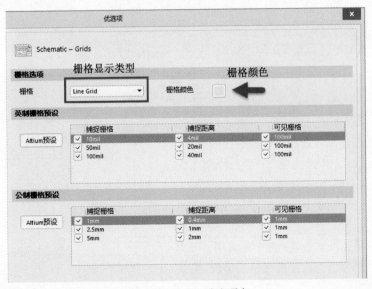

图 4-12　Compiler 子选项卡

4.1.4　Grids 参数设置

Grids（栅格）子选项卡用于设置原理图栅格相关参数，如图 4-13 所示。

图 4-13　Grids 子选项卡

其中常用选项介绍如下。

1. 栅格选项

（1）栅格（Grids）：用于设置栅格显示类型，有 Dot Grid 型和 Line Grid 型之分，一般习惯设置为 Line Grid。

（2）栅格颜色：用于设置栅格显示的颜色，一般使用系统默认的灰色。

2. 公制栅格预设

该表包含了原理图项目的"捕捉栅格""捕捉距离"和"可见栅格"度量值，用户可单击自行设置度量值，也可单击"Altium 预设"按钮从其子菜单中进行选择。

4.1.5 Break Wire 参数设置

Break Wire 子选项卡提供了设置断线功能的相关控件，如图 4-14 所示。以便用户更加灵活地对原理图中各种连接线进行切割和修改。

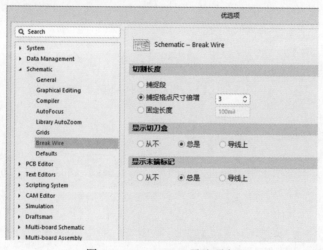

图 4-14　Break Wire 子选项卡

1. 切割长度

用于设置使用断线功能时切割导线的长度。

（1）捕捉段：选中此选项，在执行原理图编辑区"编辑"菜单栏中的"打破线（Break Wire）"命令时，光标所在的导线将被整段切除。如图 4-15 所示。

（2）捕捉格点尺寸倍增：选中此选项，可将切割器的尺寸调整为当前捕捉栅格的倍数。倍数范围为 2～10。

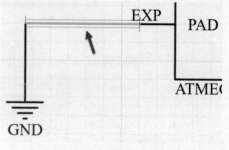

图 4-15　整段线切除

（3）固定长度：选择此选项可创建固定长度的切割器。

2．显示切刀盒（Show Cutter Box）

该选项用于设置执行切割线命令时，是否显示切割的虚线矩形框，有"从不""总是（无论光标是否位于线段上，始终显示切割盒）""导线上（仅在光标经过线段时显示切割盒）"3 个选择。

4.2 原理图设计流程

Altium Designer 24 的原理图设计流程大致可以分为如图 4-16 所示的 9 个步骤。

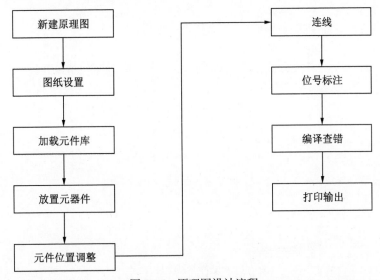

图 4-16 原理图设计流程

（1）新建原理图。这是原理图设计的第一步。

（2）图纸设置。图纸设置就是要设置图纸的大小、方向等参数。图纸设置要根据电路图的内容和标准化来进行。

（3）加载元件库。加载元件库就是将原理图绘制所需用到的元件库添加到工程中。

（4）放置元器件。从加载的元件库中选择需要的元件，放置到原理图中。

（5）元件位置调整。根据原理图设计需要，将元件调整到合适的位置和方向，以便连线。

（6）连线。根据所要设计的电气关系，用带有电气属性的导线、总线、线束和网络标签等将各个元件连接起来。

（7）位号标注。使用原理图标注工具将元件的位号统一标注。

（8）编译查错。在绘制完原理图后，绘制 PCB 之前，需要用软件自带 ERC（Electrical Rule Check）功能对常规的一些电气规则进行检查，避免一些常规性错误。

（9）打印输出。设计完成后，根据需要，可选择对原理图进行打印或输出电子文档格式文件。

4.3 设置图纸并放置元器件

4.3.1 图纸大小

Altium Designer 24 原理图图纸大小默认为 A4，用户可以根据设计需要将图纸大小设置为其他尺寸。

设置方法：在原理图图纸框外空白区域双击鼠标左键，弹出如图 4-17 所示的对话框，在 Sheet Size 下拉列表框中选择需要的图纸大小。

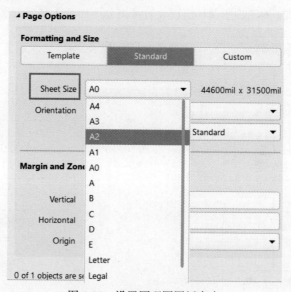

图 4-17　设置原理图图纸大小

4.3.2 图纸栅格

进入原理图编辑环境后，可以看到其界面背景呈现为网格（或称栅格）形，即可视栅格，用户可根据习惯改变。栅格为元件的放置和线路的连接带来了极大的方便，用户可以轻松地排列器件并进行整齐的连线。

Altium Designer 24 提供了 3 种栅格类型：用于导航的可视栅格、用于放置的捕捉栅格和用于帮助创建连接的电气栅格，具体区别如下。

- 可视栅格：设置原理图图纸背景中可见的网格，仅用作视觉对齐对象的辅助工具。此网格的设置对编辑过程中的光标移动没有影响。
- 捕捉栅格：移动鼠标的步进距离，是放置或移动原理图设计对象时光标锁定到的网格。将此栅格的数值设置小一些，可以轻松放置或调整原理图设计对象。
- 电气栅格：用于电气捕捉，当光标离电气对象（元件引脚、导线等）的距离在其捕捉设定值范围之内时，光标会自动跳到电气对象的中心，以方便对电气对象进行操作。

在"视图"菜单栏中选择"栅格"命令，或单击绘图工具栏上的"栅格"按钮 ▦▾，可以对图纸的栅格进行设置，如图 4-18 所示。

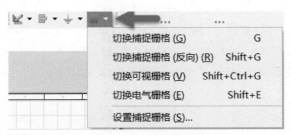

图 4-18　图纸栅格设置

4.3.3　查找并放置元器件

在原理图中放置元器件，需要在当前项目加载的元器件库中找到对应的元件并放置。下面以放置 LMV358MMX 为例，说明放置元件的具体步骤。

（1）在 Components 面板的元件库下拉列表框中选择 Leonardo.SCHLIB，使之成为当前库；同时库中的元件列表显示在库的下方，在元件列表中找到元件 LMV358MMX，如图 4-19 所示。

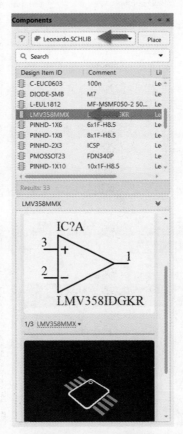

图 4-19　查找元器件

（2）选中元器件后右击，执行 Place LMV358MMX 命令，或者双击元件名，光标变成十字形状，同时光标上面悬浮着一个 LMV358MMX 元件符号的轮廓。放置元器件之前按空格键可以使元件旋转，用来调整元件的位置和方向，这时候单击即可在原理图中放置元器件，如图 4-20 所示。按 Esc 键或者右击退出。

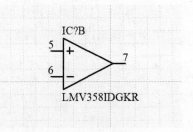

图 4-20　放置元器件

4.3.4　设置元件属性

双击需要编辑的元件，或者在放置元件过程中按 Tab 键，打开 Properties（属性）面板，如图 4-21 所示。下面介绍一下元件常规属性的设置。

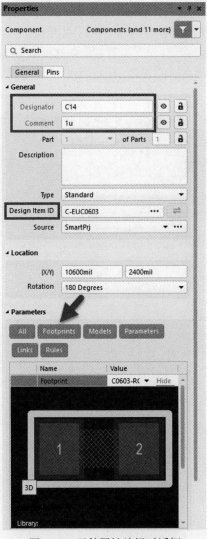

图 4-21　元件属性编辑对话框

- Designator：用来设置元器件序号，也就是位号。在 Designator 文本框输入元器件标识，如 U1、R1 等。该文本框右边的 ◎ 图标用来设置元器件标识在原理图上是否可见。最右边的 🔒 图标用来设置元器件的锁定与解锁。
- Comment：用来设置器件的基本特征，例如，电阻的阻值、功率、封装尺寸等，或者电容的容量、公差、封装尺寸等，也可以是芯片的型号，用户可自己随意修改器件的注释而不会发生电气错误。
- Design Item ID：当前元器件在源库中的标识。
- Footprint：用于给元器件添加或者删除、更改封装。

4.3.5　元件的对齐操作

执行菜单栏中"编辑"→"对齐"命令，在弹出的子菜单中用户可以自行选择需要的对齐操作，如图 4-22 所示。

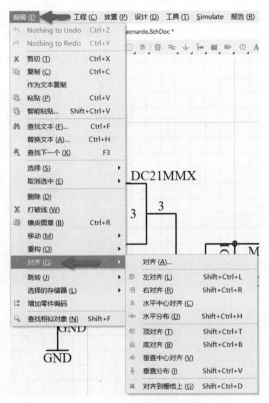

图 4-22　元器件对齐设置命令

4.3.6　元器件的复制、粘贴

1. 元器件的复制

元器件的复制是指将元器件复制到剪贴板中。

（1）在电路原理图上选中需要复制的元器件或元器件组。

（2）进行复制操作，有 3 种方法：

① 执行菜单栏中"编辑"→"复制"命令。

② 单击工具栏中"复制"按钮 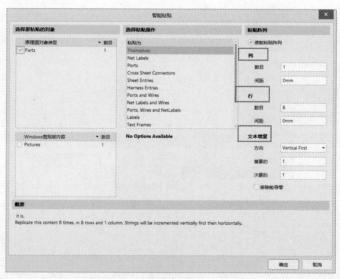。

③ 按快捷键 Ctrl+C 或者 E+C。

执行上述操作之一，即可将元器件复制到剪贴板中完成复制操作。

2. 元器件的粘贴

元器件的粘贴就是把剪贴板中的元器件放置到编辑区中，有 3 种方法：

（1）执行菜单栏中"编辑"→"粘贴"命令。

（2）单击工具栏中"粘贴"按钮。

（3）按快捷键 Ctrl+V 或者 E+P。

3. 元器件的智能粘贴

元器件的智能粘贴是指一次性按照指定的间距将同一个元器件重复粘贴到图纸上。

执行菜单栏中"编辑"→"智能粘贴"命令，或者按快捷键 Shift+Ctrl+V，弹出"智能粘贴"对话框，如图 4-23 所示。

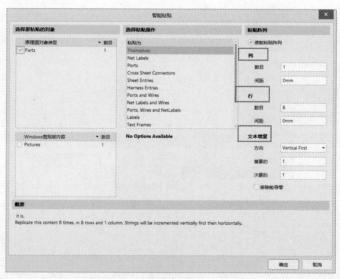

图 4-23　"智能粘贴"对话框

- 列（Columns）：用于设置列参数。其中，数目（Count）用于设置每一列中所要粘贴的元器件个数，间距（Spacing）用于设置每一列中两个元件的垂直间距。
- 行（Rows）：用于设置行参数。数目（Count）用于设置每一行中所要粘贴的元器件个数，间距（Spacing）用于设置每一行中两个元件的水平间距。
- 文本增量：用于设置执行智能粘贴后元器件的位号的文本增量，在"首要的"后面的文本框中输入文本增量数值，正数是递增，负数则为递减。执行智能粘贴后，所粘贴出来的元器件位号将按顺序递增或递减。

智能粘贴具体操作步骤如下：

在每次进行智能粘贴前，必须先通过复制操作将选取的元器件复制到剪贴板中。然后执行"智能粘贴"命令，设置"智能粘贴"对话框，即可实现选定器件的智能粘贴。图 4-24 所示为放置的一组 4×4 的电容智能粘贴效果图。

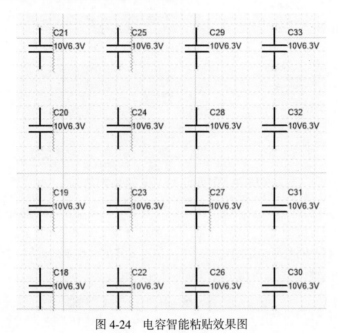

图 4-24　电容智能粘贴效果图

4.4　连接元器件

4.4.1　自定义快捷键

为提高设计效率，在设计过程通常使用快捷键，Altium Designer 24 默认的快捷键有很多，有些快捷键会由 2～3 个键组成，操作时可能会比较麻烦，用户可以自定义快捷方式。

建议用户对常用的命令进行快捷设置，如原理图中放置线、网络标签等命令，PCB 中如放置走线、过孔，铺铜等命令。设置快捷键的方式有两种。

1. 使用Customize命令

（1）在菜单栏任意空白处右击，执行 Customize 命令，如图 4-25 所示。

（2）在打开的 Customizing PCB Editor 对话框中，如图 4-26 所示。单击 All 选项，在右侧找出想要自定义快捷键的命令，然后双击。

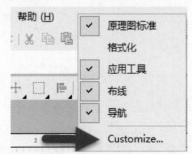

图 4-25　Customize 命令

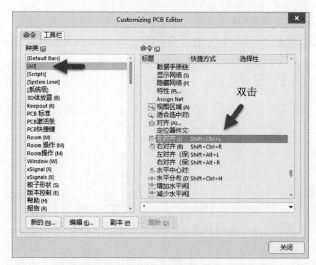

图 4-26　Customizing PCB Editor 对话框

（3）之后会弹出 Edit Command 对话框，如图 4-27 所示。在此对话框中，只需对"可选的"进行快捷键自定义即可。需要注意的是，用户自定义无法使用组合键，并且不可乱改软件默认的快捷键，同时所设定的快捷键不可被用于其他命令（建议用 F2～F12 功能键）。若出现复用的快捷键，"当前被用于"文本框将有提示。

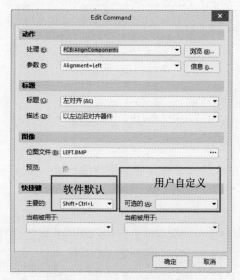

图 4-27　Edit Command 对话框

2. 使用Ctrl+单击图标

将鼠标光标悬放到命令图标上，再按 Ctrl 键，即可打开 Edit Command 对话框，相关设置方式如图 4-27 所示。

提示：原理图与 PCB 界面自定义快捷方式不会冲突。假设原理图的走线命令设为 F2，PCB 的交互式布线命令也设为 F2，不会出现冲突现象。

4.4.2　放置导线连接元件

导线是电路原理图元件连接关系最基本的组件之一，原理图中的导线具有电气连接意义。下面介绍绘制导线的具体步骤和导线的属性设置。

1. 启动绘制导线命令主要有4种方法

（1）执行菜单栏中"放置"→"线"命令，进入导线绘制状态。
（2）单击布线工具栏中"放置线"按钮 ≈ 进入绘制导线状态。
（3）在原理图图纸空白区域右击，在弹出的快捷菜单中执行"放置"→"线"命令。
（4）按快捷键 P+W 或者 Ctrl+W。

2. 绘制导线

进入绘制导线状态后，光标变成十字形状，系统处于绘制导线状态。绘制导线的具体步骤如下。

（1）将光标移到要绘制导线的起点（建议用户把电气栅格打开，按快捷键 Shift+E 可打开或关闭电气栅格）。若导线的起点是元器件的引脚，当光标靠近元器件引脚时，光标会自动吸附到元器件的引脚上，同时出现一个红色的 × 表示电气连接的意义。单击确定导线起点。

（2）移动光标到导线折点或终点，在导线折点或终点处单击确定导线的位置，每折一次都要单击一次。导线转折时，可以通过按 Shift+空格键来切换导线转折的模式。如图 4-28 所示为导线的 3 种转折模式。

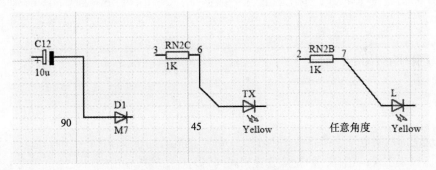

图 4-28　导线的 3 种转折模式

（3）绘制完第一条导线后，此时系统仍处于绘制导线状态，将光标移动到新的导线起点，按照上面的方法继续绘制其他导线。
（4）绘制完所有导线后，按 Esc 键或右击退出绘制导线状态。

4.4.3　放置网络标签

在原理图绘制过程中，元器件之间的电气连接除了使用导线外，还可以通过放置网络标签来实现。网络标签实际上就是一个具有电气属性的网络名，具有相同网络标签的导线或总线表示电气网络相连。在连接线路较长或者线路走线复杂时，使用网络标签代替实际走线会使电路简化、美观。

启动放置网络标签的命令的方法有以下 4 种。

（1）执行菜单栏中"放置"→"网络标签"命令。

（2）单击布线工具栏中"放置网络标签"按钮 Net 。

（3）在原理图图纸空白区域右击，在弹出的快捷菜单中执行"放置"→"网络标签"命令。

（4）按快捷键 P+N。

放置网络标签的具体步骤如下。

（1）启动放置网络标签的命令后，光标变成十字形状，移动光标到要放置网络标签的位置（导线或者总线），光标上出现红色的 × ，此时单击就可以放置一个网络标签了，但是一般情况下，为了避免后面修改网络标签的麻烦，应在放置网络标签前，按 Tab 键，设置网络标签的属性（一般只需设置 Net Name 这一栏即可），如图 4-29 所示。

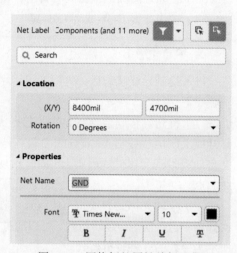

（2）将光标移到其他位置，继续放置网络标签。一般情况下，放置完第一个网络标签后，如果网络标签的末尾是数字，那么后面放置的网络标签的数字会递增。

（3）右击或按 Esc 键，退出放置网络标签状态。

图 4-29　网络标签属性编辑面板

4.4.4　端口的应用

1. 放置端口

原理图的网络电气连接有 3 种形式，一种是直接通过导线连接；一种是通过放置相同的网络标签来实现；还有一种就是放置相同网络名称的输入输出端口。端口实现了从一个原理图到另一个原理图的连接，通常用于层次原理图中。

端口放置的步骤如下。

（1）执行菜单栏中"放置"→"端口"命令或者按快捷键 P+R，或单击工具栏中"放置端口"按钮 ，光标上会附带一个端口符号。

（2）移动光标到合适的位置单击左键，确定端口其中一端的位置，按空格键可进行旋转。再次移动光标确定端口另一端的位置，单击确定端口的位置。

（3）设置端口属性。双击已放置好的端口，或在放置状态时按 Tab 键，系统将弹出相应的属性面板，如图 4-30 所示。

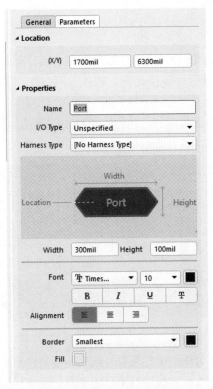

图 4-30　端口属性设置面板

- Location：端口在原理图上的坐标位置，一般不进行设置。
- Name：端口名称，最重要的属性之一，相同名称的端口存在电气连接关系。
- I/O Type：端口的电气特性，为系统的电气规则检查提供依据。包含 4 种类型：Unspecified（未确定类型）、Output（输出端口）、Input（输入端口）和 Bidirectional（双向端口）。若不清楚具体 I/O 类型，建议选择 Unspecified。
- Width：设置端口宽度。
- Height：设置端口高度。
- Font：用于字体的类型、大小、颜色等设置。
- Alignment：设置端口的名称位置，包含：靠左、居中、靠右。
- Border：设置边框大小及颜色。
- Fill：设置端口内填充颜色。

（4）放置好后的端口如图 4-31 所示。

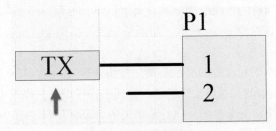

图 4-31　放置好的端口

2. 自动给端口添加页码

用户设计层次原理图过程中，或在打印原理图之后，有时希望知道某一个网络分布在哪些页面上，以方便查看网络连接情况。软件给网络端口添加网络标号指示页的方法如下：

（1）给每个原理图页面进行编码，执行菜单栏中"工具"→"标注"→"图纸编号"命令，或者按快捷键 T+A+T，打开 Sheet Number 对话框，如图 4-32 所示。

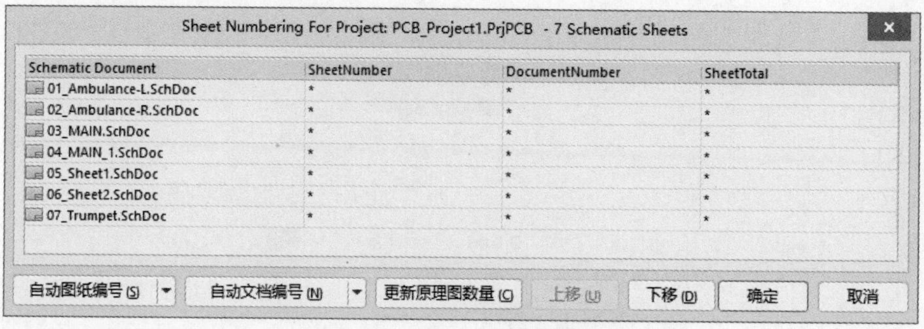

图 4-32　Sheet Number 对话框

（2）设置 Sheet Number 对话框中的参数，依次单击"自动图纸编号""自动文档编号""更新原理图数量"按钮，可单击方框进行编号的修改，通过上下移来确定编号的先后位置，然后单击"确定"按钮，如图 4-33 所示。

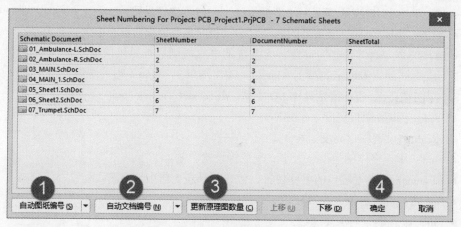

图 4-33　设置编号

（3）设置网络识别符的作用范围。执行菜单栏中"工程"→"工程选项"命令，在工程选项设置对话框中选择 Options 选项，将网络识别符范围复选框设置为 Flat，如图 4-34 所示。

（4）设置原理图图纸和位置的显示类型。按快捷键 O+P 打开系统优选项对话框，在 Schematic-General 页面中的"端口交叉参考"选项中进行设置，如图 4-35 所示。

（5）给工程添加端口交叉参考。执行菜单栏中"报告"→"端口交叉参考"→"添加到工程"命令，然后可以看到端口旁边已经带上原理图的相应编号，如图 4-36 所示。

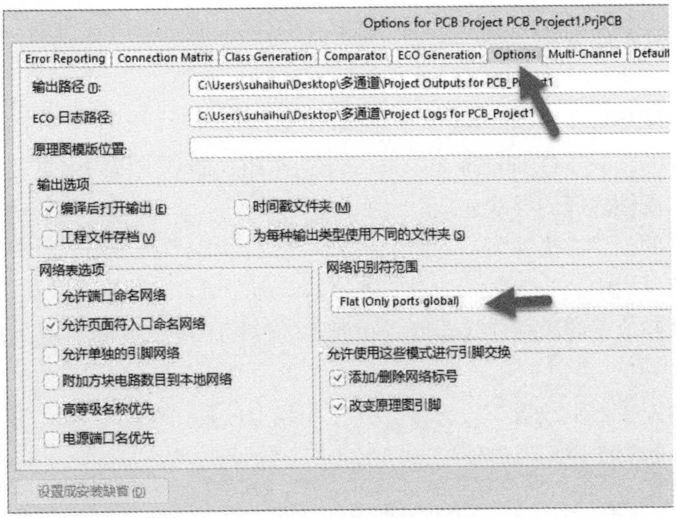

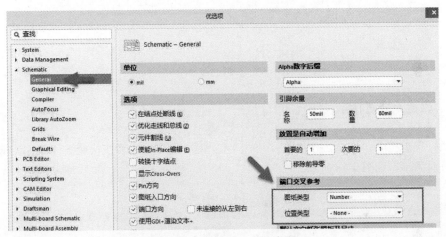

图 4-34 "工程选项"对话框

图 4-35 设置端口交叉类型

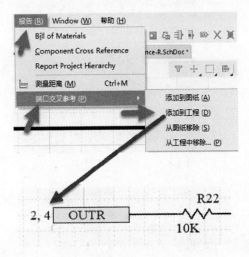

图 4-36 原理图编号显示

4.4.5 放置离图连接器

在原理图编辑环境下，Off Sheet Connector（离图连接器）的作用其实跟 Net Label（网络标签）是一样的，只不过 Off Sheet Connector 通常用在同一工程内多页"平坦式"原理图中相同电气网络属性之间的导线连接。

离图连接器的放置方法如下：

（1）执行菜单栏中"放置"→"离图连接器"命令或者按快捷键 P+C。

（2）双击已经放置的离图连接器或者在放置的过程中按 Tab 键，修改离图连接器的网络名。

（3）在离图连接器上放置一段导线，并在导线上放置一个与其对应的网络标签，这样才算是一个完整的离图连接器的使用，如图 4-37 所示。

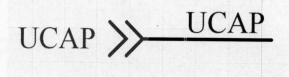

图 4-37　离图连接器的放置

4.4.6 放置差分对指示

执行菜单栏中"放置"→"指示"→"差分对"命令，或者按快捷键 P+V+F，即可放置差分对指示，如图 4-38 所示。

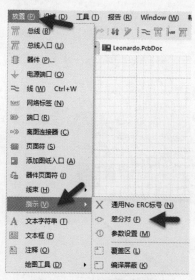

图 4-38　放置差分对指示

原理图中设置差分对的方式如下。

（1）设置的差分信号，其网络名称前缀必须一致，后缀分别设置为_n，_p（字母不区分大小写），然后再放置差分对指示即可，如图 4-39 所示。

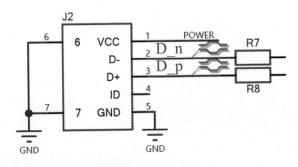

图 4-39　设置差分对

（2）执行菜单栏中"设计"→Update PCB Document 命令，即可将此设置同步导入 PCB 中。

（3）Altium Designer 23 及以上的版本支持用户自定义差分信号的后缀形式。执行菜单栏中"工程"→Project Options 命令，在弹出的对话框中单击 Options 选项卡，在对话框左下角的"差分对"选项组中按 Add 按钮添加用户自定义的差分对后缀，如图 4-40 所示。此时可以将差分对网络名称设置为 D_+ / D_–。

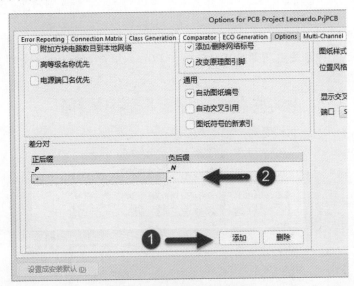

图 4-40　增加差分对后缀形式

4.4.7　原理图中设置差分对类

Altium Designer 24 支持在原理图中创建差分对类，待原理图更新到 PCB 后，PCB 中会自动生成差分对类，使用起来十分方便，设置步骤如下。

（1）首先在原理图中针对相应网络设置好差分对。

（2）双击差分对之中任意一个差分对指示 ，即可打开 Properties 面板，在其 Parameters 选项组中，单击 Add 下拉列表框中的 Diff,Pair Net Class 命令，如图 4-41 所示。

（3）在弹出的设置项中，将 Value 值改成想要设置的差分对类名称，这里改为 USB，如图 4-42 所示。

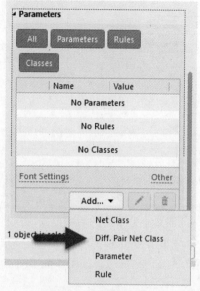

图 4-41　增加差分对类

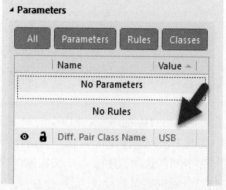

图 4-42　设置差分对类名称

（4）依次重复上述添加步骤，将想要归为同一 Differential Pairs Classes 的差分对指示都设置一遍。然后从原理图更新到 PCB，即可在 PCB 面板查看相应的差分对类，如图 4-43 所示。

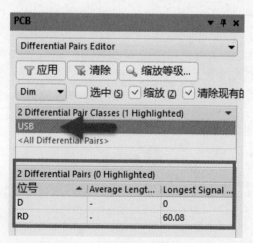

图 4-43　原理图添加的差分对类

4.4.8　原理图中设置网络类

Altium Designer 24 也支持在原理图中创建类，待原理图更新到 PCB 后，PCB 中会自动生成原理图中创建好的类，使用起来十分方便。这里以创建最常用的网络类为例，介绍在原理图中创建类的方法。

（1）打开已经绘制好的原理图，执行菜单栏中"放置"→"指示"→"参数设置"命令，如图 4-44 所示。

（2）在原理图中需要创建网络类的导线上放置"参数设置"指示，在放置之前按 Tab 键，或者双击已经放置的"参数设置"指示，打开 Properties 面板，在面板中的 Classes 选项组单击 Add 按钮，添加一个网络类，并给其命名，这里命名为 PWR，如图 4-45 所示。

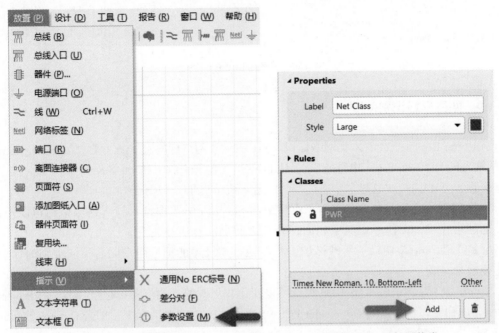

图 4-44 放置参数设置　　　　　　　　图 4-45 添加网络类

（3）设置好需要添加的网络类后，在原理图中需要归为一类的网络导线上放置该"参数设置"指示，如图 4-46 所示。相同网络名的导线上只需放置一个"参数设置"指示即可，不必重复放置。

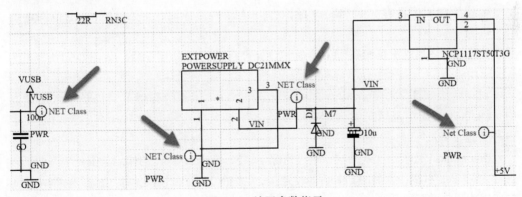

图 4-46 放置参数指示

（4）执行原理图 Update 到 PCB 的操作，在 PCB 中打开对象类浏览器即可看到创建好的名为 PWR 网络类，如图 4-47 所示。

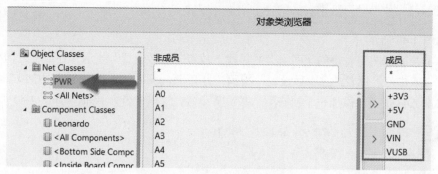

图 4-47　创建的 PWR 网络类

4.4.9　网络标签识别范围

Altium Designer 24 有六类网络标识：Net Label（网络标签）、Port（端口）、Sheet Entry（图纸入口）、Power Port（电源端口）、Hidden Pin（隐匿引脚）和 Off-sheet Connector（离图连接器）。Net Label 是通过名字来连接的，名字相同就可以传递信号。

特别要注意的是，除了 Port（端口）与 Sheet Entry（图纸入口）这两个标识以外，其他网络标识，即使标识名字相同，相互之间也没有连接关系。比如，Net Label（网络标签）及 Port（端口）两种标识，只能通过连线才能把这两个同名不同类别的标识连接起来。

Port 及 Net Label 的作用范围是可以变化和更改的。执行菜单栏"项目"→Project Options...命令，在弹出的 Options for PCB Project ....PrjPCB 对话框中，单击 Options 按钮，在"网络识别符范围"的五个选项（Automatic、Flat、Hierarchical、Strich Hierarchical、Global）中设置。

Automatic 是缺省选项，系统也会默认此项，表示系统会检测项目图纸内容，从而自动调整网络标识的范围。检测及自动调整的过程如下：

- 若原理图里有 Sheet Entry 标识，则 Net Label 的范围调整为 Hierarchical。
- 若原理图里没有 Sheet Entry 标识，但是有 Port 标识，则 Net Label 的范围调整为 Flat。
- 若原理图里既没有 Sheet Entry 标识，又没有 Port 标识，则 Net Label 的范围调整为 Global。

Flat 代表扁平式图纸结构，这种情况下，Net Label 的作用范围仍是单张图纸以内。而 Port 的作用范围扩大到所有图纸，各图纸只要有相同的 Port 名，就可以发生信号传递。

Hierarchical 代表层次式结构，这种情况下，Net Label，Port 的作用范围是单张图纸以内。当然，Port 可以与上层的 Sheet Entry 连接，以纵向方式在图纸之间传递信号。Power Port 的作用范围是所有图纸。

Strich Hierarchical 与 Hierarchical 的区别在于 Power Port 的作用范围是单张图纸以内。

Global 是最开放的连接方式，这种情况下，Net Label、Port 的作用范围都扩大到所有图纸。各图纸只要有相同的 Port 或相同的 Net Label，就可以进行信号传递。

4.5 原理图常规操作

4.5.1 自动图纸编号

Altium Designer 24 支持自动图纸编号应用于原理图图纸,其编号显示在 Projects 面板中,如图 4-48 所示。

图 4-48 图纸自动编号

用户可在菜单栏"项目"→Project Options...→Options→"网络表选项"→"自动图纸编号"命令中,如图 4-49 所示,实现对自动图纸编号功能的打开或禁用。

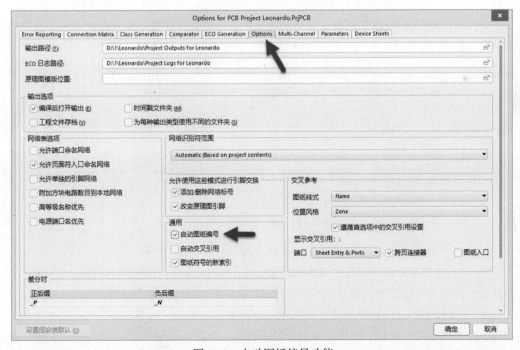

图 4-49 自动图纸编号功能

4.5.2　网络名称的识别

用户将光标悬停在连接线上时，可显示相关联的逻辑和物理名称，如图 4-50 所示。网络的 Physical Name 物理名称是其实际的网表分配，用于 PCB 中的连接。

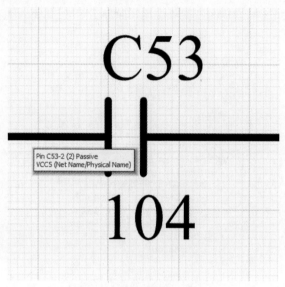

图 4-50　逻辑和物理名称

4.5.3　网络全局高亮显示

按住 Alt 键+单击网络，可以在所有原理图中突出显示该网络，而其他对象则变暗，如图 4-51 所示。

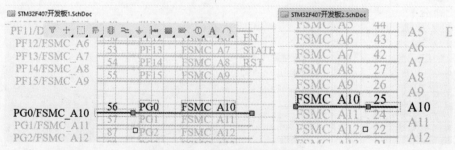

图 4-51　网络全局高亮显示

其设置方式如下：

① 执行菜单栏中的"项目"→Project Options...→Options→"网络识别符范围"命令，将网络的识别范围设置为 Global。

② 按快捷键 O+P，打开系统"优选项"对话框，切换到 System-Navigation 子选项卡，勾选高亮方式中的"变暗"选项，即可开启该功能，如图 4-52 所示。取消选中"变暗"选项将禁用网络突出显示功能。

图 4-52　设置高亮方式

4.5.4　元件引脚到多个焊盘的映射

原理图元件引脚可以将默认的一对一映射关系自定义为一对多的映射关系。例如，一个元件标号为 2 的引脚，可以连接到多个（2、3、4）封装焊盘，多个焊盘间使用逗号分隔。设置方法如下：

（1）双击原理图中的元件，在 Parameters 选项卡的 Add 下拉列表框中选择 Footprint，如图 4-53 所示。

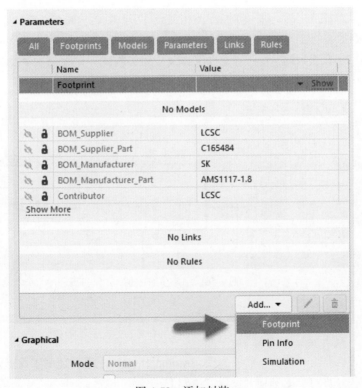

图 4-53　添加封装

（2）在弹出的"PCB 模型"对话框中，单击"引脚映射"按钮，如图 4-54 所示。然后在弹出的"模型匹配"对话框中，对"模型引脚号"进行设置即可，如图 4-55 所示。

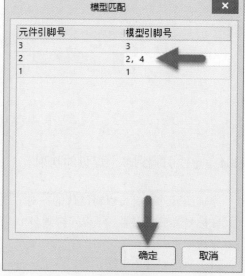

图 4-54　"PCB 模型"对话框　　　　　　　图 4-55　"模型匹配"对话框

（3）上述设置完成之后，即可在原理图相关元件引脚处看出映射关系，如图 4-56 所示，U1 的 2 脚映到封装的 2、4 脚（原理图元件现在显示的是封装焊盘代号而不是元件引脚代号，在已应用自定义映射的情况下，元件引脚代号用灰色显示），更新到 PCB 中依然保持网络连接性。

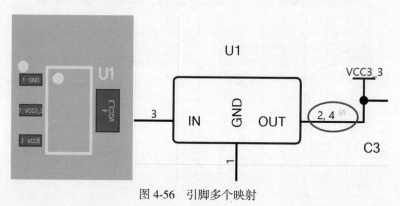

图 4-56　引脚多个映射

4.5.5　元件库自定义备用元件

项目设计中，常有一些器件需要替换，Altium Designer 24 原理图库编辑器提供了向组件零件添加替代元件符号的选项。设置方法如下：

（1）在原理图库编辑界面下，执行菜单栏中"工具"→"模式"→"添加"命令，可弹出一个新的空白原理图库编辑界面，然后绘制器件替代料。

（2）想更改替代料的名称，选中替代料，然后执行菜单栏中"工具"→"模式"→"重命名"命令，如图 4-57 所示。

（3）设置完成后按快捷键 Ctrl+S 保存。切换到原理图编辑界面中，放置器件时可通过 Mode 的下拉列表框来选择器件型号，如图 4-58 所示。

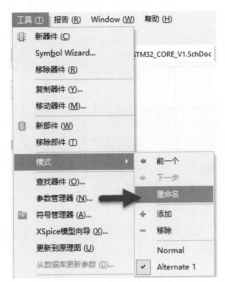

图 4-57　重命名替代料

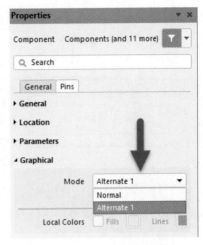

图 4-58　选择放置的器件

4.5.6　创建原理图模板

利用 Altium Designer 24 软件在原理图中创建自己的模板，可以在图纸的右下角绘制一个表格用于显示图纸的一些参数，例如，文件名、作者、修改时间、审核者、公司信息、图纸总数及图纸编号等。用户可以按照自己的需求自定义模板风格，还可以根据需要显示内容的多少来添加或减少表格的数量。创建原理图模板的步骤如下。

（1）在原理图设计环境下，新建一个空白原理图文件，如图 4-59 所示。

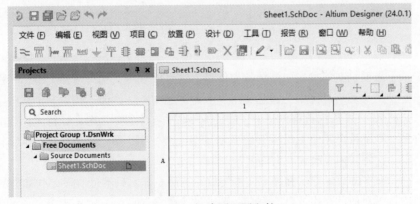

图 4-59　新建原理图文件

（2）设置原理图。进入空白原理图文档后，打开 Properties 面板，在 Page Options 下的 Formatting and Size 参数栏中单击 Standard 标签，取消勾选 Title Block 复选框，将原理图右下角的标题区块取消，用户可以重新设计一个符合本公司的图纸模板，如图 4-60 所示。

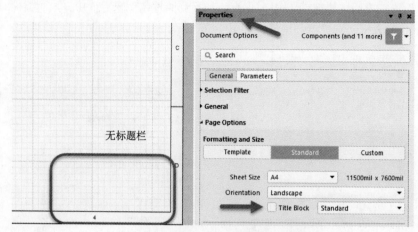

图 4-60   取消勾选 Title Block 复选框

（3）设计模板。单击工具栏中的"绘图工具"按钮 ，在弹出的下拉列表中单击"放置线条"按钮 ，开始绘制图纸信息栏图框（具体图框风格可根据自己公司的要求进行设计。注意，不能使用 Wire 线绘制，建议将线型修改为 Smallest，颜色修改为黑色）。绘制好的信息栏图框如图 4-61 所示。

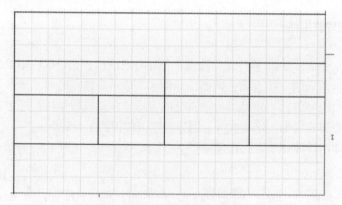

图 4-61   绘制好的信息栏图框

（4）接下来就是在信息栏中添加各类信息。这里放置的文本有两种类型，一种是固定文本，另一种是动态信息文本。固定文本一般为标题文本。例如，在第一个框中要放置固定文本"文件名"，可以执行菜单栏中"放置"→"文本字符串"命令，待光标变成十字形状并带有一个本字符串 Text 标志后，将其移到第一个框中，单击即可放置文本字符串。单击文本字符串，将其内容改为"文件名"。

（5）动态文本的放置方法和固定文本的放置方法一样，只不过动态文本需要在 Text 下拉列表框中选择对应的文本属性。例如，要在"文件名"后面放置动态文本，可在加入另一个文本字符串后，双击该文本字符串，打开文本属性编辑面板，在 Text 下拉列表框中选择=DocumentName 选项，按回车键后，在图纸上会自动显示当前文档的完整文件名，如图 4-62 所示。

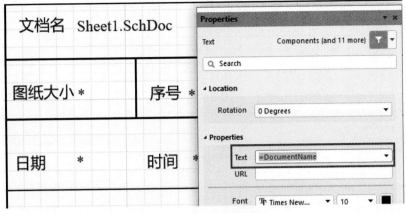

图 4-62　添加信息栏信息

Text 下拉列表框中各选项说明如下。

- =Current：显示当前的系统时间。
- =CurrentDate：显示当前的系统日期。
- =Date：显示文档创建日期。
- =DocumentFullPathAnName：显示文档的完整保存路径。
- =DocumentName：显示当前文档的完整文档名。
- =ModifiedDate：显示最后修改的日期。
- =ApproveBy：显示图纸审核人。
- =CheckedBy：显示图纸检验人。
- =Author：显示图纸作者。
- =CompanyName：显示公司名称。
- =DrawnBy：显示绘图者。
- =Engineer：显示工程师，需在文档选项中预设数值，才能被正确显示。
- =Organization：显示组织/机构。
- =Address1/2/3/4：显示地址 1/2/3/4。
- =Title：显示标题。
- =DocumentNumber：显示文档编号。
- =Revision：显示版本号。
- =SheetNumber：显示图纸编号。
- =SheetTotal：显示图纸总页数。
- =ImagePath：显示影像路径。
- =Rule：显示规则，需要在文档选项中预设值。

如图 4-63 所示为已经创建好的 A4 模板。

（6）创建好模板后，执行菜单栏中"文件"→"另存为"命令，在弹出的对话框中输入"文件名"（在此保持默认设置），设置"保存类型"为 Advanced Schematic template（*.SchDot），然后单击"保存"按钮，即可保存创建好的模板文件，如图 4-64 所示。

图 4-63　创建好的 A4 模板

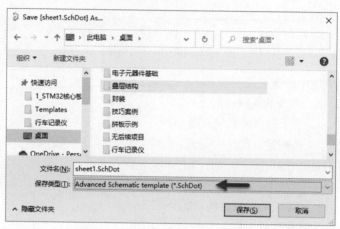

图 4-64　保存模板

4.5.7　调用原理图模板

（1）新建一个空白的原理图文件，执行菜单栏中"设计"→"模板"→"本地（L）"→ sheet1 命令，如图 4-65 所示。

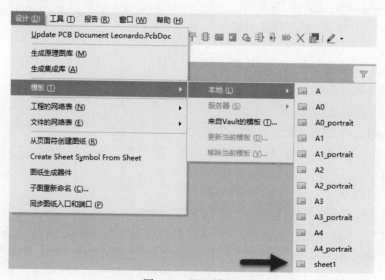

图 4-65　调用模板

（2）在弹出的"更新模板"对话框中根据需要进行设置，如图 4-66 所示。自此，自定义的模板被调用到原理图文件中。

（3）按快捷键 O+P 打开"优选项"对话框，在 Schematic→Graphical Editing 子选项卡中勾选"显示没有定义值的特殊字符串的名称"复选框，否则特殊字符不能正常转换，如图 4-67 所示。

（4）在将模板应用到原理图当中后，需要将特殊字符修改成对应的值时，需要在 Properties 面板中打开 Parameters 选项卡，找到对应的特殊字符，将其 Value 值改成想要的参数即可，如图 4-68 所示。

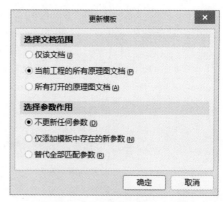

图 4-66 "更新模板"对话框

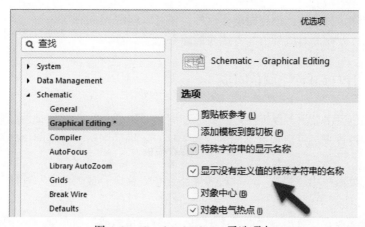

图 4-67 Graphical Editing 子选项卡

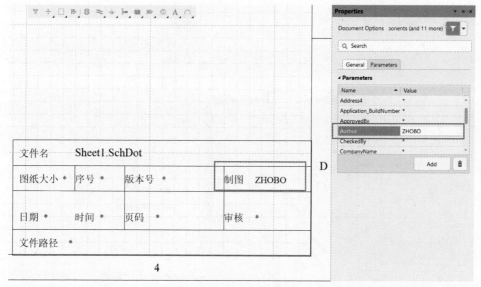

图 4-68 修改特殊字符的 Value 值

（5）若是当前使用的原理图模板有变更，用户可通过执行菜单栏中"设计"→"模板"→"更新当前模板"命令实现模板的更新，如图 4-69 所示，也可以移除当前使用的模板。

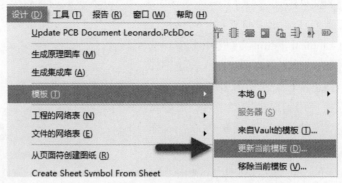

图 4-69　更新模板

（6）用户除了调用自己创建的模板以外，还可以调用 Altium Designer 24 软件自带的模板。调用模板以及修改对应数值的方法与前面介绍的一致。

4.5.8　原理图和 PCB 网络颜色同步

网络的颜色突出显示可以方便地查看原理图和 PCB 设计。设置原理图颜色可以突出显示多个网络，设计人员可以根据不同的颜色来区分不同的网络，并将网络颜色从原理图同步到 PCB。

（1）执行菜单栏中"视图"→"设置网络颜色"命令，或者单击"连线"工具栏上的"网络颜色"按钮 ✐ ▾ ，此时光标将变成十字形状。

（2）将光标放在要突出显示的网络对象上，然后单击或按回车键。整个网络将以所选颜色突出显示，如图 4-70 所示。

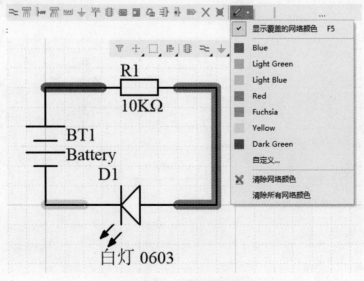

图 4-70　设置网络颜色

（3）原理图检查无误后，导入 PCB 中，即可完成原理图和 PCB 网络颜色同步，如图 4-71 所示。

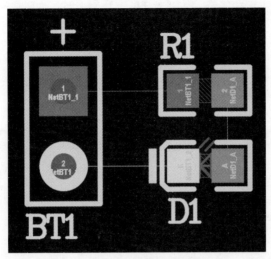

图 4-71　原理图网络颜色同步到 PCB

4.5.9　原理图的屏蔽设置

在 Altium Designer 24 中绘制原理图时，可通过放置屏蔽区域将原理图上不用的元件或者电路以阴影的方式显示，即把这一部分元件或者电路屏蔽。在进行项目验证或者更新原理图信息到 PCB 中时，这些在屏蔽区域内的对象将不会被执行，具体实现方法如下：

（1）执行菜单栏中"放置"→"指示"→"编译屏蔽"命令，如图 4-72 所示。

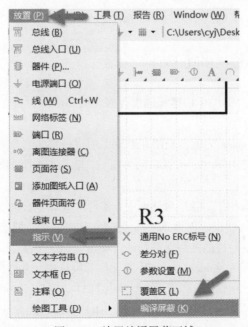

图 4-72　放置编译屏蔽区域

（2）此时，光标变成十字形状，在原理图中绘制屏蔽区域，将原理图中不需要的元件或者电路进行屏蔽处理。灰色区域内的元件或者电路将不会起作用，验证或者更新到 PCB 时也不会起作用，如图 4-73 所示。如需激活此部分原理图，将屏蔽区域删除即可。

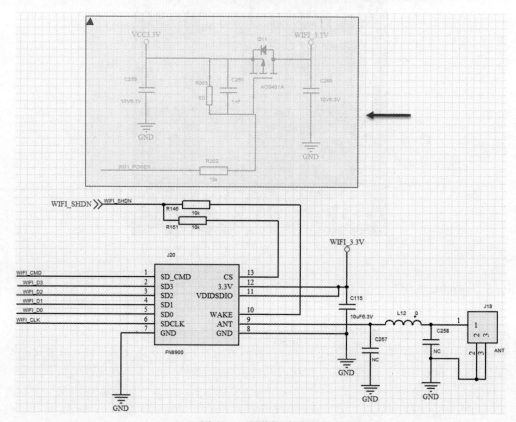

图 4-73　屏蔽部分电路

4.5.10　全局编辑——查找相似对象

查找相似对象为用户提供了快速筛选设计对象的功能，对符合搜索条件的多个设计对象进行整体编辑和属性修改。

以修改 LED 的 Comment 为例，介绍在原理图中进行整体修改属性的步骤。

（1）在原理图界面选中任意一个 LED 元件，右击，在弹出的快捷菜单中选择"查找相似对象"命令。

（2）在弹出的"查找相似对象"对话框中，部件 Part 属性自动变更为 Same，根据需要，将 Comment 为 LED 的属性也设置为 Same，勾选"选择匹配"复选框，同时选择下拉列表框中的 Project Documents，其他参数保持默认，单击"确定"按钮，如图 4-74 所示。

（3）此时项目中所有 Comment 为 LED 的元件都被选中，并弹出 Properties 面板。在面板中修改 Comment 为 NCD0603B1，即元件型号由 LED 变更为 NCD0603B1，如图 4-75 所示。

（4）至此，相似对象的批量操作设置完成，用户可通过此方式批量修改相似对象的其他参数。

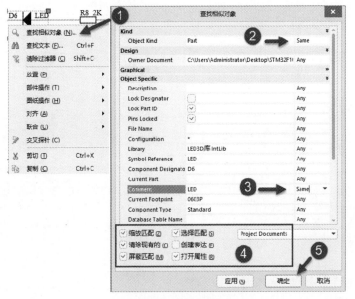

图 4-74　查找相似对象

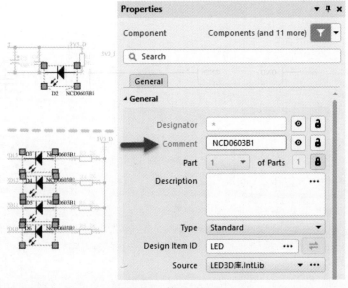

图 4-75　修改 Comment

4.6　分配元件标号

完成绘制原理图后，其局部原理图如图 4-76 所示，可从图中看出未标注的元件标号后缀显示为?。

用户可以逐个手动修改元件的标号，但是这样比较烦琐而且容易出现错误，尤其是元件比较多的原理图。Altium 为用户提供了原理图标注工具。

执行菜单栏中"工具"→"标注"→"原理图标注"命令，弹出原理图"标注"对话框，如图 4-77 所示。

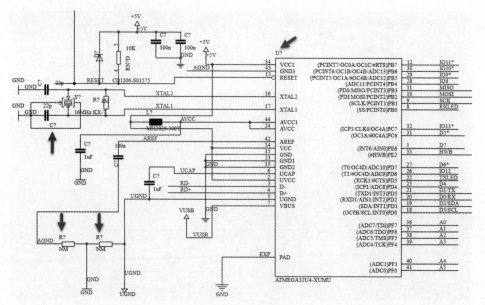

图 4-76　局部原理图

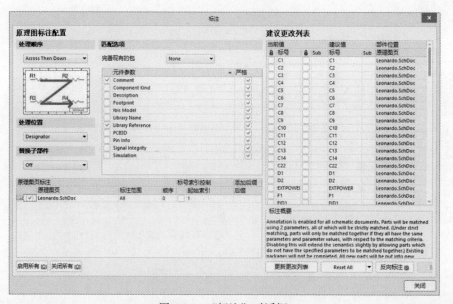

图 4-77　"标注"对话框

　　该对话框分为两部分，左边是"原理图标注配置"，用于设置原理图标注的顺序以及选择需要标注的原理图页；右边是"建议更改列表"，在"当前值"栏中列出了当前的元件标号，在"建议值"一栏列出了新的编号。

　　原理图重新标注的方法如下：

　　（1）选择要重新标注的原理图。

　　（2）选择标注的处理顺序，单击 Reset All ▼ 按钮，对位号进行重置。在弹出 Information（信息）对话框中，将提示用户编号发生了哪些改变，单击 OK 按钮确认。重置后，所有的元件标号将被消除（设计中此步骤可跳过，直接进行步骤（3））。

（3）单击 更新更改列表 按钮，重新编号。弹出 Information（信息）对话框，提示用户相对前一次状态和相对初始状态发生的改变。

（4）单击 接收更改(创建ECO) 按钮，弹出如图 4-78 所示的"工程变更指令"对话框。

图 4-78　"工程变更指令"对话框

（5）在该对话框中单击"执行变更"按钮，即可完成原理图元件标注。如图 4-79 所示为完成原理图标注后的效果。

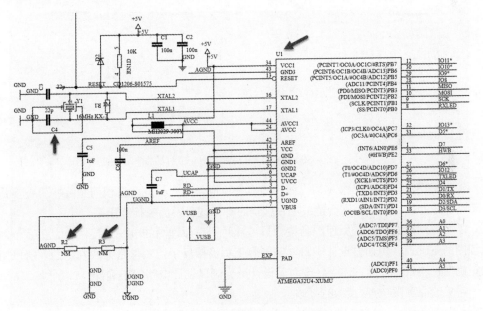

图 4-79　完成原理图标注后的效果

4.7　原理图电气检测及项目验证

原理图设计是前期准备工作，一些初学者为了省事，画完原理图后直接更新到 PCB 中，这样往往得不偿失。按照设计流程来进行 PCB 设计，一方面可以养成良好的习惯，另一方面对复杂的电路可有效避免错误。由于软件的差异及电路的复杂性，原理图可能存在一些单端网络、电气开路等问题，不经过相关检测工具检查就盲目生产，等板子做好了才发现问题就晚了，所以项目验证还是很有必要的。

Altium Designer 24 自带 ERC 功能，可以对原理图的一些电气连接特性进行自动检查。检查后的错误信息将在 Messages（信息）面板中列出，同时也会在原理图中标注出来。用户可以对检测规则进行设置，然后根据 Messages 面板中所列出的错误信息对原理图中存在的错误进行修改。

4.7.1　原理图常用检测设置

原理图的常用检测项可在 Project Options... 中设置。执行菜单栏中"项目"→Project Options... →Error Reporting 命令，打开 Options for PCB Project 对话框，如图 4-80 所示，所有与项目有关的选项都可以在此对话框中设置。

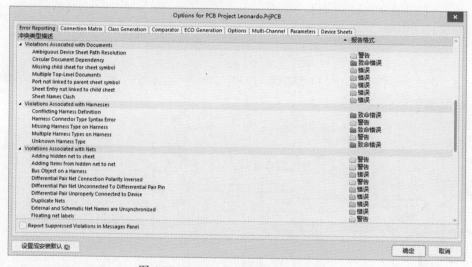

图 4-80　Options for PCB Project 对话框

建议用户不要随意去修改系统默认的检查项报告格式，只有在很清楚哪些检查项是可以忽略的才能去修改，否则会造成项目验证时有错误也不会被检查出来。

需要特别注意的是，原理图的检测只是针对用户原理图的电气连接性，无法完全判断原理图的正确性。例如，设计中将电解电容正负极接反了，软件是无法判定的。所以用户在正确通过项目验证后，还需仔细对照设计图，确保设计电路的正确性。

常见的原理图检查内容如下。

● Components with duplicate pins：重复的元件引脚。

● Duplicate Part Designators：重复的元件标号。

● Floating net labels /power objects：悬空的网络标签/电源端口。

● Missing Positive / Negative Net in Differential Pair：差分对缺少正/负网络。

● Net with Only One Pin：单端网络，即整个原理设计中只有该网络一个。

● Off grid objects：对象偏离格点，即元件引脚或网络标签等没有与栅格点对齐。对电气连接无影响，可忽略。

- Net has no driving source：网络无驱动源。假设有某一器件引脚被定义为输出引脚，该引脚连到一个连接器（或一个无源引脚），将会报错。若不进行仿真可忽略，可将此项设置为不报告。
- Object not completely within sheet boundaries：设计对象（如元件）不完全在图纸边界内。将其放回图纸内或将图纸范围设置大些即可。
- unused sub-part in Component：元件中某个子部件未使用。在使用含有多个子部件的元器件时，只使用了其中一个部件，其他未使用，就会出现该警告。不影响正常的设计，可忽略。

4.7.2　项目验证

对原理图的各种电气错误等级设置完毕后，用户便可以进行项目验证。执行菜单栏中"项目"→Validate PCB Project 命令，即可进行项目验证。如图 4-81 所示。文件经过验证后，检测结果将出现在 Messages（信息）面板中。

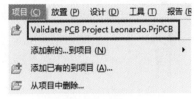

图 4-81　项目验证指令

提示： 需在打开整个工程的情况下，才能进行项目验证，否则无法打开相关命令。此外，Altium Designer 24 需在完全匹配封装的情况下才能验证，否则会出现未匹配封装的报错信息。

4.7.3　原理图的修正

当项目验证无误时，Messages（信息）面板中将为空。当出现等级为 Fatal Error（严重的错误）、Error（错误）以及 Warning（警告）的错误时，Messages（信息）面板将自动弹出，如图 4-82 所示。用户需要根据 Messages（信息）面板对错误进行修改，直至将所有错误清除完。

Messages						
Class	Doc...	So...	Message	Time	Date	N
[Warning]	Leona	Com	Component IC1	15:31	2018,	1
[Warning]	Leona	Com	Component IC3	15:31	2018,	2
[Warning]	Leona	Com	Component IC3	15:31	2018,	3
[Warning]	Leona	Com	Floating Net Lat	15:31	2018,	4
[Warning]	Leona	Com	Floating Net Lat	15:31	2018,	5
[Warning]	Leona	Com	Floating Net Lat	15:31	2018,	6
[Warning]	Leona	Com	Floating Net Lat	15:31	2018,	7
[Info]	Leona	Com	Compile success	15:31	2018,	8

图 4-82　Messages（信息）面板

提示： 若验证后无法自动弹出 Messages 面板，可单击原理图界面右下角的 Panels 按钮，在弹出的选项中单击 Messages 按钮即可。

第 5 章 PCB 设计

电路原理图设计的最终目的是生产满足需要的 PCB（印制电路板）。利用 Altium Designer 24 软件可以非常轻松地从原理图设计转入 PCB 设计流程。Altium Designer 24 为用户提供了一个完整的 PCB 设计环境，既可以进行人工设计，也可以全自动设计，设计结果可以多种形式输出。

PCB 布线是整个 PCB 设计中最重要、最耗时的一个环节，可以说前面的工作都是为它而准备的。在整个 PCB 设计中，熟悉 PCB 设计流程是很有必要的。

本章内容将结合实战中项目的设计来介绍 PCB 设计的常规流程，让读者熟悉 Altium Designer 24 软件的 PCB 设计流程，这对于缩短产品的开发周期、增强产品的竞争力和节省研发经费等具有重要意义。

学习目标：

- 熟悉 PCB 常用系统参数的设置。
- 熟悉 PCB 常规操作。
- 掌握 PCB 常用规则设置。
- 掌握 PCB 布局布线方法及操作技巧。

第 8 集
微课视频

5.1 PCB 常用系统参数设置

打开 Altium Designer 24，单击软件界面右上角的"设置系统参数"按钮✿，打开"优选项"对话框，单击打开 PCB Editor 选项卡。

5.1.1 General 参数设置

General 子选项卡提供了许多与 PCB 编辑器相关的常规设置，可按照图 5-1 所示进行参数设置。

常用参数说明如下。

1. 编辑选项

（1）在线 DRC：勾选该复选框，在手工布线和调整 PCB 过程中实时进行 DRC 检查，并在第一时间对违反设计规则的错误给出报警，实时检测用户设计的规范性。

（2）对象捕捉选项：勾选其中的三个复选框，用光标选择某个元件时，光标自动跳到该元件已定义的中心点，又称基准点。

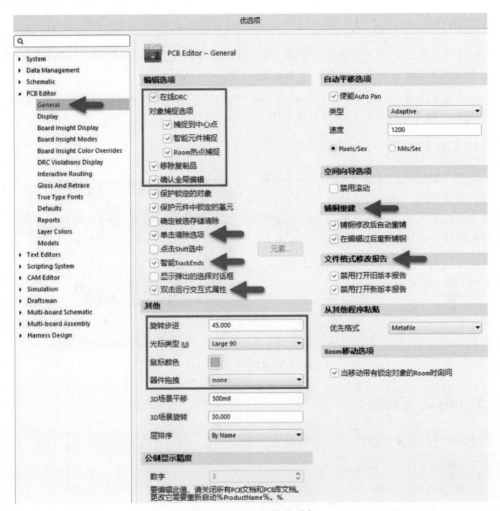

图 5-1　General 子选项卡

（3）移除复制品：勾选该复选框，当系统准备数据输出时，可以检查和删除重复对象。当输出到打印设备时，可选中此选项。

（4）确认全局编辑：勾选该复选框，允许在提交全局编辑之前出现确认对话框，包括提示将被编辑对象的数量。如果禁用该选项，只要单击全局编辑对话框中的"确定"按钮，就可以进行全局编辑更改。

（5）单击清除选项：勾选该复选框，在 PCB 编辑区的任意空白位置单击，可自动解除对象的选中状态。

（6）点击 Shift 选中：勾选该复选框，需在按下 Shift 键时才能选中 PCB 界面的设计对象，设计对象的指定由右侧的"元素"按钮规定。

（7）智能 TrackEnds：勾选该复选框，将重新计算网络拓扑距离，即当前布线光标到终点的距离而不是网络最短距离。

（8）双击运行交互式属性：勾选此复选框，可在双击设计对象时禁用属性对话框。反之，可在双击对象时弹出相应的属性对话框，即还原旧版本双击对象时的模式。

2. 其他

（1）旋转步进：用于设置旋转角度。在放置组件时，按空格键可改变组件的放置角度，这个角度可任意设置，最小角分辨率为 0.001°，系统默认值是 90°。

（2）光标类型：光标有 3 种表现样式，即 Small 45、Small 90、Large 90。推荐使用 Large 90 的光标，便于布局布线时进行对齐操作。

3. 铺铜重建

勾选"铺铜修改后自动重铺"和"在编辑过后重新铺铜"这两个复选框，以便直接对铜皮进行修改，或者铜皮被移动时，软件可以根据设置自动调整以避开障碍。未选中复选框时，铜皮修改之后的效果如图 5-2 所示，还需要用户手动更新铜皮。

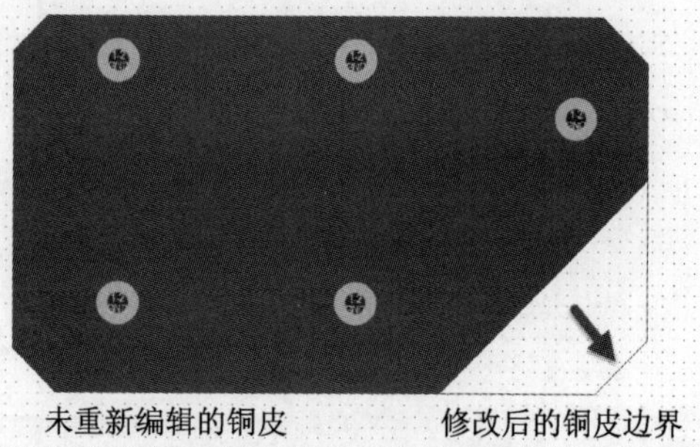

4. 文件格式修改报告

勾选"禁用打开新/旧版本报告"这两个复选框，每次打开文件时就不会出现"创建修改报告"的提示。

未重新编辑的铜皮　　　　修改后的铜皮边界

图 5-2　未选中复选框效果图

5.1.2　Display 参数设置

切换到 Display 子选项卡，这里提供了许多与 PCB 工作区中显示功能相关的控件。可按照图 5-3 所示进行参数设置。

图 5-3　Display 子选项卡

5.1.3　Board Insight Display 参数设置

切换到 Board Insight Display 子选项卡，可设置 PCB 工作区中的板细节特征功能，常用设置如图 5-4 所示。

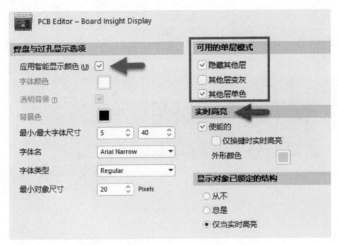

图 5-4　Board Insight Display 子选项卡

常用参数说明如下。

1．焊盘与过孔显示选项

应用智能显示颜色：勾选该复选框，软件会自动控制焊盘的显示字体特征和过孔细节。建议用户保持默认设置即可。

2．可用的单层模式

用于设置单层显示的模式。

（1）隐藏其他层：勾选该复选框，在单层模式下仅显示当前层，其他层将被隐藏。

（2）其他层变灰：勾选该复选框，在单图层模式下当前层将被高亮显示，其他层上的所有对象均以灰度显示。

（3）其他层单色：勾选该复选框，在单层模式下当前层将被高亮显示，其他层上的所有对象均以相同的灰色阴影显示。

在 PCB 编辑区黑色背景的情况下，"其他层变灰"和"其他层单色"的表现形式类似，故只勾选其中一项即可。

3．实时高亮

（1）使能的：勾选该复选框，鼠标光标悬停在网络上时，可以高亮显示该网络。

（2）仅换键时实时高亮：若勾选该复选框，实时高亮功能仅在按下 Shift 键时才能实现，不建议勾选此项。

（3）外形颜色：执行高亮操作时，高亮对象外围轮廓的显示颜色。

4. 显示对象已锁定的结构

用于切换锁定纹理的可见性，用户可以轻松区分锁定对象和非锁定对象。

（1）从不：启用此选项，以从不显示锁定对象的锁定纹理。

（2）总是：启用此选项，可始终显示锁定对象的锁定纹理（如图 5-5 所示的"钥匙"图样 ）。

（3）仅当实时高亮：启用此选项，仅在光标经过时实时突出锁定对象的锁定纹理。

图 5-5 锁定纹理

5.1.4 Board Insight Modes 参数设置

切换到 Board Insight Modes 子选项卡，可设置板细节功能。可按照图 5-6 所示进行参数设置，基本保持软件默认值。

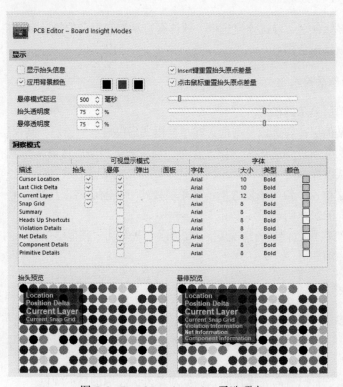

图 5-6 Board Insight Modes 子选项卡

显示抬头信息：勾选该复选框，可以在 PCB 编辑区左上角看到网格坐标、图层、尺寸和动作等信息。可在此取消勾选不显示，或在 PCB 界面按快捷键 Shift+H 切换打开/关闭状态。

5.1.5 Board Insight Color Overrides 参数设置

切换到 Board Insight Color Overrides 子选项卡，可设置网络颜色覆盖的显示功能。可按照图 5-7 所示进行参数设置。

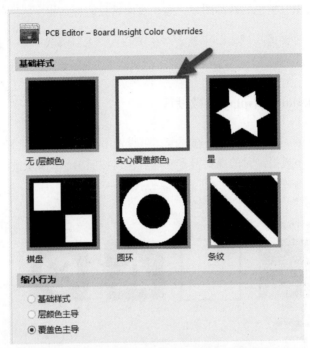

图 5-7 Board Insight Color Overrides 子选项卡

1. 基础样式

网络颜色显示的基本图案，可选的样式有无（层颜色）、实心（覆盖颜色）、星、棋盘、圆环和条纹，推荐使用实心（覆盖颜色）样式。不同图案的显示效果如图 5-8 所示。

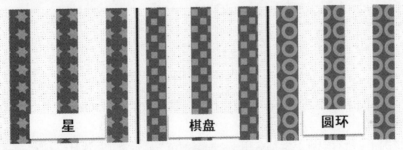

图 5-8 不同图案的显示效果

2．缩小行为

该选项组用于设置页面缩小时网络的显示方式。

（1）基础样式：选中该单选按钮，在页面放大或缩小时，都显示相应网络颜色基本图案。

（2）层颜色主导：选中该单选按钮，可使指定的图层颜色为主导。即用户在放大页面时，显示相应网络颜色的基本图案；在缩小页面时，将显示层颜色，不会再显示网络颜色和基本图案。

（3）覆盖颜色主导：选中该单选按钮，可使分配的网络覆盖颜色为主导。用户在放大页面的时候会看到相应颜色的基本图案，缩小页面后只能看到相应的网络颜色。

提示： 当基础图案选择"实心（覆盖颜色）"时，"基础样式"和"覆盖颜色主导"的显示效果一致。

5.1.6　DRC Violations Display 参数设置

切换到 DRC Violations Display 子选项卡，可设置 DRC 违规的视觉显示功能，即在布局布线过程中，出现违规报错时的视觉警告显示。建议按照图 5-9 所示进行参数设置。

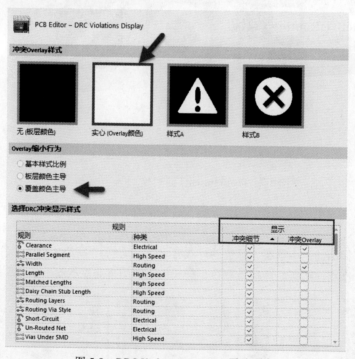

图 5-9　DRC Violations Display 子选项卡

"冲突 Overlay 样式"与"Overlay 缩小行为"的参数说明与 Board Insight Color Overrides 的相关参数类似。

默认情况下，所有规则类型都启用了"冲突细节"显示选项，并且仅对 Clearance、Width 和 Component Clearance 规则启用了"冲突 Overlay"显示选项。

将"冲突细节"与"冲突 Overlay"两种显示类型一起使用将效果明显。缩小页面后可以标记存在违规的地方，放大可查看违规处的详细信息。图 5-10 所示为两种显示效果下的违规信息。

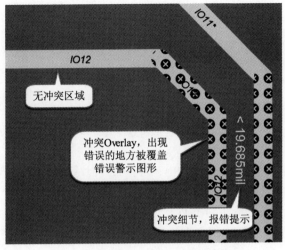

图 5-10　两种显示效果下的违规信息

5.1.7　Interactive Routing 参数设置

切换到 Interactive Routing 子选项卡，进行 PCB 布线功能的设置，可按照图 5-11 所示进行参数设置。

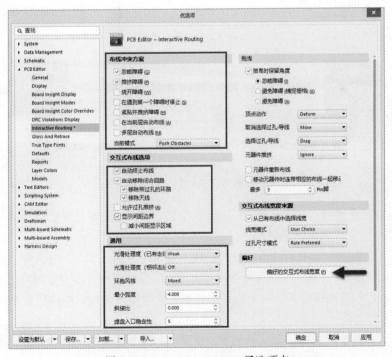

图 5-11　Interactive Routing 子选项卡

常见参数说明如下。

1. 布线冲突方案

（1）忽略障碍：勾选此复选框，可在布线时允许线路穿过障碍物，穿越障碍的同时显示违规报错。

（2）推挤障碍：勾选此复选框，可在布线时将现有线路推挤开，以便让出空间给新的线路。若同时勾选下方的"允许过孔推挤"复选框，还可以推动过孔以让路给新布线。

（3）绕开障碍：让布线绕过现有的线路、焊盘和过孔。

（4）在遇到第一个障碍时停止：此选项可使交互布线在其路径中遇到第一个障碍时停止布线。

（5）紧贴并推挤障碍：勾选此复选框，可在布线时尽可能紧贴着现有的走线、焊盘和过孔，并在必要时推挤障碍物以继续布线。

（6）当前模式：该下拉列表列出 PCB 编辑界面正在使用的布线模式。

在 PCB 编辑界面下，用户可在布线过程中按快捷键 Shift+R 在已勾选模式之间进行切换。

2. 交互式布线选项

（1）自动终止布线：勾选此复选框，当走线连接到目标焊盘时，布线工具不会从目标焊盘继续运行，而是重置。

（2）自动移除闭合回路：勾选其中的两个复选框，可自动删除在布线过程中出现的任何冗余环路，即在重新布线时，不需要手动删除原有的线路。禁用自动移除闭合回路效果如图 5-12 所示。

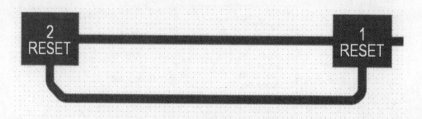

图 5-12　禁用自动移除闭合回路效果

（3）允许过孔推挤：勾选此复选框，可在推挤布线时，将已放好的过孔移开，以便新的线路连接。

（4）显示间距边界：进行交互布线时，现有对象（线路或焊盘、过孔等）和当前间距规则定义的禁行间隙区域，将显示为阴影多边形，以指示用户有多少空间可用于布线，如图 5-13 所示。值得注意的是，间距边界的显示在除忽略障碍物以外的所有布线模式中均可用。

（5）减小间距显示区域：默认情况下，将显示 PCB 编辑区所有间隙边界，用户可通过勾选此选项，仅查看布线处局部观察范围内的边界，减小间隙显示区域。

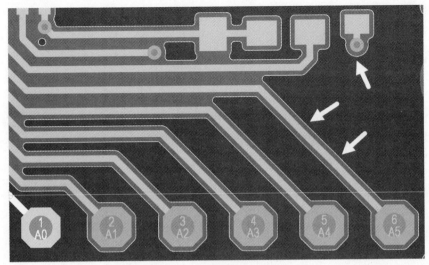

图 5-13　间距边界的显示

3. 拖曳

（1）拖曳时保留角度：选中其中的"避免障碍（捕捉栅格）"单选按钮，软件将在保留角度的同时尝试避开障碍物。

（2）取消选择过孔/导线：将拖曳未选择的过孔或线路的默认行为，设置为 Move 或 Drag 动作。例如，将此项设置为 Drag，则在不选择过孔的情况下，拖曳过孔时布线也一起移动。

（3）选择过孔/导线：将拖曳选择的过孔或线路的默认行为，设置为 Move 或 Drag 动作。例如，将此项设置为 Drag，则在选中过孔情况下，拖曳过孔时布线也一起移动。

（4）元器件推挤：用于设置移动元器件时的冲突模式，可按快捷键 R 进行切换。

- Ignore：默认行为，可在移动元器件时忽略与其他元器件的冲突。在这种模式下，使用 3D 体（如果有）或铜和丝印图元来标识对象的间距。
- Push：元器件会将其他元器件推开，以满足元器件之间的安全间距。在这种模式下，元器件通过其选择边界进行标识，该选择边界是将元器件中所有图元包围起来的最小可能的矩形（即单击元器件时出现的白色阴影区域）。锁定的元器件无法推动。
- Avoid：元器件将被迫避免违反与其他元器件的安全间距。在这种模式下，元器件通过其选择边界进行标识。

（5）元器件重新布线：已连接的元器件移动后，系统会尝试重新连接该元器件。在移动元器件的过程中按快捷键 Shift+R 可切换。

4. 交互式布线宽度来源

线宽模式：用于选择交互式布线的线宽模式。

- User Choice：启用此模式后，宽度由 Choose Width 对话框中选择的宽度确定，可通过在布线时按快捷键 Shift+W 进行切换。

过孔尺寸模式：用于选择交互式布线的过孔尺寸模式。

- Rule Minimum：布线时优先使用线宽规则的最小宽度。
- Rule Preferred：布线时优先使用线宽规则的首选宽度。
- Rule Maximum：布线时优先使用线宽规则的最大宽度。

5. 偏好

单击"偏好的交互式布线宽度"按钮，在弹出的"偏好的交互式布线宽度"对话框中可以对交互式布线宽度进行添加、删除、编辑操作，如图 5-14 所示。在交互式布线状态下，用户可以直接按快捷键 Shift+W 调用布线宽度。

英制		公制		系统单位
宽度 ▲	单位	宽度	单位	单位 ▲
5	mil	0.127	mm	Imperial
6	mil	0.152	mm	Imperial
8	mil	0.203	mm	Imperial
10	mil	0.254	mm	Imperial
12	mil	0.305	mm	Imperial
20	mil	0.508	mm	Imperial
25	mil	0.635	mm	Imperial
50	mil	1.27	mm	Imperial
100	mil	2.54	mm	Imperial
3.937	mil	0.1	mm	Metric
7.874	mil	0.2	mm	Metric
11.811	mil	0.3	mm	Metric
19.685	mil	0.5	mm	Metric
29.528	mil	0.75	mm	Metric
39.37	mil	1	mm	Metric

偏好的交互式布线宽度

添加 (A)... 删除 (D) 编辑 (E)... 确定 取消

图 5-14 偏好的交互式布线宽度设置

6. 通用

（1）光滑处理度：改变走线光泽度，软件会自动仔细分析选定的路线，减少弯道数量，并消除和缩短弯道。包含 Off（禁用）、Weak（弱）、Strong（强）3 种设置，可使用快捷键 Ctrl+Shift+G 在 3 种设置之间切换。

（2）环抱风格：用于控制布线时如何管理拐角形状，将会影响正在拖动的线路以及被推开的线路。包含以下 3 种模式。

① Mixed（混合）模式：当正被移动/推开的对象是直的时，使用直线段，当正被移动/推开的对象是弯的时，使用圆弧。

② Rounded（圆角）模式：在移动/推动操作中涉及的每个顶点处都使用圆弧。使用

此模式进行蛇形布线，并在修线时（在交互式布线和手动修线过程中）使用弧线+任意角度布线。

③ 45 Degree（45°角）模式：在拖动线路过程中，始终使用直正交/对角线线段来创建转角。注：在拖动走线过程中，按快捷键 Shift+空格键可在 3 种模式之间切换。

（3）最小弧度：定义了允许放置的最小圆弧半径，其中：最小圆弧半径=最小弧度×圆弧宽度。若将其设置为 0，则拐角始终保持圆弧。

（4）斜接比（Miter Ratio）：使用斜接比控制最小转角紧密性，可输入等于或大于零的数（乘数将会自动添加）。斜接比 × 当前线宽=该比率布线的最小 U 形壁之间的距离，如图 5-15 所示。

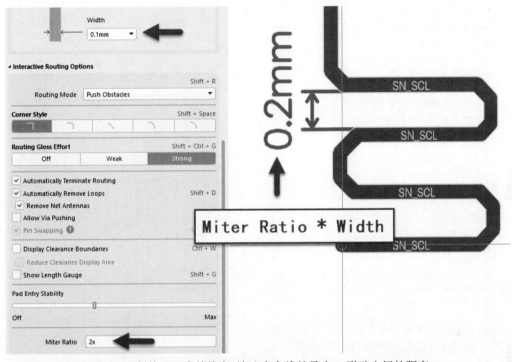

图 5-15　斜接比 × 当前线宽=该比率布线的最小 U 形壁之间的距离

（5）焊盘入口稳定性：用于约束走线连接到焊盘时的位置（如图 5-16 所示）。可输入 0~10 的数值，0 代表走线可以从焊盘任意位置出线；10 代表走线只允许从焊盘中心或对角出线；数值越大，约束力就越强，建议填 5 以上的数值。

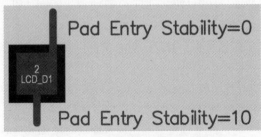

图 5-16　走线连接到焊盘时的位置

5.1.8　Defaults 参数设置

Defaults 子选项卡提供了许多与 PCB 工作区中默认设置有关的控件，用户可在此选项卡中对设计对象进行默认的设置，在设计过程中调用某个对象时，将会使用此处的设置。例如，图 5-17 中 Via 的孔径设置为 10/20mil，那么之后的 PCB 设计中，默认放置的过孔尺寸为 10/20mil（除非用户之后通过规则或按 Tab 键进行改变）。

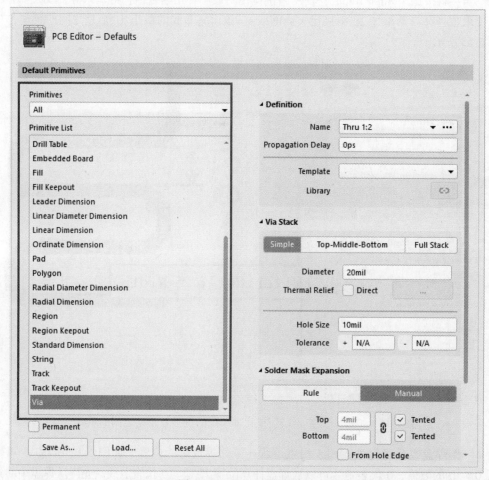

图 5-17　Defaults 子选项卡

建议用户对常用参数如导线、过孔、焊盘、铜皮等进行默认设置。

其他附加控制参数说明如下。

（1）Save As：单击该按钮可将当前默认对象属性保存到自定义属性文件（*.dft），如图 5-18 所示。

（2）Load：单击该按钮可加载先前保存的默认对象的属性文件（*.dft），如图 5-19 所示。

（3）Reset All：单击该按钮可将所有对象的属性重置为系统默认值。

（4）Permanent：如果勾选此复选框，则在放置编辑对象的属性时，其默认属性被锁定，不能更改。如果禁用此选项，则在放置编辑对象时，按 Tab 键可以打开 Properties 面板更改编辑对象的默认属性。

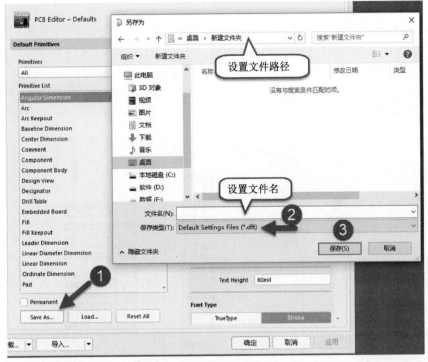

图 5-18　保存属性文件

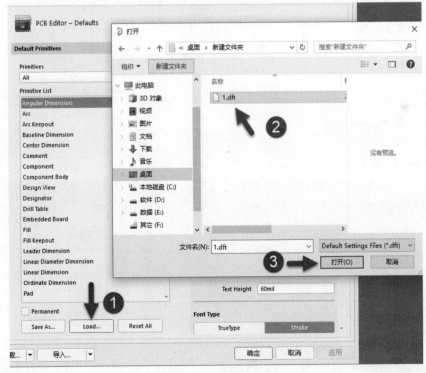

图 5-19　加载属性文件

5.1.9 Layer Colors 参数设置

切换到 Layer Colors 子选项卡，可更改所有支持的板层、以 2D 模式查看板相关的系统对象所用的颜色，便于用户快速识别不同的层，如图 5-20 所示。用户在 PCB 设计过程中也可按快捷键 L 打开"层与颜色管理器"对话框进行更改。

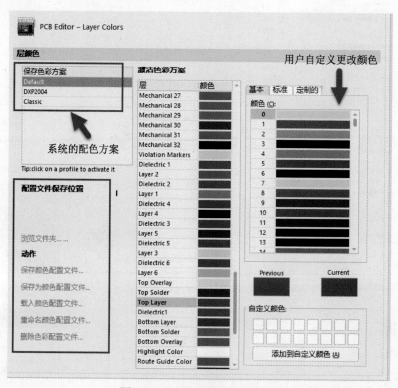

图 5-20　Layer Colors 子选项卡

5.2　PCB 筛选功能

Altium Designer 24 在 PCB Properties（PCB 属性）面板中采用了全新的对象过滤器工具，如图 5-21 所示。使用该过滤器工具，用户可以筛选出想要在 PCB 中可供选择的对象。单击下拉列表中的对象，被选中的对象将被筛选出来，在 PCB 中将会被用户选中。

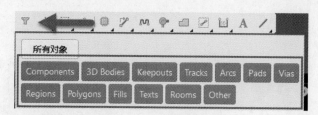

图 5-21　对象过滤器工具

例如，按图 5-22 所示设置，表示 Components（器件）和 Tracks（走线）不能被选择。

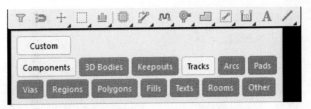

图 5-22　Components 和 Tracks 不能被选择

提示：筛选功能与锁定功能具有本质区别，锁定是将对象进行锁定，但双击锁定对象依然可以选择；筛选功能则不允许用户进行选择。

5.3　同步电路原理图数据

原理图的信息可以通过更新或导入原理图设计数据的方式完成与 PCB 之间的同步。在进行设计数据同步之前，需要对装载元件的封装库及同步比较器的比较规则进行设置。

完成同步规则的设置后，即可进行设计数据的导入工作。如图 5-23 所示，将原理图设计数据导入当前的 PCB 文件中，该原理图是前面原理图设计时绘制的 Lenardo 开发板，文件名为 Lenardo.SchDoc。

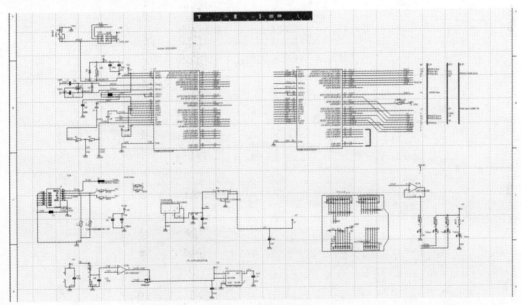

图 5-23　原理图文件

原理图更新到 PCB 的步骤如下。

（1）执行菜单栏中"设计"→Update PCB Document PCB1.PCBDoc 命令（此命令需在打开整个工程文件下才显示），系统将对原理图和 PCB 版图的设计数据进行比较并弹出"工程变更指令"对话框，如图 5-24 所示。

（2）单击"执行变更"按钮，系统将完成设计数据的导入，同时在每一项的"状态"

栏显示 ✔ 标记提示导入成功，如图 5-25 所示。若出现 ✖ 标记，表示存在错误，需找到错误并进行修改，然后重新进行更新。

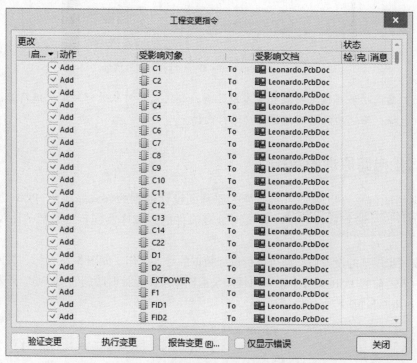

图 5-24　"工程变更指令"对话框

图 5-25　执行变更命令

（3）单击"关闭"按钮，关闭"工程变更指令"对话框，即可完成原理图与 PCB 之间的同步更新，如图 5-26 所示。

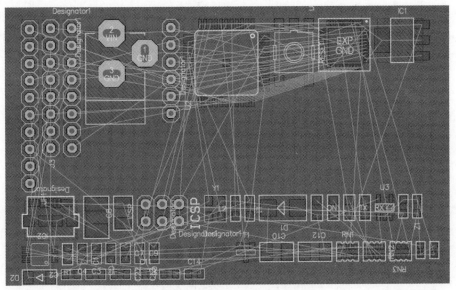

图 5-26　原理图与 PCB 的同步更新

5.4　定义板框及原点设置

5.4.1　定义板框

如果设计项目的板框是简单的矩形或者规则的多边形，则直接在 PCB 中绘制即可。PCB 边框在机械层内定义。下面以板框放置在 Mechanical 1 层为例，详细介绍板框的绘制。

（1）切换到 Mechanical 1 层，执行菜单栏中"放置"→"线条"命令，在 PCB 编辑界面绘制需要的板框形状，如图 5-27 所示。

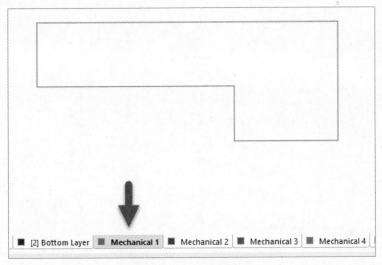

图 5-27　手工绘制板框

（2）选中所绘制的板框线，注意必须是一个闭合的区域，否则定义不了板框。执行菜单栏中"设计"→"板子形状"→"按照选择对象定义"命令，或者按快捷键 D+S+D，即可完成板框的定义。定义板框后的效果如图 5-28 所示。

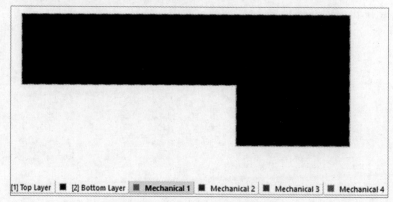

图 5-28　手工绘制板框效果图

5.4.2　从 CAD 里导入板框

很多项目的板框结构外形都是不规则的，手工绘制板框的复杂度比较高，这时候就可以选择导入 CAD 结构工程师绘制的板框数据文件，例如，.DWG 或者.DXF 格式文件，进行导入板框结构定义。

导入之前最好将结构文件转换为较低的版本，确保 Altium Designer 24 软件能正确导入。

导入 CAD 板框文件的步骤如下：

（1）新建一个 PCB 文件，然后将其打开，执行菜单栏中"文件"→"导入"→DWG/DXF 命令，选择需要导入的 DXF 文件，如图 5-29 所示。

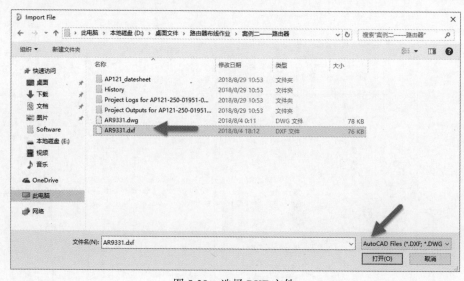

图 5-29　选择 DXF 文件

（2）导入属性设置。

① 在"比例"选项组中设置导入单位（需和 CAD 单位保持一致，否则导入的板框尺寸不对），用户可通过 Size 参数进行大致判断。

② 选择需要导入的层参数（为了简化导入操作，"PCB 层"这一项可以保持默认，成功导入之后在 PCB 中更改），如图 5-30 所示。

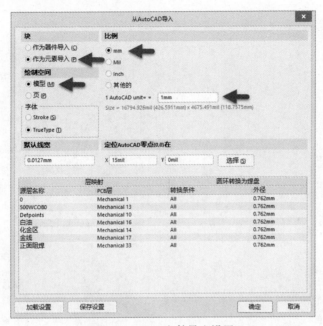

图 5-30　DXF 文件导入设置

（3）导入的板框如图 5-31 所示，选择需要重新定义的闭合板框线，执行菜单栏中"设计"→"板子形状"→"按照选择对象定义"命令，或者按快捷键 D+S+D，即可完成板框的定义。

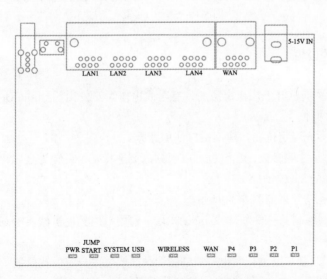

图 5-31　DXF 文件导入的板框

5.4.3 设置板框原点

在 PCB 行业中，对于矩形的板框我们一般把坐标原点定在板框的左下角。设置方法为：执行菜单栏中"编辑"→"原点"→"设置"命令，将坐标原点设置在板框左下角即可，如图 5-32 所示。

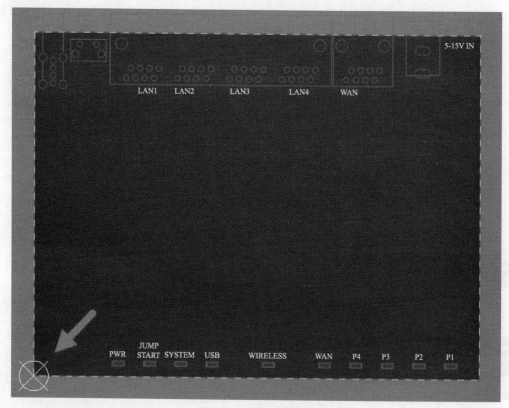

图 5-32　设置坐标原点

5.4.4 定位孔的设置

定位孔是放置在 PCB 上用于定位的，有时候也作为安装孔。Altium Designer 24 中放置定位孔的方法有两种。

（1）放置焊盘充当定位孔。建议用户使用此方式。

① 修改焊盘尺寸等参数，孔壁也可以根据需要选择是否设置为金属化。

② 修改焊盘的参数如图 5-33 所示。

得到的定位孔的效果如图 5-34 所示。

（2）在板框层绘制，一般为 Mechanical 1 层。若用户用其他机械层绘制板框，则到该机械层绘制即可。

① 在板框层绘制与定位孔大小一致的圆形，摆放位置与定位孔位置一致。执行菜单栏中"放置"→"圆弧"→"圆"命令，其参数设置如图 5-35 所示。

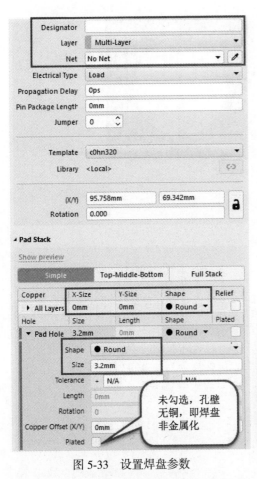

图 5-33　设置焊盘参数

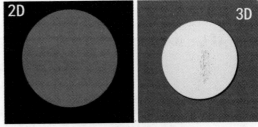

图 5-34　定位孔效果

未勾选，孔壁无铜，即焊盘非金属化

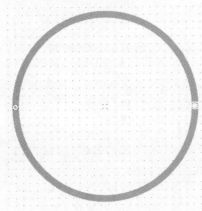

图 5-35　圆的参数设置

　　② 选择该圆形，执行菜单栏中"工具"→"转换"→"以选中的元素创建板切割槽"命令，或按快捷键 T+V+B 创建板槽，显示效果如图 5-36 所示。值得注意的是，这一步操作仅用于 3D 模式下查看 3D 效果，对实际生产并无作用。用户在设计过程中，不能仅以此设置定位孔。

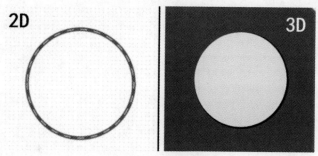

图 5-36　孔效果图

5.5　层的相关设置

5.5.1　层的显示与隐藏

在制作多层板的时候，经常需要只看某一层，或者把其他层隐藏，这种情况就要用到层的显示与隐藏功能。

按快捷键 L，打开 View Configuration 面板，单击层名称前面的 ◉ 图标，即可设置层的显示与隐藏，如图 5-37 所示。可以针对单层或多层进行显示与隐藏设置。

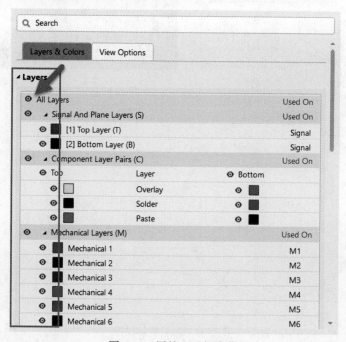

图 5-37　层的显示与隐藏

5.5.2　层颜色设置

为了便于层的快速识别，可以对不同的层设置不同的颜色。按快捷键 L，打开 View

Configuration 面板，单击层名称前面的颜色图标即可设置层的颜色，如图 5-38 所示。

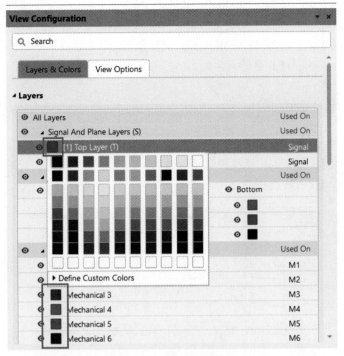

图 5-38　层的颜色设置

View Configuration 面板中的 System Colors 选项卡，可用于配置系统特殊显示功能的颜色和可见性，具体设置如图 5-39 所示。

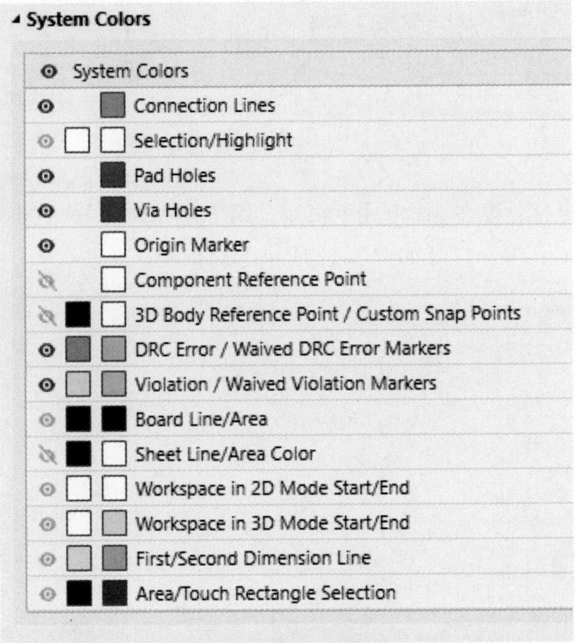

图 5-39　系统颜色设置

常见的功能颜色如下。

- Connection Lines：默认的飞线颜色设置。
- Selection/Highlight：选中或高亮对象时，对象显示的颜色。
- DRC Error/Waived DRC Error Markers：规则报错的颜色。
- Board Line/Area：PCB 框的背景色。

5.5.3 设计对象的显示与隐藏

在设计过程中，有时为了更好地识别和操作，会选择关闭走线或铜皮等对象。Altium Designer 24 针对设计对象的可见性设置同样是在 View Configuration 面板下的 View Options 选项（在 PCB 编辑区可按快捷键 Ctrl+D 打开）下进行，如图 5-40 所示。

图 5-40　View Options 选项卡

（1）3D 对象可见性：仅在 3D 模式下可用，用于在 3D 布局模式下显示控制电路板。在 3D 模式下按快捷键 Ctrl+D，打开如图 5-41 所示的对话框。

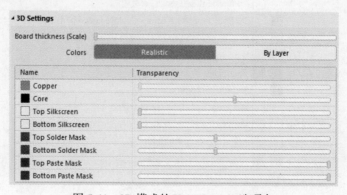

图 5-41　3D 模式的 View Options 选项卡

① Board thickness（Scale）：厚度（比例），控制 3D 视图的垂直比例，使其更容易区分层。

② Colors：具有两种颜色模式，一种为 Realistic（实际的），使用逼真的颜色渲染 3D 板；另一种为 By Layer（跟随层），以使用当前 2D 图层颜色分配显示 3D 视图。

（2）遮蔽和暗淡设置：在简单的 PCB 设计中可能存在的大量对象的显示，为了帮助管理，PCB 编辑器能够淡化不需要的对象，如图 5-42 所示。

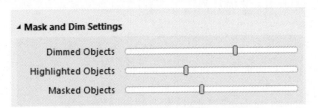

图 5-42　Mask and Dim Settings 选项卡

在 PCB 面板 Nets 模式下单击某个网络，并将面板下拉菜单设置为 Dim 或 Mask，如图 5-43 所示，则所有不属于该网络的对象都会被淡化。用户可以更轻松地将注意力集中在特定的设计元素上，例如网络或网络类等。按快捷键 Shift+C 可清除相关的遮蔽或暗淡设置。

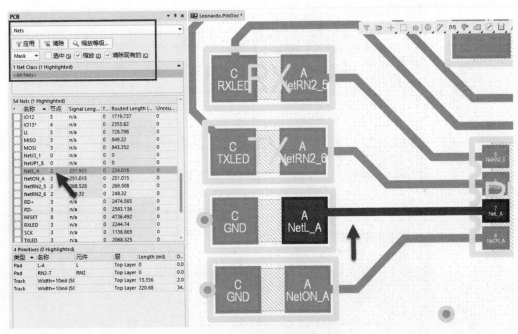

图 5-43　网络对象的淡化设置

① Dimmed Objects：使用 Dim 时，已选择的网络会被突显，未被选中的网络对象保留颜色，但颜色已被淡化。使用此滑块可配置淡化的程度，滑块越往左，淡化程度越明显，到最左端时，未选中的对象将被隐藏，只在光标经过时显示。

② Masked Objects：使用 Mask 时，已选择的网络会被突显，未被选中的网络对象将变暗，使用此滑块可配置暗度，滑块越往左，暗度越明显。

（3）Additional Options：附加选项，用于对焊盘或过孔的网络名称显示，及颜色控制等附加选项的控制，如图 5-44 所示。

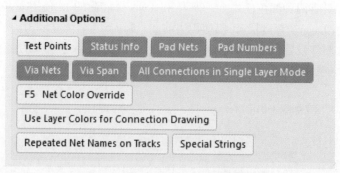

图 5-44　Additional Options 选项卡

常用的选项说明如下。

● Pad / Via Nets：焊盘/过孔网络名称，若选择，则显示（过孔网络只有放大到一定程度才能显示出来），反之则被隐藏，对比效果如图 5-45 所示。

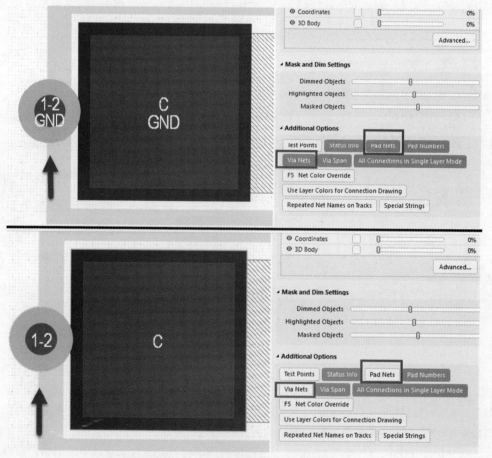

图 5-45　焊盘/过孔网络可见性对比

● Pad Numbers：焊盘引脚标号，同样只有放大到一定程度才能看清，对比效果如图 5-46 所示。

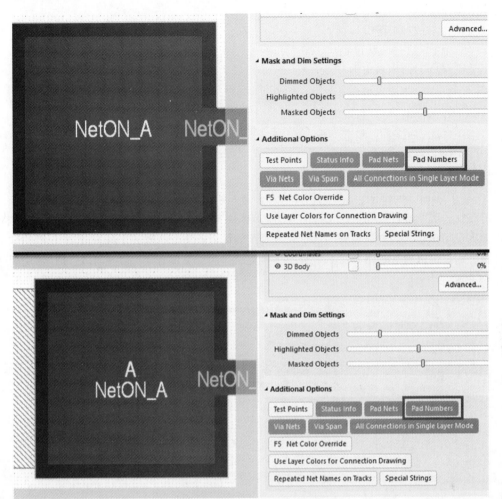

图 5-46   焊盘引脚标号可见性对比

● F5 Net Color Override：F5 网络颜色覆盖，在设置网络颜色之后，可按 F5 键进行颜色覆盖，对区分信号有很大的帮助。

5.6   常用规则设置

在进行 PCB 设计前，首先应进行设计规则设置，以约束 PCB 元件布局或 PCB 布线行为，确保 PCB 设计和制造的连贯性、可行性。PCB 设计规则就如同道路交通规则一样，只有遵守已制定好的交通规则才能保证交通的畅通而不发生事故。在 PCB 设计中这种规则是由设计人员自己制定的，并且可以根据设计的需要随时进行修改，只要在合理的范围内就行。规则的设置实质就是明确受约束的对象。

在 PCB 设计环境中，执行菜单栏中"设计"→"规则"命令，打开"PCB 规则及约束编辑器"对话框，如图 5-47 所示。左边为树状结构的设计规则列表，软件将设计规则分为以下 10 大类。

（1）Electrical：电气类规则。

（2）Routing：布线类规则。

（3）SMT：表面封装规则。

（4）Mask：掩模类规则。

（5）Plane：平面类规则。

（6）Testpoint：测试点规则。

（7）Manufacturing：制造类规则。

（8）High Speed：高速规则。

（9）Placement：布置规则。

（10）Signal Integrity：信号完整性规则。

在每一类的设计规则下，又有不同用途的设计规则，规则内容显示在左边的编辑框中，设计人员可以根据规则编辑框的提示完成规则的设置。关于 Altium Designer 24 规则的详细介绍，用户可以到 Altium Designer 24 官方网站去了解。下面介绍一些 PCB 设计经常用到的规则设置。

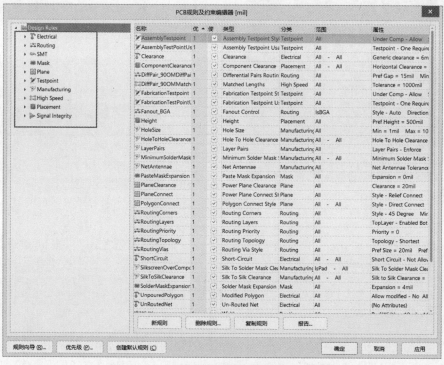

图 5-47 "PCB 规则及约束编辑器"对话框

5.6.1 Electrical 之 Clearance

Clearance（安全间距）规则用于设定两个电气对象之间的最小安全距离，若在 PCB 设计区内放置的两个电气对象的间距小于此设计规则规定的间距，则该位置将报错，表示违反了设计规则。

在左侧设计规则列表中选择 Electrical→Clearance 后，在右侧的编辑区中设计人员即可进行安全间距规则设置，如图 5-48 所示，设置的是所有不同网络设计对象之间的安全间距。具体操作步骤如下：

（1）设置主要检索标签，软件会自动赋值，保持默认即可。

（2）进行适用对象设置。

① 在 Where The First Object Matches 列表框中选取首个匹配电气对象。

● All：所有部件适用。

● Net：针对单个网络。

● Net Class：针对所设置的网络类。

● Net and Layer：针对网络和板层。

● Custom Query：自定义查询。

② 在 Where The Second Object Matches 下拉列表框中选取第二个匹配电气对象。

（3）在"约束"选项组中设置所需的安全间距值。

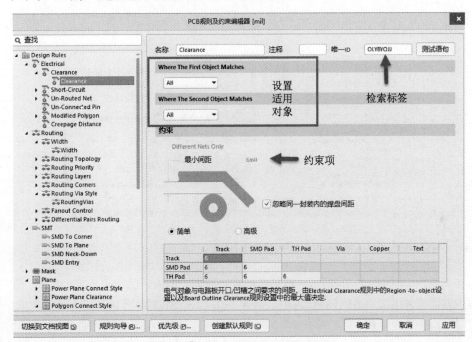

图 5-48　Clearance 规则编辑对话框

5.6.2　Electrical 之 Short Circuit

Short Circuit（短路）规则用于检测线路是否短路，当两个具有不同网络名称的设计对象接触时，就会出现短路。规则设置如图 5-49 所示（软件默认不勾选，即不允许短路）。

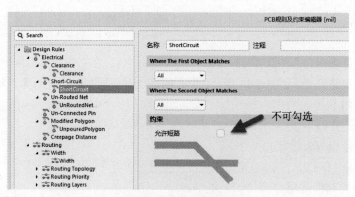

图 5-49   短路规则设置

5.6.3   Electrical 之 UnRoutedNet

UnRoutedNet（开路）规则用于检测线路是否开路，当两个相同网络名称的设计对象未连接时，就会出现未连接报错，在未连接位置也能看到飞线。规则设置如图 5-50 所示。

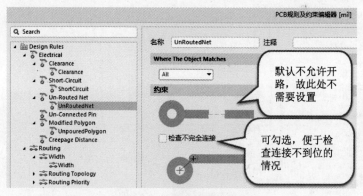

图 5-50   开路规则设置

5.6.4   Electrical 之 Creepage Distance

在高电压电路中，PCB 的组件组装密度越来越大，而板子的面积却越来越小，在设计过程中就需要考虑漏电流的问题。漏电流会在 PCB 的表面传输，给 PCB 带来不可控的后果，严重时可以使系统死机。

Altium Designer 24 的 Creepage Distance（爬电间距）规则，用于验证对象沿 PCB 表面的最小（爬电）距离、检查绕过板槽的表面距离，对于高压设计来说非常有用。

（1）进行规则设置之前，首先要分清 PCB 间距（Clearance）和爬电距离（Creepage）的区别，如图 5-51 所示。

- PCB 间距（Clearance）：通过空气测量的两个导电对象之间或导电部件和设备的边界表面之间的最短路径。即设计中常用的间距。
- 爬电距离（Creepage）：通过沿着绝缘材料表面测量的两个导电对象之间的最短路径。

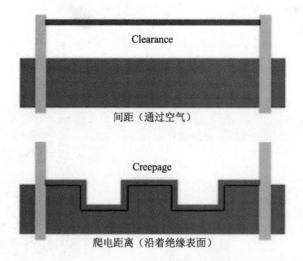

图 5-51　Clearance 和 Creepage 的区别

（2）设置规则。分别设置好两个适用对象和爬电距离即可，例如，设置+3V3 和+5V 网络的爬电距离为 5mm。设置完成后，进行 DRC 检查，如图 5-52 所示，这两个网络焊盘较近，爬电距离不满足设计规则而报错。

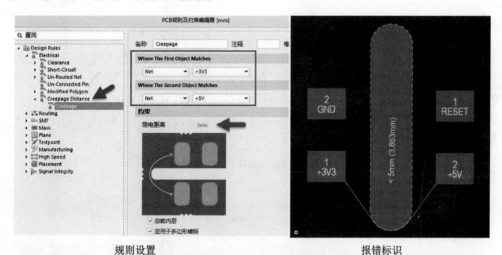

规则设置　　　　　　　　　　　　　　　　　报错标识

图 5-52　Creepage 规则设置与报错标识

（3）增加爬电距离。在设计中若出现爬电间距不足的情况，一般通过以下 4 种开槽的方式解决，如图 5-53 所示。

● 图 5-53（a）表示平坦表面上的正常状态。爬电距离是在结点之间的表面上测量的。
● 图 5-53（b）表示 V 形槽可以增加结点之间的表面距离。增加的长度仅沿着凹槽测量到其减小到 1mm 宽度的点。
● 图 5-53（c）表示矩形凹槽可以进一步增加表面距离，但是宽度必须为 1mm 或更大。但是这样的凹槽比 V 形槽的加工成本更贵。
● 图 5-53（d）表示 PCB 上开通槽（大于 1mm 宽度的槽）可以大大增加表面距离。这是增加爬电距离最具成本效益、最简单的方法。然而，它在一个方向上需要相当大的自由空间。

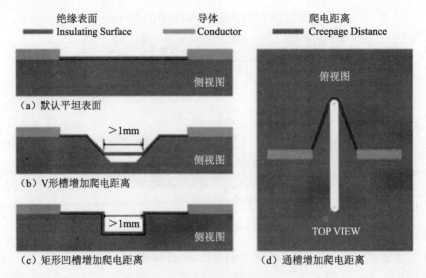

图 5-53　不同开槽情况

5.6.5　Routing 之 Width

Width（线宽）设计规则的功能是设定布线时的线宽，以便于自动布线或手工布线时线宽的选取、约束。设计人员可以在软件默认的线宽设计规则中修改约束值，也可以新建多个线宽设计规则，以针对不同的网络或板层规定其线宽。在左边设计规则列表中选择 Routing→Width 后，在右边的编辑区中即可进行线宽规则设置，如图 5-54 所示，设置了整板的线宽大小为 10～40mil。

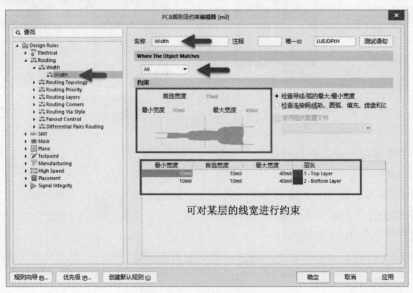

图 5-54　Width 规则设置

在"约束"选项组中，导线的宽度有 3 个值可供设置，分别为最大宽度、首选宽度、最小宽度。线宽的默认值为 10mil，可单击相应的选项，直接输入数值进行更改。

5.6.6 Routing 之 Routing Via Style

Routing Via Style（布线过孔样式）设计规则的作用是设定布线时过孔的尺寸、样式。在左边设计规则列表中选择 Routing→Routing Via Style 后，在右边编辑区的"约束"选项组中要分别对过孔的内径、外径进行设置，如图 5-55 所示。其中，"过孔孔径大小"（Via Hole Size）栏用于设置过孔内环的直径范围，"过孔直径"栏用于设置过孔外环的直径范围。

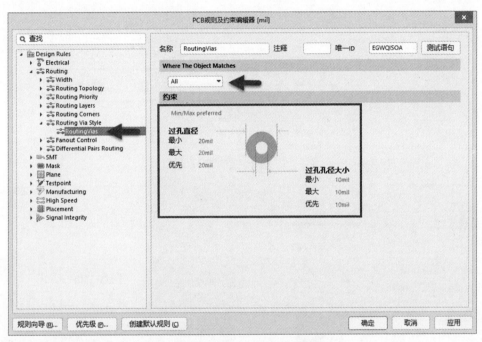

图 5-55　Routing Via Style 规则设置

5.6.7 Routing 之 Differential Pairs Routing

Differential Pairs Routing（差分对布线）规则是针对高速板差分对的设计规范。因为差分对走线具有等距、等长并且相互耦合的特点，可以大大提高传输信号的质量，所以在高速信号传输中一般建议采用差分对走线的方式进行走线。在左侧设计规则列表中选择 Routing→Differential Pairs Routing 后，即可在右侧编辑区中对差分对走线的规则进行设置，如图 5-56 所示。

5.6.8 Plane 之 Polygon Connect Style

Polygon Connect Style（铺铜连接样式）规则下包含 Polygon Connect 规则，该规则的功能

是设定铺铜与焊盘或铺铜与过孔的连接样式，并且该连接样式必须针对同一网络部件。在左侧设计规则列表中选择 Plane→Polygon Connect Style→Polygon Connect 后，即可在右侧编辑区中对铺铜连接样式进行设置，如图 5-57 所示。

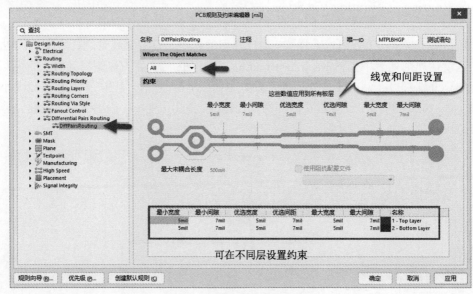

图 5-56　差分对布线规则设置

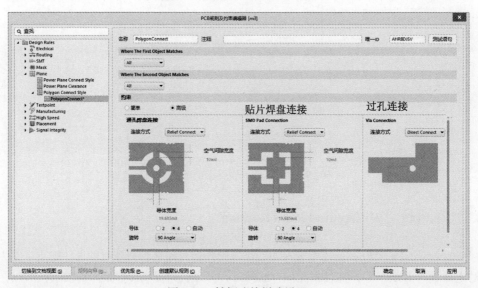

图 5-57　铺铜连接样式设置

在"约束"选项组的"连接方式"下拉列表框中，有 3 种连接方式可供选择。

（1）Relief Connect：突起连接方式，即采用放射状的连接。通过"导体"选项选择与铜皮连接的导体数量，通过"导体宽度"选项设置连接导体的宽度，通过"空气间隙宽度"选项设置间隙的宽度。

（2）Direct Connect：直接连接方式（又称全连接），设定铜皮与过孔或焊盘全部连接在一起。

（3）No Connect：无连接，表示不连接。

在 Relief Connect 中，软件新增了"导体"样式"自动"，即用户可以自定义焊盘和铜皮连接的导体数量，如图 5-58 所示。

建议用户在设计中过孔使用 Direct Connect，元件焊盘（贴片+直插）使用 Relief Connect，特别是接地焊盘。Relief Connect 可以减少与铜皮的大面积接触，减慢散热速度，方便焊接；而使用 Direct Connect 容易因导热过快，导致不易焊接或虚焊。

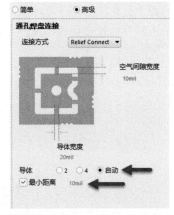

图 5-58 Relief Connect 自动样式

5.6.9 规则优先级

Altium Designer 24 允许在同一规则项目下设置多条规则，比如线宽，可设置适用于整板的线宽规则，也可设置针对关键信号或者电源等信号的线宽规则。那么，在这些规则中，软件在检查时应以哪个规则为准？Altium Designer 24 为此提供了规则优先级，以便用户根据实际需要调整，实现灵活多样的规则约束。

规则优先级的调整如下：

（1）在相同类目下的规则，以线宽规则为例，其优先级通过单击"PCB 规则及约束编辑器"对话框下方的"优先级"按钮，在打开的"编辑规则优先级"对话框中设置。

如图 5-59 所示，可通过选中规则，然后单击"增加优先级"按钮或"降低优先级"按钮进行优先级的调整。同时可看出，优先级为 1 的是最高优先级；若取消勾选"使能的"复选框，该规则将无效。软件默认每一次新增的规则将自动成为最高优先级。

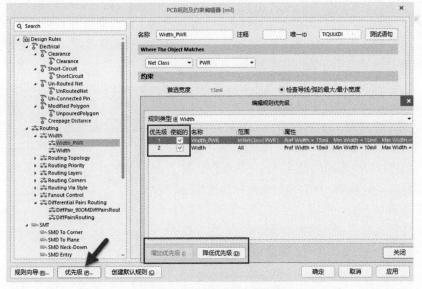

图 5-59 相同规则优先级设置

提示：建议用户将全局规则（即约束对象都为 All）始终设置为最低优先级，受约束范围最小的可以设置成最高级。

（2）不同类目的规则优先级，可直接在"PCB 规则及约束编辑器"对话框中进行设置，如图 5-60 所示。软件默认所有规则的优先级为同一等级，建议保持默认即可。

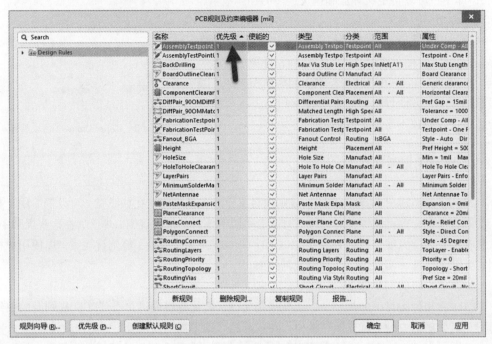

图 5-60　所有规则优先级设置

5.6.10　规则的导入与导出

在 PCB 设计中，通过长期的经验积累和不断的改进，用户总结出了一套非常成熟的设计经验。这些设计经验都体现在思虑周全，设置合理的设计规则之中。这些规则设置对于将来类似的 PCB 设计有很强的借鉴意义。

Altium Designer 24 为用户提供规则的导入与导出，成功应用的设计规则可以作为文件导出保存，并在新的设计中全盘复制，导入进来。

设计规则里面每一条规则设置都可以导入导出到规则设置页面（PCB Rules and Constraints Editor dialog）。用户可以在不同的设计项目之间保存并装载喜欢的优秀设计规则，PCB 设计规则的导出与导入的详细步骤如下。

（1）打开 PCB 规则及约束编辑器，在左边规则项区域右击，在弹出的快捷菜单中选择 Export Rules…命令，如图 5-61 所示。

（2）在弹出的对话框中选择需要导出的规则

图 5-61　规则的导出

项，一般选择全部导出，按快捷键 Ctrl+A 全选，如图 5-62 所示。

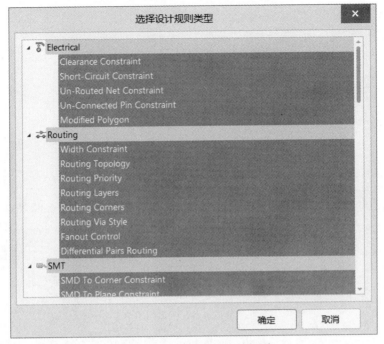

图 5-62　选择需要导出的规则

（3）单击"确定"按钮之后会生成一个扩展名为.rul 的文件，这个文件就是导出的规则文件，选择路径将其保存即可，如图 5-63 所示。

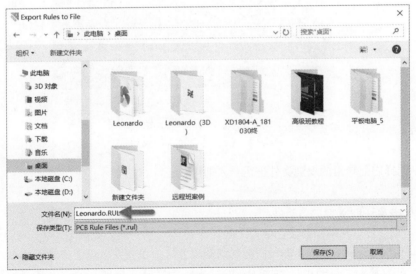

图 5-63　保存导出的规则

（4）打开另外一个需要导入规则的 PCB 文件，按快捷键 D+R，进入 PCB 规则及约束编辑器，在左边规则项区域任意处右击，在弹出的快捷菜单中选择 Import Rules...命令，如图 5-64 所示。

图 5-64　规则的导入

（5）在弹出的对话框中选择需要导入的规则，一般也全选，如图 5-65 所示。

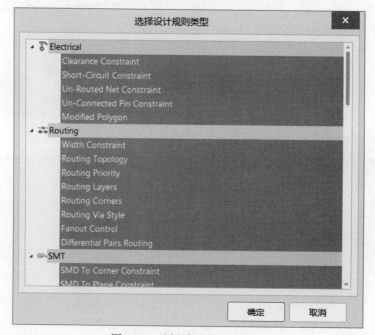

图 5-65　选择需要导入的规则

（6）选择之前导出的规则文件进行导入即可。

5.7　约束管理器 2.0

Altium Designer 24 提供了一种新的规则约束方法，可查看、创建和管理 PCB 的设计约束规则。作为基于文档的用户界面，新的"规则编辑器"与现有的"PCB 规则及约束编辑器"共存，两者之间的区别在于，现有的"PCB 规则及约束编辑器"以规则（Clearance、Width 等）为中心，而新的"规则编辑器"以设计对象（网络、网络类等）为中心，如图 5-66 所示。

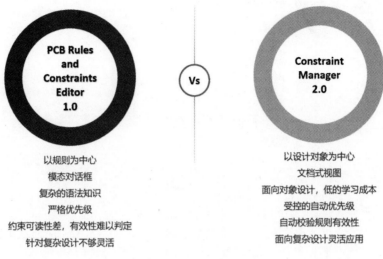

图 5-66　两个编辑器的区别

5.7.1　访问 Constraint Manager 2.0

要访问新的"规则编辑器"文档界面，需按快捷键 D+R 打开现有的"PCB 规则及约束编辑器"对话框，然后单击对话框左下角的"切换到文档视图"按钮，如图 5-67 所示。

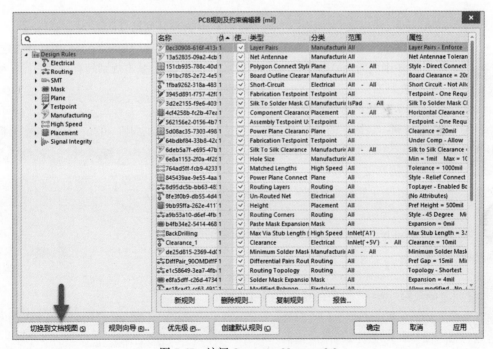

图 5-67　访问 Constraint Manager 2.0

新的"规则编辑器"文档界面如图 5-68 所示。

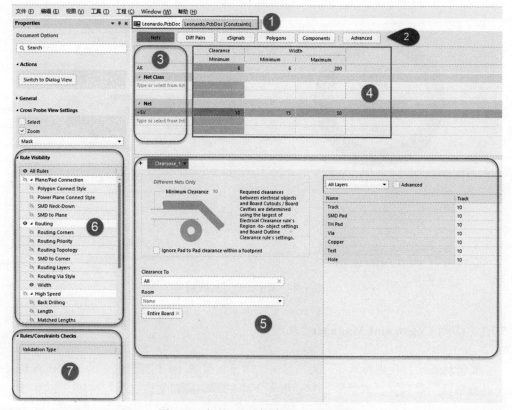

图 5-68　新的"规则编辑器"文档界面

① 文档标签页：全新的文档视图方式，可与 PCB 文件并列打开。

② 设计对象类型：包含 Nets、Diff Pairs、xSignals、Polygons、Components 5 个对象的基本规则，Advanced 则面向更复杂的查询语句规则（Room 等）。基本规则具有自动的优先级控制，优先级从左到右依次提升，Nets 优先级最低。

③ 设计对象列：根据所需对象类型设置对应的规则。

④ 规则参数列：表格化的规则输入窗口。显示在表格中的规则，可在 Properties 面板中的 Rule Visibility 选项进行可视化控制。

⑤ 图形化规则详细参数定义入口：保持原来的交互设计方式，用户可在熟悉的视图界面下进行规则设置。

⑥ Rule Visibility：规则可视化，所有设计对象的规则均可视化。

⑦ Rules/Constraints Checks：规则/约束检查区域。例如，重复的规则，具有不同值的相同作用域的规则，具有重叠类成员（例如网络）的规则等。

若想返回"PCB 规则及约束编辑器"对话框，单击 Properties 面板中 Actions 选项卡下的 Switch to Dialog View 按钮即可，如图 5-69 所示。

图 5-69　切换规则界面

5.7.2　设置基本规则

以网络类为例，在新"规则编辑器"文档界面中设置安全间距为 10mil，线宽为 15mil 的规则。

（1）在"规则编辑器"文档界面中新建一个 PWR 网络类，在 Nets 基本规则的 Net Class 空白处右击，选择 Add Class，如图 5-70 所示。在弹出 Edit Net Class 对话框中选择相关网络添加到类中，单击"确定"按钮，如图 5-71 所示。

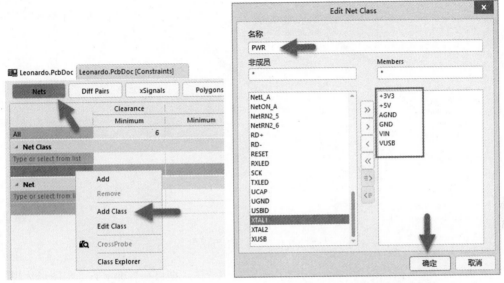

图 5-70　创建网络类　　　　　　　　　图 5-71　网络类添加成员

（2）在 Net Class 选项组下的 Type or select from list 下拉列表中选择 PWR 网络类，如图 5-72 所示。

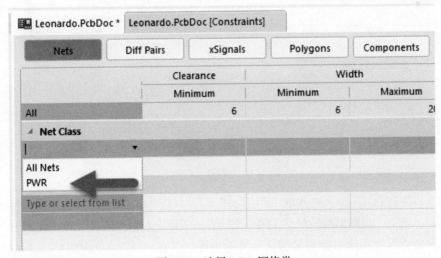

图 5-72　选择 PWR 网络类

（3）在 Properties 面板中的 Rule Visibility 选项中显示 Clearance 和 Width 规则，如图 5-73 所示。用户可根据设计需求将相关规则可视化。

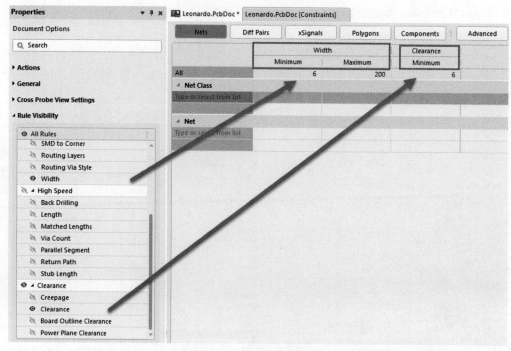

图 5-73　规则参数可视化

（4）在 Width 规则的 Minimum 中填入所需线宽数据，即可在界面下方弹出图形化规则定义窗口，与现有的"PCB 规则及约束编辑器"规则窗口一致，如图 5-74 所示。

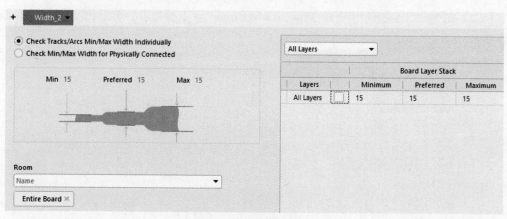

图 5-74　规则定义窗口

（5）切换到 Clearance，按步骤（4）进行间距大小设置即可。与"PCB 规则及约束编辑器"相比，新的"规则编辑器"是在同一文档界面下面向对象实现多个约束设计。

（6）想查看适用于对象类型的所有规则概述，可在设计对象列中单击 All 按钮，如图 5-75 所示显示了 Net 所有适用的规则。

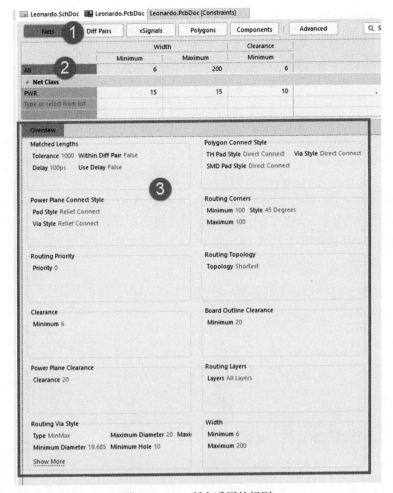

图 5-75　Net 所有适用的规则

（7）单击规则定义窗口的**+按钮**，可以添加对象规则的变体。例如，增加一个规则，要求电源线在 Bottom 层的首选线宽为 20mil，设置如图 5-76 所示。

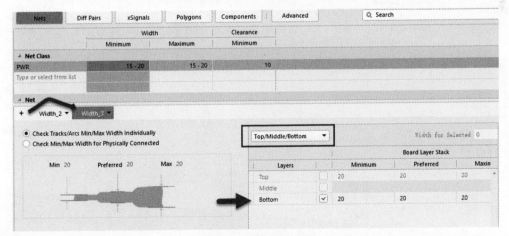

图 5-76　添加规则变体

（8）检查可能出错的规则，每种违规类型条目可以展开显示。例如，给+5V 网络添加一个 6mil 的线宽规则（与上述设置的 15mil 冲突），单击 Properties 面板 Rules/Constraints Checks 选项区的 Check 按钮，可检查出同一对象具有不同约束规则，如图 5-77 所示。用户可根据提示分析规则错误并纠正。

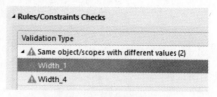

图 5-77　规则检查

5.7.3　Advanced 规则

"规则编辑器"文档界面支持用户在设计对象类型 Advanced 中自定义相对复杂的规则（指基本规则之外的对象），相当于在现有的"PCB 规则及约束编辑器"中构建规则。

（1）以设置+5V 过孔大小为例，在 Rule Class 选项中单击 Routing Via Style，可添加新规则，如图 5-78 所示。

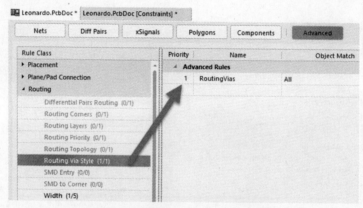

图 5-78　构建 Routing Via Style 规则

（2）按要求设置好参数即可，如图 5-79 所示。

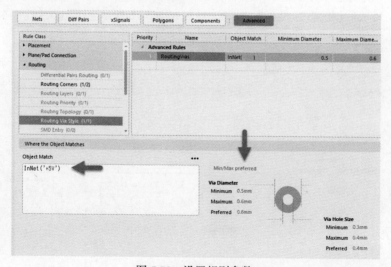

图 5-79　设置规则参数

（3）高级规则与基本规则在一定条件下可以实现互转。

① 当高级规则约束的是基本规则中的 5 个对象（Nets、Diff Pairs、xSignals、Polygons、Components）时，在规则处右击，在弹出的快捷菜单中选择 Move Custom Rule To Basic 命令，即可转至基本规则，如图 5-80 所示。

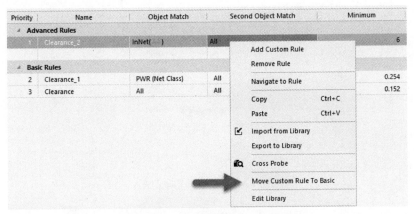

图 5-80　高级规则转至基本规则

② 基本规则也可转至高级规则。在规则处右击，在弹出的快捷菜单中选择 Move Basic Rule To Advanced 命令，即可转至高级规则，如图 5-81 所示。

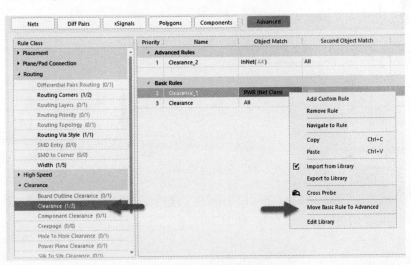

图 5-81　基本规则转至高级规则

③ Advanced 中所设置的规则可以在视图中向上或向下拖动其条目来手动重新排序，越往上，其优先级越高。Advanced 规则优先级高于基本规则优先级。

（4）为了简化创建高级规则的重复过程，"规则编辑器"支持将最常见的查询范围（Object Match）存储在作用域库 Scopes Library 中并重复使用。Scopes Library 通过 Properties 面板显示，可以在其中导入、管理和导出自定义范围。

导入及导出步骤如下：

① 选择一个查询对象范围，右击，选择 Export to Library，如图 5-82 所示。

② 在弹出的 Scopes Library 对话框中给查询对象范围重命名，并单击 Update 按钮，如图 5-83 所示。

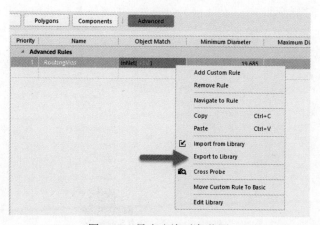

图 5-82　导出查询对象范围

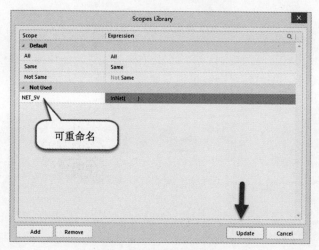

图 5-83　更新到 Scopes Library

③ 在 Properties 面板中的 Scopes Library 选项下，可看到定义的 NET_5V 已存在，如图 5-84 所示。

④ 导入作用域库中的对象范围到规则中，选择一个规则，在 Object Match 处右击，选择 Import from Library，如图 5-85 所示。

⑤ 在弹出的 Scopes Library 对话框中选择查询对象范围，单击 Import 按钮，即可导入，如图 5-86 所示。按快捷键 Ctrl+S，可将约束文档文件保存到 PCB 项目。

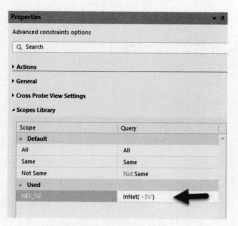

图 5-84　Scopes Library

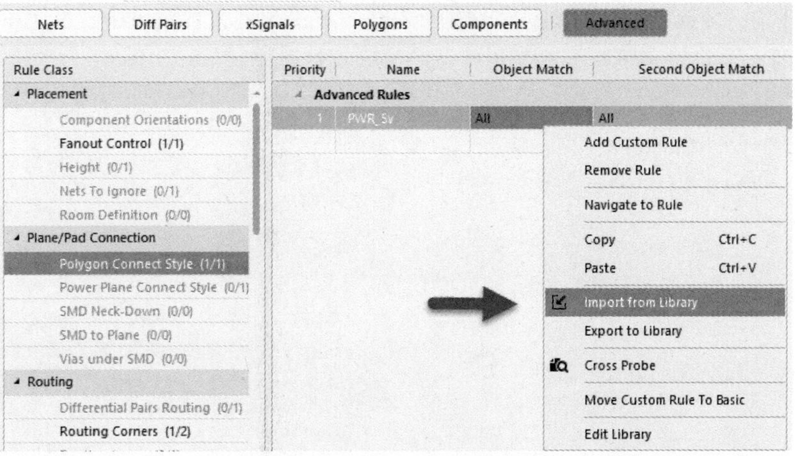

图 5-85 导入作用域库

图 5-86 导入的对象范围

5.7.4 规则交叉探测

"规则编辑器"包含交叉探测功能，该功能通过在相应的 PCB 中直观地突出网络和连接以便显示约束规则的对象范围。

（1）使用交叉探测功能的前提是设置好突出显示效果，在 Properties 面板的 Cross Probe View Settings 选项组中勾选 Zoom，并在下拉列表框中选择 Mask，如图 5-87 所示，即可高亮探测对象。

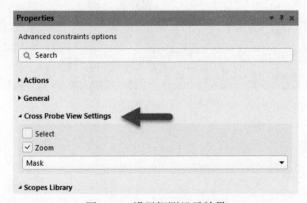

图 5-87 设置探测显示效果

（2）任选一个规则进行探测，在规则处右击，在弹出的快捷菜单中选择 Cross Probe，如图 5-88 所示，将快速跳转到 PCB 中高亮相应对象，如图 5-89 所示。

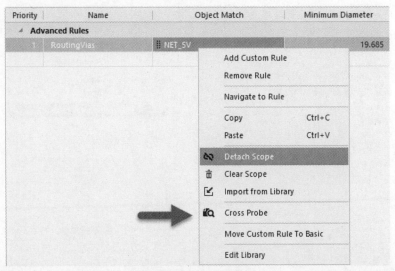

图 5-88　交叉探测

第 10 集
微课视频

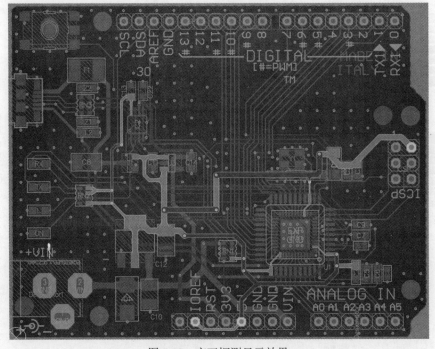

图 5-89　交互探测显示效果

5.8　PCB 布局

在整体 PCB 设计中，布局是一个重要的环节。布局结果的好坏直接影响布线的效果，因此合理的布局是 PCB 设计成功的基础。

5.8.1　软件分屏操作

为了能够同时查看原理图与 PCB，最好将软件分为两个界面，一个是原理图界面，另一个是 PCB 界面。Altium Designer 24 提供了分屏操作，执行菜单栏中 Window→"垂直平铺"命令（建议用户使用垂直平铺），如图 5-90 所示，即可实现分屏，其效果如图 5-91 所示。

还有一种更为快捷的分屏操作，在编辑区的文件名称处任意空白位置右击，即可打开操作命令，选择"垂直分割"即可分屏，如图 5-92 所示。

图 5-90　分屏命令

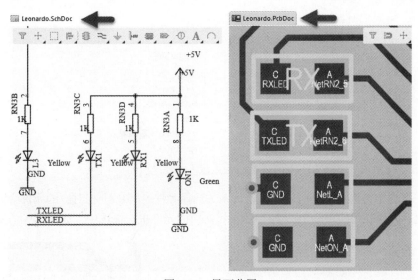

图 5-91　界面分屏

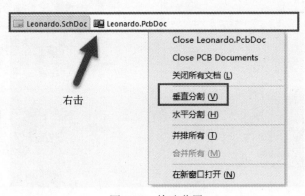

图 5-92　快速分屏

5.8.2　交叉选择模式功能

为了方便布局时快速找到元件所在的位置，需要将原理图与 PCB 的器件一一对应，这个过程简称交互。而交互的实现，需要依靠交叉选择模式功能完成。

交叉选择模式的实现方法如下：

（1）打开交叉选择模式。需要同时在原理图编辑界面和 PCB 编辑界面都执行菜单栏中"工具"→"交叉选择模式"命令，或者按快捷键 Shift+Ctrl+X，如图 5-93 所示。

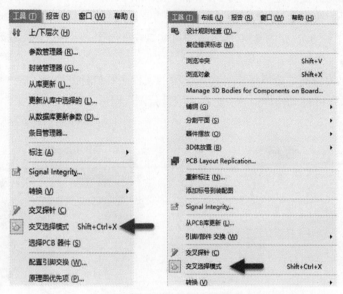

图 5-93　打开交叉选择模式

（2）打开交叉选择模式以后，在原理图上选择元件，PCB 上相对应的元件会同步被选中；反之，在 PCB 中选中元件，原理图上相对应的元件也会被选中，如图 5-94 所示。

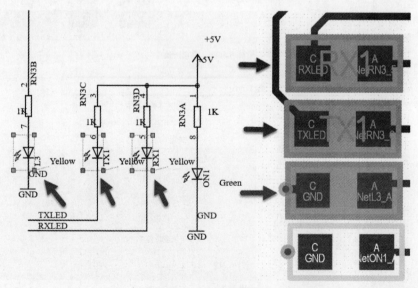

图 5-94　交叉选择模式

若按上述操作依然无法实现交互选择，可检查一下系统参数是否设置。按快捷键 O+P 打开优选项，选择 System-Navigation，按图 5-95 所示设置参数。

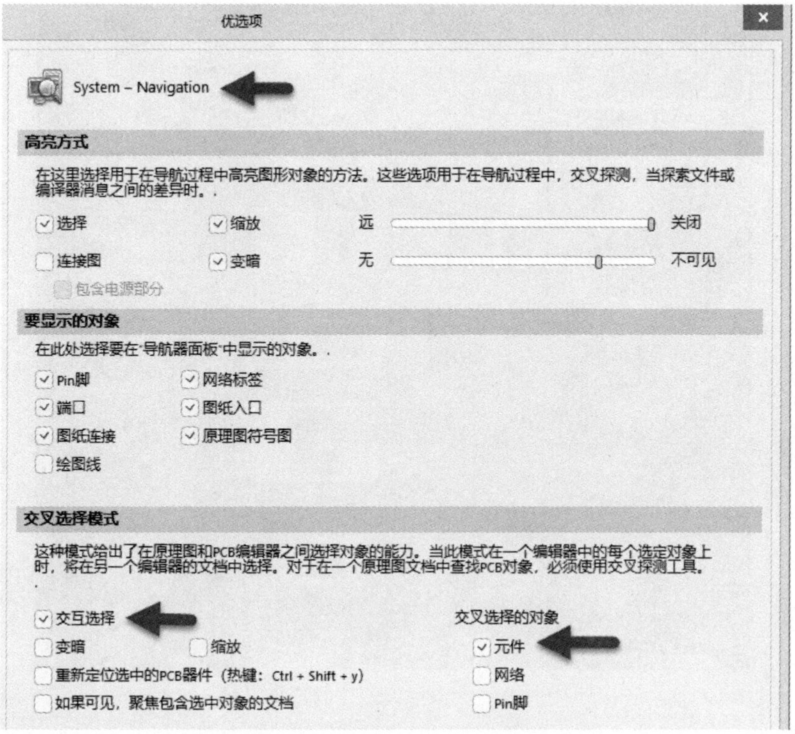

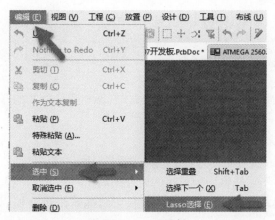

图 5-95　交叉选择模式的设置

5.8.3　PCB 的动态 Lasso 选择

Altium Designer 24 除了包含常规的点选、框选的选择命令，还有动态选择（Lasso Select）模式，动态选择可以进行滑动选择，将需要的对象包含在所划的区域之内。

执行菜单栏中命令"编辑"→"选中"→"Lasso 选择"或者按快捷键 E+S+E，如图 5-96 所示。光标会变为十字形状，单击确定选择起始点，将会出现白色虚线，用户滑动鼠标选择区域后再次单击，即可实现选择。如图 5-97 所示，细小的白色虚线所圈出的区域即为选择范围。

图 5-96　Lasso 选择

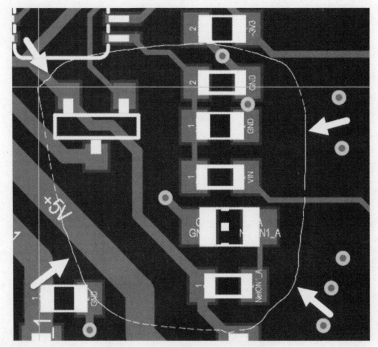

图 5-97 白色虚线圈住的选择区域

5.8.4 区域内排列功能

区域内排列功能，能够快速地将选中的杂乱元件按照用户所绘制的区域进行排列。其操作方法如下。

先选中需要排列的对象，接着单击工具栏中"排列工具"按钮 ，在弹出的下拉列表中单击"在区域内排列器件"按钮，如图 5-98 所示，或按快捷键 I+L，之后在想要放置的位置单击左键划出一个矩形区域，即可将器件放到该区域中，最后右击退出该命令。

图 5-98 区域内排列元件命令

5.8.5 交互式布局与模块化布局

1. 交互式布局

交互式布局的实质就是交叉选择功能，以实现原理图与 PCB 的器件对应。

2. 模块化布局

实现同一功能的相关电路称为一个模块。所谓模块化布局就是结合"交叉选择"功能与"区域内排列器件"功能将同一模块的元件布局在一起，然后根据电源流向和信号流向对整个电路进行模块划分，将每个电路模块大致排列在 PCB 框周边，实现预布局。如图 5-99 所示。

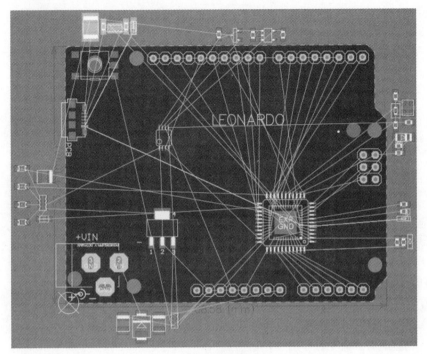

图 5-99   电路预布局

3. 就近集中原则

同一模块中的电路元器件，应采用就近集中原则。比如，电源引脚基本都会带有去耦电容，那么电容应靠近该引脚摆放。

5.8.6   布局常见的基本原则

（1）先放置与结构相关的固定位置的元器件，根据结构图设置板框尺寸，按结构要求放置安装孔、接插件等需要定位的器件，并将这些器件锁定。

（2）明确结构要求，注意针对某些器件或区域的禁止布线区、禁止布局区域及限制高度的区域。

（3）元器件摆放要便于调试和维修，小元件周围不能放置大元件、需调试的元器件周围要有足够的空间，需拔插的接口、排针等器件应靠板边摆放。

（4）结构确定后，根据周边接口的器件及其出线方向，判断主控芯片的位置及方向。

（5）先大后小、先难后易原则。重要的单元电路、核心元器件应当优先布局，器件较多、较大的电路优先布局。

（6）尽量保证各个模块电路的连线尽可能短，关键信号线最短。

（7）高压大电流与低压小电流的信号完全分开；模拟信号与数字信号分开；高频信号与低频信号分开。

（8）同类型插装元器件或有极性的元器件，在 X 或 Y 方向上应尽量朝一个方向放置，便于生产。

（9）相同结构电路部分，尽可能采用"对称式"标准布局，即电路中器件的放置保持一致。

（10）电源部分尽量靠近负载摆放，注意输入输出电路。

5.8.7　元器件对齐及换层

1．元器件的对齐

Altium Designer 24 提供了非常方便的对齐功能，可以对元器件实行左对齐、右对齐、顶对齐、底对齐、水平等间距和垂直等间距等操作。

元器件对齐方法有如下 3 种：

（1）选中需要对齐的对象，按快捷键 A+A，打开"排列对象"对话框，如图 5-100 所示。选择对应的命令，实现对齐功能。

（2）选中需要对齐的对象，直接按快捷键 A，然后执行相应的对齐命令，如图 5-101 所示。也可以按快捷键，例如，按快捷键 A+L，可左对齐；按快捷键 A+T，可顶对齐。

图 5-100　排列对象

（3）选中需要对齐的对象，然后单击工具栏中"排列工具"按钮 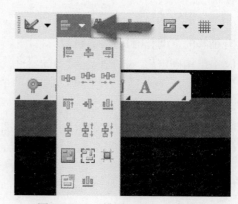，在弹出的下拉列表中单击相应的对齐工具按钮，如图 5-102 所示。

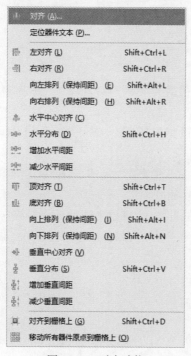

图 5-101　对齐功能

图 5-102　"排列工具"下拉列表

2. 元器件的换层

Altium Designer 24 默认的元件层是 Top Layer 和 Bottom Layer，用户可根据板子器件密度、尺寸大小和设计要求来判断是否进行双面布局。原理图导入 PCB 后，元件默认是放在 Top Layer，若想切换器件到 Bottom Layer，最便捷的方式是在拖动器件的过程中按快捷键 L。

当然，也可以双击器件，在对应属性面板中设置层，如图 5-103 所示。

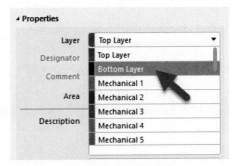

图 5-103　层的切换

5.9　PCB 布线

5.9.1　PCB 光标捕捉系统

PCB 编辑工作区是一个高精度设计环境，其中包含很多不同尺寸的设计对象，有时需要使用不同的捕捉（控制光标移动距离）行为，统一的光标捕捉系统可有效简化设计过程中的复杂性。Altium Designer 24 在放置或移动设计对象的过程中提供了多种光标捕捉，如图 5-104 所示。

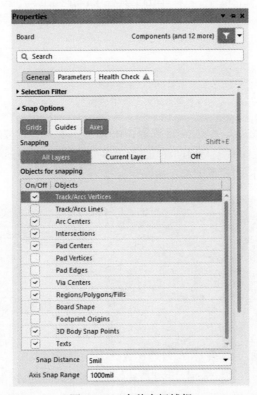

图 5-104　多种光标捕捉

1. Snap Options

该区域提供确定光标捕捉的选项。

（1）Grids（网格）：用于切换光标是否捕捉到 PCB 栅格格点。启用此选项后，光标将拉动或捕捉到最近的栅格格点，大部分情况下都是用此选项控制捕捉行为。

活动的捕捉网格显示在 PCB 编辑界面左下侧的状态栏中，如图 5-105 所示。并同时显示在 PCB 编辑器的抬头信息（Shift+H 切换开/关）中。

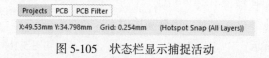

图 5-105　状态栏显示捕捉活动

（2）Guides（辅助线）：用于切换光标是否捕捉到辅助线，即不存在辅助线的区域使用 Snap Grid 行为，在辅助线上将使用 Snap Guide 行为。Snap Guide 将覆盖 Snap Grid。

辅助线设置方式如下。

① 放置辅助线。在 Guide Manager 选项区域里单击 Place 下拉列表框，根据需要选择放置的辅助线类型，如图 5-106 所示。或者单击 Add 下拉列表框，再手动修改 X 或 Y 轴坐标。

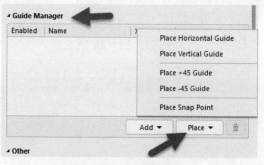

图 5-106　放置辅助线

② 添加好辅助线之后，根据需要放置在 PCB 上（Enabled 被勾选表示已激活），如图 5-107 所示。当放置的对象与辅助线位置一致时，能快速捕捉到相应栅格。可通过设置 Snap Distance 的数值来控制光标捕捉距离。

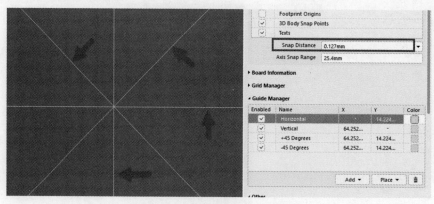

图 5-107　PCB 放置的捕捉辅助线

（3）Axes（轴线）：用于切换光标是否与设置对象轴向对齐（沿 X 或 Y 方向），如图 5-108 所示。轴线在光标类型为 Small 90 情况下表现更为明显。

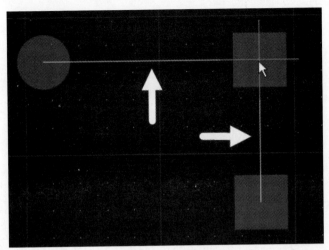

图 5-108　轴线对齐

2. Snapping

该区域用于切换设计对象的热点捕捉启用方式，包含 All Layers（所有图层启用）、Current Layer（仅在当前图层上启用）、Off（关闭捕捉）。可通过按快捷键 Shift+E 切换。

3. Objects for snapping

该区域用于捕捉对象，包含走线中心、焊盘/过孔中心、圆弧顶点等多种对象。可通过按快捷键 Ctrl+E 来打开/关闭捕捉选项面板。

（1）Snap Distance：捕捉距离，当光标在与设计对象捕捉点相距在设置距离之内（并启用 All Layers 或 Current Layer）时，光标将捕捉到该点。

用户可通过修改此处数值来更改捕捉强度，数值越大，捕捉强度越大，受到的约束力越大；若想灵活进行捕捉，建议用户设置小一些，可设置为 5mil。

（2）Axis Snap Range：轴对齐范围，当光标轴向对齐与对象对齐点相距在设置距离之内（并启用 Axes）时，将显示一条动态辅助线以指示已对齐，建议设置为 10mil。

4. 笛卡儿网格编辑器

软件支持用户配置任意数量的自定义网格类型，所定义的网格可以是默认的全局捕捉网格，用于板子的任何未被局部网格覆盖的区域。也可以是自定义的局部网格，用于在板子的特定区域中放置和移动对象。

在 Grid Manager 选项卡下双击 Global Board Snap Grid，如图 5-109 所示，或在 PCB 编辑区按快捷键 Ctrl+G，均可打开 Cartesian Grid Editor 对话框，如图 5-110 所示。打开的默认网格是基于整板的全局捕捉网格，用户可以修改此网格的"步进值"和"显示"，但是不能重命名，也不能禁用或删除此网格。

图 5-109　打开 Cartesian Grid Editor

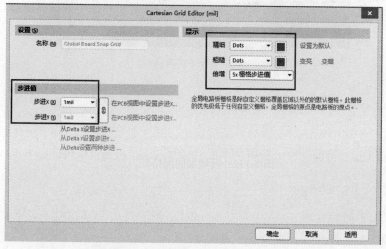

图 5-110　Cartesian Grid Editor 对话框

（1）步进值：直接输入所需的步长，或从关联的下拉列表中选择常用的大小。

① 步进 X：X 平面中网格线之间的距离。

② 步进 Y：Y 平面中网格线之间的距离。

一般情况下，这两个步进值是链接的，当更改"步进 X"的数值时，"步进 Y"的值也会随之更改。若想单独更改步进值，可单击链接按钮，随后即可单独更改。

（2）显示：用于直观显示网格大小的选项。两个显示级别有三种模式：Dots（点状）、Lines（线型）和 Do Not Draw（不绘制）。

① 精细：显示进一步放大界面的网格情况，此级别显示的网格标记=步进值。

② 粗糙：显示界面缩小时的粗略网格情况，此级别显示的网格标记=步进值×倍增。

5. 添加新的笛卡儿网格编辑器

（1）在 Properties 面板中选择 Grid Manager 选项，单击 Add 按钮，执行 Add Cartesian Grid 命令，如图 5-111 所示，Grid Manager 会出现一个 New Cartesian Grid，如图 5-112 所示。

图 5-111　添加网格编辑器

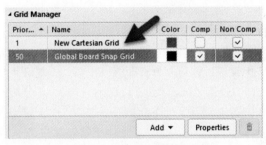

图 5-112　新增加的网格管理器

提示：最高优先级 priority1 网格将绘制在前面，然后是优先级为 2 的网格，以此类推，直到默认值 Global Board Snap Grid。软件默认用户每一次新建的网格为最高级别网格。

（2）双击 New Cartesian Grid，即可根据需要进行设置，如图 5-113 所示。可在整板的栅格中嵌入自定义的网格系统，生成效果如图 5-114 所示。

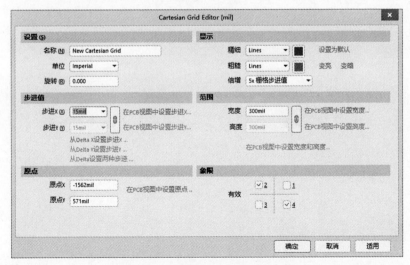

图 5-113　设置 Cartesian Grid 参数

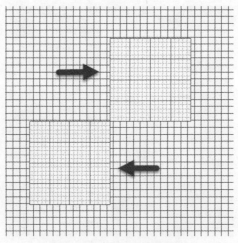

图 5-114　添加的网格效果

5.9.2　差分对的添加

Altium Designer 24 中提供了针对差分对布线的工具，不过在进行差分对布线前需要定义差分对网络，即定义哪两条信号线需要进行差分对布线。差分对的定义既可以在原理图中实现，也可以在 PCB 中实现。下面对在 PCB 中添加差分对的方法进行介绍。

1.　手动添加差分对

（1）打开 PCB 文件，单击 PCB 编辑环境中右下角的 Panels 按钮，在弹出的菜单中选择 PCB 选项，打开 PCB 面板，在上方的下拉列表框中选择 Differential Pairs Editor（差分对编辑）选项，如图 5-115 所示。

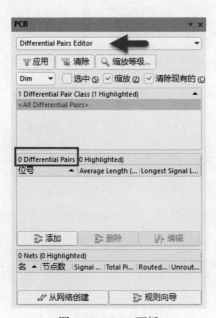

图 5-115　PCB 面板

（2）单击"添加"按钮，在弹出的"差分对"对话框中选择差分对的正网络和负网络，并定义该差分对的名称，如图 5-116 所示。

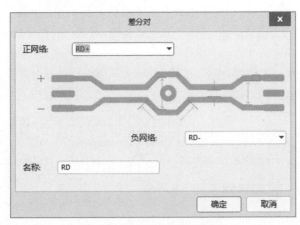

图 5-116   "差分对"对话框

（3）完成 PCB 编辑环境下的差分对设置后，在 PCB 面板中即可查看是否添加成功，如图 5-117 所示。

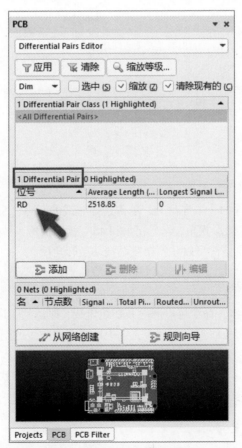

图 5-117   已添加的差分对

2. 通过网络名称创建差分对

在进行原理图电路设计时，为了能让后期的设计人员识别差分信号，一般电路设计员会给差分信号设置便于识别的网络名称——相同名称+后缀。大部分情况下，后缀有 3 种类型：_N/_P，_M/_P，+/−。

单击图 5-117 中的"从网络创建"按钮，进入"从网络创建差分对"对话框，按图 5-118所示设置根据名称创建差分对即可。

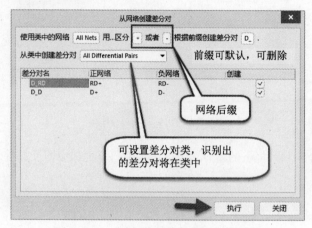

图 5-118　"从网络创建差分对"对话框

5.9.3　常用的布线命令

1. 交互式布线连接

（1）执行菜单栏中"放置"→"走线"命令，或者单击工具栏中的"交互式布线连接"按钮，光标变成十字形状。

（2）将光标移到元件的一个焊盘上，单击选择布线的起点。手工布线转角模式包括任意角度、90°拐角、90°弧形拐角、45°拐角和 45°弧形拐角 5 种，按 Shift+空格键可循环切换 5 种转角模式，按空格键可以在预布线两端切换转角模式。

2. 交互式布多根线连接

"交互式布多根线连接"命令可以同时布一组走线，以达到快速布线的目的。需要注意的是，在进行交互式布多根线连接之前应先选中所需多路布线的网络。

先选中需要多路布线的网络，单击工具栏中"交互式布多根线连接"按钮，或按快捷键 U+M，即可同时布多根线，如图 5-119 所示。布线过程中按快捷键 B 可减少线间距，按快捷键 Shift+B 可增加线间距。

3. 交互式布差分对连接

差分传输是一种信号传输的技术。区别于传统的一根信号线一根地线的做法，差分传输在这两根线上都传输信号，这两个信号的振幅相同、相位相反。在这两根线上传输的信号就是差分信号。信号接收端通过比较这两个电压的差值来判断发送端发送的逻辑状态。因为两条导线上的信号相互耦合，干扰相互抵消，所以对共模信号的抑制作用加强了。在高速信号走线中，一般采用差分对布线的方式。在进行差分对布线时，首先需要定义差分对，然后设置差分对布线规则，最后完成差分对的布线。

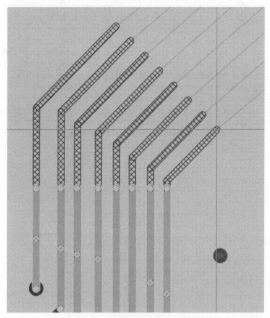

图 5-119　交互式布多根线连接

单击工具栏中"交互式布差分布线对连接"按钮，或按快捷键 U+I，在需要进行差分布线的焊盘或者导线处单击，可根据布线的需要移动光标以改变布线路径，如图 5-120 所示。

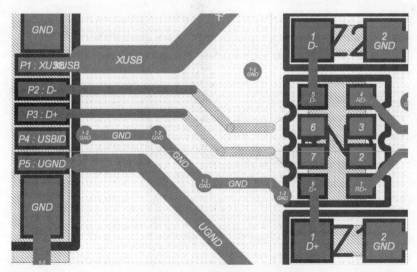

图 5-120　交互式布差分布线对连接

如果需要改变布线转角方式，在差分对进行布线时，按 Tab 键打开 Properties 面板，在 Properties 面板中根据需要选定转角样式，如图 5-121 所示。Altium Designer 24 引入了对任意角度差分对布线的支持。

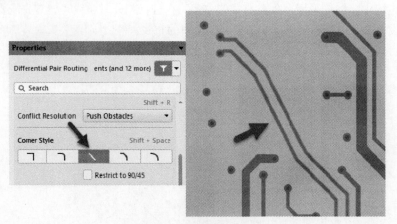

图 5-121　布线转角样式

目前任意角度差分对布线的主要限制有以下三点。

（1）不支持通过具有不同设计规则的 Room 边界进行布线转换。

（2）不支持 SMD Entry 设计规则。

（3）不支持环路自动删除。

5.9.4　飞线的显示与隐藏

网络飞线，指两点之间表示连接关系的线。飞线有利于理清信号的流向，便于有逻辑地进行布线。在布线时可以显示或隐藏网络飞线，或者选择性地对某类网络或某个网络的飞线进行显示与隐藏操作。

在 PCB 编辑界面中按快捷键 N，打开快捷飞线开关，如图 5-122 所示。

- 网络（Net）：针对单个或多个网络操作。
- 器件（On Component）：针对元件网络飞线操作。
- 全部（All）：针对全部飞线操作。

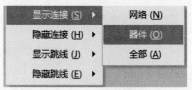

图 5-122　快捷飞线开关

5.9.5　类的创建

类，即 Class，是特定类型的设计对象的逻辑集合。用户可根据需求将网络或器件分在一起构建类，比如，将 GND、3V3、5V 等电源网络分成一组，即为网络类。

创建类有助于进行特定规则的设置，若结合网络颜色，还可以快速识别信号。Altium Designer 24 主要提供了 8 个类别：Net Classes（网络类）、Component Classes（器件类）、Layer Classes（层类）、Pad Classes（焊盘类）、From To Classes、Differential Pair Classe（差分对类）、Polygon Classes（铜皮类）和 xSignal Classes。常用的有网络类、器件类和差分对类。

以网络类为例介绍类的创建，在 PCB 编辑界面，网络类的添加有两种方式（其他类只能在对象类浏览器中创建）。

1. 使用对象类浏览器

（1）执行菜单栏中"设计"→Classes...命令，或按快捷键 D+C，进入对象类浏览器。

（2）在对象类浏览器中选择 Net Classes，右击，可对类进行添加、删除或重命名。这里设置一个电源类，命名为 PWR，如图 5-123 所示。

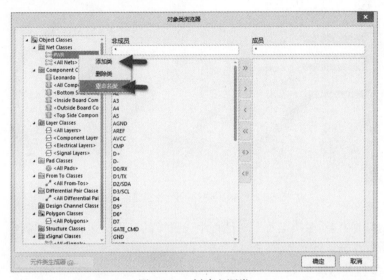

图 5-123 创建电源类

（3）将需要分为一组的网络从"非成员"栏中移到"成员"栏。选中网络，然后通过箭头按钮即可移动（图 5-124 中双箭头代表全部移动，单箭头代表只移动选中的网络）。分组好的网络如图 5-124 所示，然后直接单击"确定"按钮即可。

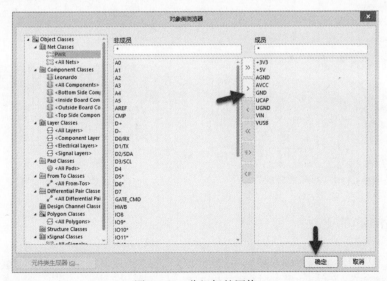

图 5-124 分组好的网络

2. 选中网络快速创建

（1）在 PCB 编辑区按住 Ctrl 键选中相应网络，例如，选中 A0～A5 右击，在弹出的快捷菜单中选择"网络操作"→"根据选择的网络创建网络类"，如图 5-125 所示。

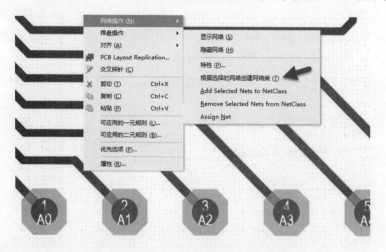

图 5-125　根据选择的网络创建网络类

（2）在弹出的"对象类名称"对话框中设置类的名称，然后单击"确定"按钮，如图 5-126 所示。

（3）可在 PCB 面板下拉列表中的 Net 列表中看到对应的类，如图 5-127 所示。

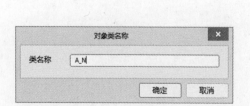

图 5-126　设置类名称

图 5-127　网络类的显示

5.9.6　网络颜色的更改

为了方便区分不同信号的走线，用户可以对某个网络或者网络类别进行颜色设置，可以很方便地理清信号流向和识别网络。

设置网络颜色的方法如下:

(1)打开 PCB 文件,在 PCB 编辑环境中,单击右下角的 Panels 按钮,在弹出的菜单中选择 PCB 选项,打开 PCB 面板。在上方的下拉列表框中选择 Nets 选项,打开网络管理器。

(2)选择一个或者多个网络,右击,在弹出的快捷菜单中选择 Change Net Color 命令,对单个网络或者多个网络进行颜色更改,如图 5-128 所示。

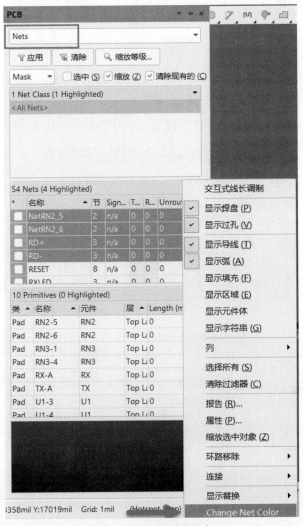

图 5-128　改变网络颜色

(3)执行改变网络颜色命令后,同样选择相关网络,右击,在弹出的快捷菜单中执行"显示覆盖"→"已选择的打开"命令,如图 5-129 所示,对修改过颜色的网络进行显示。

(4)这样就完成了网络颜色的修改。如果在 PCB 编辑界面中看不到颜色的变化,需要按键盘上的 F5

图 5-129　显示网络颜色

键打开颜色开关。

5.9.7　走线自动优化操作

Altium Designer 24 提供了任意角度走线，用户可以轻松创建并编辑任意角度的走线，在走线密集处，特别是对 BGA 内部出线具有极大的帮助。同时增强了自动优化修线的功能，具有更强大的堆挤功能，在布线或移动现有走线时，可对现有走线进行平滑处理，有利于提高信号的质量。

1. 任意角度布线

在走线的状态下，按 Tab 键，在 Properties 面板中进行如图 5-130 所示设置。其中 Conflict Resolution 用于设置布线模式，Corner Style 用于设置布线角度，Gloss Effort（Routed）和 Gloss Effort（Neighbor）用于设置优化程度。面板的右侧为相关功能循环切换的快捷键。

图 5-130　设置任意角度布线

以 BGA 出线为例，出线效果如图 5-131 所示。

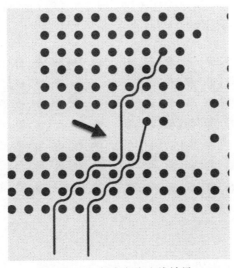

图 5-131　任意角度出线效果

2. 自动优化修线

（1）若想使用软件的优化修线（Gloss Selected）功能，对走线进行平滑处理，需按以下步骤来完成。

① 单击选择一个需修改的线段，按住 Ctrl+鼠标左键并尝试拖动线段，然后按 Tab 键进入 Properties 属性面板进行设置，如图 5-132 所示。

图 5-132　走线设置属性面板

② 按快捷键 S+C（或单击选择一截线段，再按 Tab 键）选中需要优化的整段走线，接着执行菜单栏中"布线"→"优化选中走线"（或按快捷键 Ctrl+Alt+G），即可完成现有走线的平滑处理。优化前后的对比如图 5-133 所示。

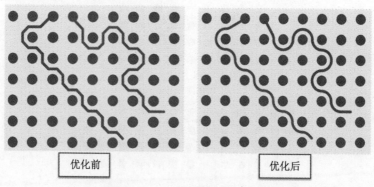

优化前　　　　　　　　　　优化后

图 5-133　走线优化前后的对比

（2）针对大批量走线的优化修改。

① 在布线状态下修改布线设置属性如图 5-132 所示，若不需要拐角圆弧处理，将 Hugging Style 改为 45 Degree。

② 先按 Shift+单击选择一部分要优化的线段，然后按 Tab 键，这时会选中全部对应的网络，如图 5-134 所示。

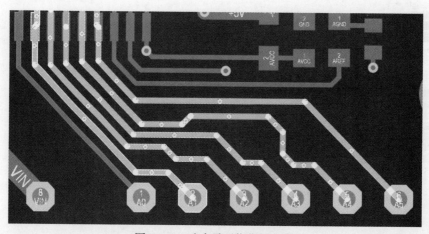

图 5-134　选中需要优化的走线

③ 执行菜单栏中的"布线"→"优化选中的走线"命令。优化过后的走线如图 5-135 所示。

（3）对整板单端导线做圆弧处理。

在 PCB 界面空白处右击，在弹出的快捷菜单中选择"优先选项"命令，或者按快捷键 O+P，均可打开"优选项"对话框，按照图 5-136 所示对 Gloss And Retrace 选项卡进行设置，在其中调整"斜接比"可改变圆弧弧度。

注意：若要保证走线平滑处理后的线宽和处理前一样，需将"设置宽度"调整为 Current。

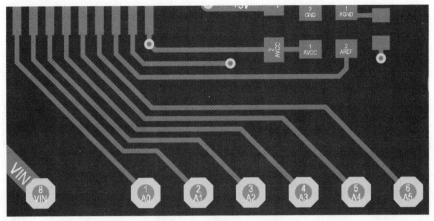

图 5-135　优化过后的走线

图 5-136　Gloss And Retrace 选项卡

　　设置完成后回到 PCB 界面，按快捷键 Ctrl+A 选择全部，执行菜单栏中的"布线"→"重塑所选"命令即可。处理前后的局部对比如图 5-137 所示。

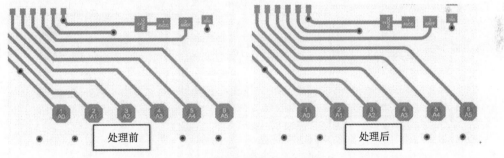

图 5-137　导线圆角处理前后的局部对比

3. 交互性过孔拖曳

　　布线优化过程中，可能要拖曳现有的过孔，Altium Designer 24 补充了为相邻布线提供平滑度的支持，避免在拖曳过孔时邻近的布线被挤变形。该功能可通过 PCB 编辑器 Properties 面板上的交互性过孔拖曳功能进行配置。

在进行过孔拖曳之前，先保证 2 个要素：①布线冲突方案为推挤障碍；②允许过孔推挤。可在系统的"优选项"对话框中设置，如图 5-138 所示。

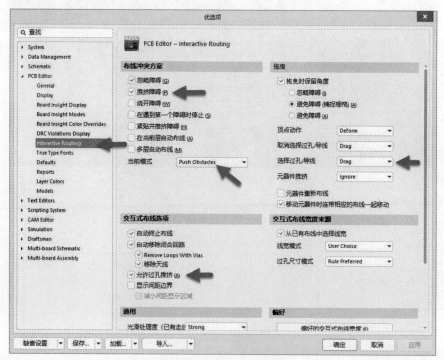

图 5-138　允许过孔推挤

在拖曳过孔的过程中按 Tab 键可访问 Properties 面板并调整设置，如图 5-139 所示。

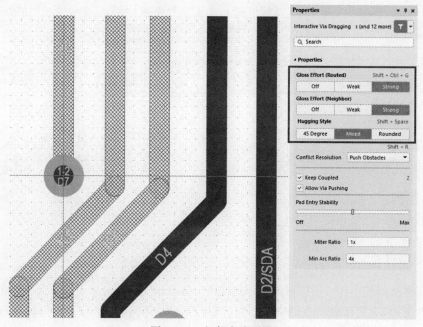

图 5-139　相邻布线平滑

4. 差分对拖曳

Altium Designer 24 软件为差分对引入了耦合概念，可识别 PCB 上所设置的差分对，在保持耦合功能启用时，拖曳过程中将尽可能同时拖动差分信号（过线、孔），如图 5-140 所示。

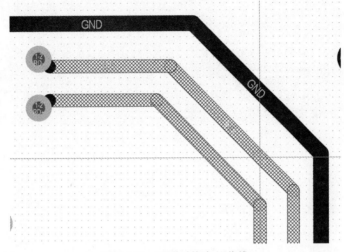

图 5-140　可同时拖曳差分线

5. 元器件重新布线

在进行 PCB 布线时，设计人员可能需要调整布线元器件的位置以创建新布线空间的情况并不少见。Altium Designer 24 增加了布线感知移动元器件的功能，在"优选项"对话框的 PCB Editor-Interactive Routing 页面中，勾选"元器件重新布线"复选框启用该功能，如图 5-141 所示。

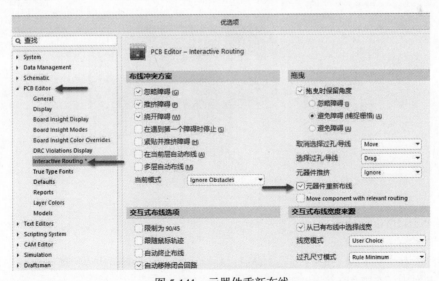

图 5-141　元器件重新布线

在移动元器件过程中，可以通过按快捷键 Shift+R 打开或关闭移动元器件重新布线功能，当前状态显示在显示栏中，如图 5-142 所示。

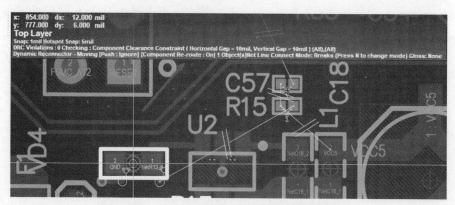

图 5-142　切换移动元器件自动布线功能

6. 交互式布线跟随模式

布线过程中的一个常见要求是所设置的路线要跟随现有的形状或轮廓。该轮廓可以是障碍物、挖空、板沿或现有路线。

工程师要让新路线与现有轮廓对接，常规情况下只能通过仔细且准确的鼠标移动和点击动作来沿着现有轮廓绘制。在"跟随"模式下，交互式布线将添加走线和弧段，以便新路线能跟随轮廓进行布线，工程师只需单击指定轮廓，然后沿着轮廓移动光标定义出路线方向即可。此功能特别适用于弯曲路线的设置。

要使用该功能，需启动交互式布线，单击选择布线连接，然后切换到所需的布线拐角样式（Shift+空格键），按快捷键 Ctrl+Shift+F 进入"跟随"模式，然后单击要跟随的轮廓上的任意位置。将光标移动到所需方向，软件将自动设置走线和弧段以跟随该方向的轮廓，如图 5-143 所示。

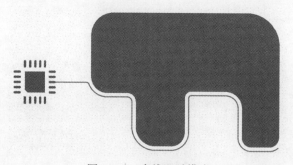

图 5-143　布线跟随模式

5.9.8　PCB 的布线边界显示

Altium Designer 24 在布线过程中，可以显示网络的安全间距边界，便于实时查看间距距离，其实现的步骤如下：

在 PCB 编辑界面下，按快捷键 O+P，打开软件的"优选项"对话框，在 PCB Editor-Interactive Routing 页面中勾选"显示间距边界"复选框即可，如图 5-144 所示。图 5-145 所示为边界显示的效果图。

注：布线模式为"忽略障碍"时无法显示间距边界。

图 5-144　打开间距边界

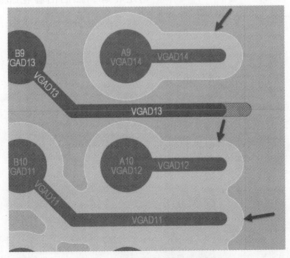

图 5-145　边界显示的效果图

5.9.9　滴泪的添加与删除

添加滴泪是指在导线连接到焊盘时逐渐加大其宽度，因为其形状像滴泪，所以称为补滴泪。采用补滴泪的最大好处就是可以提高信号完整性，因为在导线与焊盘尺寸差距较大时，采用补滴泪连接可以使得这种差距逐渐减小，以减少信号损失和反射，并且在电路板受到巨大外力的冲撞时，还可以降低导线与焊盘或者导线与过孔的接触点因外力而断裂的风险。

在进行 PCB 设计时，如果需要进行补滴泪操作，可以执行菜单栏中"工具"→"滴泪"命令，在弹出的如图 5-146 所示的"泪滴"对话框中进行滴泪的添加与删除等操作。

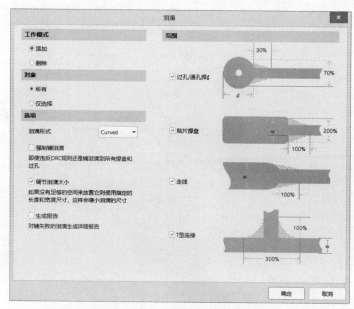

图 5-146　"泪滴"对话框

设置完毕单击"确定"按钮，完成对象的滴泪添加操作，补滴泪前后焊盘与导线连接的变化如图 5-147 所示。

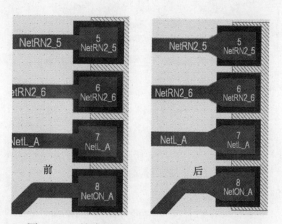

图 5-147　补滴泪前后焊盘与导线连接的变化

5.9.10　过孔盖油处理

1. 单个过孔盖油设置

双击过孔，弹出过孔属性编辑面板，在 Solder Mask Expansion 栏下勾选 Top 和 Bottom

右边的 Tented 复选框,即为过孔顶部和底部盖油,如图 5-148 所示。

2. 批量过孔盖油设置

批量过孔盖油设置可使用 Altium Designer 24 软件的全局操作方法来实现:选中任意一个过孔右击,在弹出的快捷菜单中选择"查找相似对象"(Find Similar Objects)命令,打开"查找相似对象"对话框;根据筛选条件在右边栏的对象列中选择 Same,如图 5-149 所示。设置好筛选条件后,单击"确定"按钮,完成过孔的相似选择。

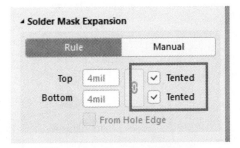

图 5-148 单个过孔盖油设置

查找相似对象		
Kind		
Object Kind	Via	Same
Object Specific		
Layer	MultiLayer	Any
Net	GND	Any
Via Diameter	20mil	Any
Hole Size	10mil	Any
Hole Tolerance (+)	N/A	Any
Hole Tolerance (-)	N/A	Any
Drill Pair	Top Layer - Bottom Layer	Any
Fabrication Testpoint - Top	☐	Any
Fabrication Testpoint - Bottom	☐	Any
Assembly Testpoint - Top	☐	Any
Assembly Testpoint - Bottom	☐	Any
Solder Mask Tenting - Top	☐	Same
Solder Mask Tenting - Bottom	☐	Same
Solder Mask Override	☑	Any
Use Separate Solder Mask Expansic	☐	Any
Solder Mask Expansion	4mil	Any
Solder Mask Expansion Mode	Manual	Any
Apply Solder Mask Expansion From	☐	Any
Paste Mask Expansion Mode	None	Any
Stack Mode	Simple	Any
Library	<Local>	Any
Library Template	v51h25m61	Any
Linked To Library	☐	Any
Custom Thermal Relief	☐	Any
Propagation Delay	0.000	Any
Graphical		
X1	2192mil	Any
Y1	1321mil	Any

☑ 缩放匹配 (Z)   ☑ 选择匹配 (S)   ☑ 清除现有的 (C)
☐ 创建表达式 (X)   Normal   ☑ 打开属性 (R)

应用 (A)   确定   取消

图 5-149 查找相似对象

在弹出的 Properties 面板中,根据需求勾选 Top(顶部盖油设置)和 Bottom(底部盖油设置)右边的 Tented 复选框,如图 5-150 所示。选择完成后,关闭该面板,即可完成批量过孔盖油设置。

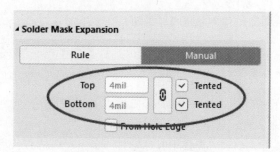

图 5-150　批量过孔盖油设置

5.9.11　全局编辑操作

在进行 PCB 设计时，如要对具有相同属性的对象进行操作，全局编辑功能便派上了用场。利用该功能，可以实现快速调整 PCB 中相同类型的丝印、过孔和线宽以及元件锁定等。下面以修改过孔网络为例来说明全局编辑的操作过程。

（1）在 PCB 空白区域打上过孔，这时候的过孔是没有网络属性的。

（2）选中其中一个过孔右击，在弹出的快捷菜单中执行"查找相似对象"（Find Similar Object）命令，打开"查找相似对象"对话框，如图 5-151 所示。

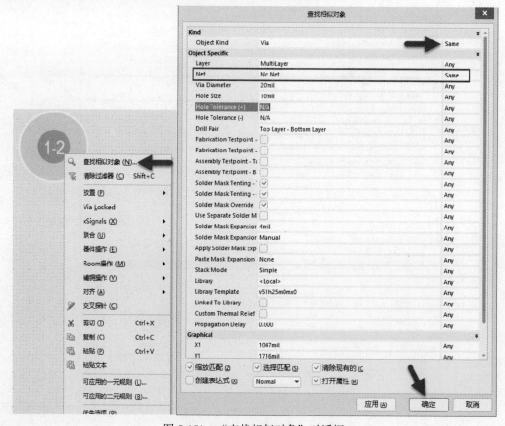

图 5-151　"查找相似对象"对话框

（3）将 Via 和 Net 属性更改为 Same，然后单击"确定"按钮。在弹出的 Properties 面板中更改属性，例如，将 Net（过孔网络）属性改为 GND，如图 5-152 所示。

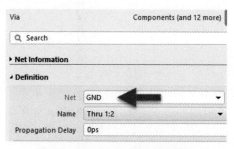

图 5-152　过孔的全局属性修改

5.9.12　铺铜操作

铺铜是指在电路板中空白位置放置铜皮，铜皮一般作为电源或地平面。在 PCB 设计的布线工作结束之后，就可以进行铺铜操作了。

（1）执行菜单栏中"放置"→"铺铜"命令，或者单击工具栏中"放置多边形平面"按钮 ，按 Tab 键打开铺铜属性编辑面板，选择 Hatched 动态铺铜方式（铺铜方式可根据自身需求来选择），如图 5-153 所示。

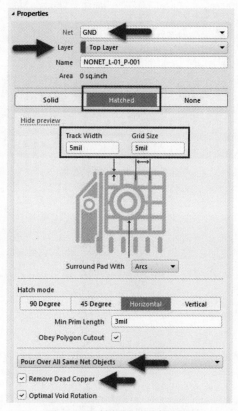

图 5-153　铺铜属性编辑面板

（2）在 Polygon Pour 面板中对铺铜属性进行设置。在 Net 下拉列表框中选择铺铜网络，在 Layer 下拉列表框中选择铺铜的层，在 Track Width 和 Grid Size 文本框中分别输入轨迹宽度和网格尺寸（建议设置成较小的相同数值，这样铺铜则为实心铜），在右下角的下拉列表框中选择 Pour Over All Same Net Objects 选项，并勾选 Remove Dead Copper（移除死铜）复选框。

（3）按回车键，关闭该面板。此时光标变成十字形状，准备铺铜操作。

（4）用光标沿着 PCB 框边界线画一个闭合的矩形框。单击确定起点，然后将光标移动至拐角处单击，直至确定板框的外形，右击退出。这时软件在框线内部自动生成了铺铜，效果如图 5-154 所示。

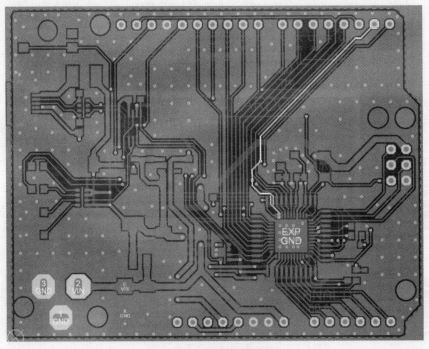

图 5-154　PCB 铺铜效果

5.9.13　放置尺寸标注

为了使设计者更加方便地了解 PCB 的尺寸信息，通常需要给设计好的 PCB 添加尺寸标注。标注方式分为线性、圆弧半径和角度等，下面以最常用的添加线性尺寸标注为例进行详细的介绍。

（1）执行菜单栏中"放置"→"尺寸"→"线性尺寸"命令，如图 5-155 所示，或按快捷键 P+D+L。

（2）在放置尺寸标注的状态下，按 Tab 键，打开尺寸标注属性编辑面板，如图 5-156 所示。其属性含义如下。

● Layer：放置的层。

● Primary Units：显示的单位，如 Millimeters、mm（常用）、inch。

- Value Precision：显示的小数点后的位数。
- Format：显示的格式，常用格式为 "xx（mm）"。

图 5-155　放置线性尺寸

图 5-156　尺寸标注显示设置

放置线性尺寸标注效果图如图 5-157 所示。

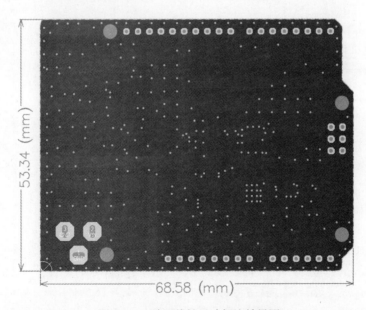

图 5-157　放置线性尺寸标注效果图

5.9.14　放置 Logo

Logo 具有特点鲜明、识别性强的特点，在 PCB 设计中经常要导入 Logo 标示，Altium Designer 24 可使用脚本程序添加 Logo。

1. 利用脚本导入Logo

（1）位图的转换，因为脚本程序只能识别 BMP 位图，所以可利用 Windows 画图工具将 Logo 图片转换成单色的 BMP 位图，如果单色位图失真了，可以转换成 16 位图或者其他位图。Logo 图片的像素越高，转换的 Logo 越清晰，利用 Windows 画图工具转换位图的方法如图 5-158 所示。

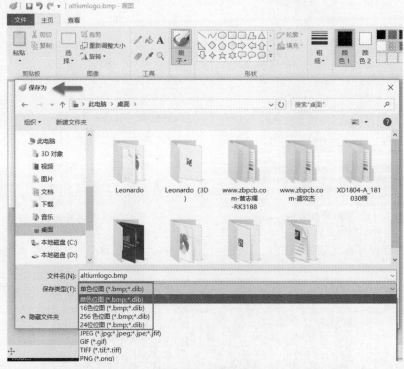

图 5-158　转换位图

（2）打开需要导入 Logo 的 PCB 文件。执行菜单栏中"文件"→"运行脚本"命令，在"选择条目运行"对话框中单击"浏览"按钮，执行"来自文件…"命令，然后选择 Logo 转换脚本文件，如图 5-159 所示。若没有脚本文件，可以联系作者获取。

（3）单击加载进来的脚本程序，再单击"确定"按钮进入"PCB Logo 导入向导"，如图 5-160 所示，对向导进行设置。其中按钮和选项含义如下。

- Load：加载转换好的位图。
- Board Layer：选择好 Logo 需要放置层，一般选择 Top Overlayer。
- Image Size：预览导入之后的 Logo 大小。
- Scaling Factor：导入比例尺，可调节 Image Size 尺寸，调节出想要的 Logo 大小。

- Negative ：反向设置，一般不勾选，用户可以自己尝试效果。
- Mirror X ：关于 X 轴镜像。
- Mirror Y ：关于 Y 轴镜像。

图 5-159　加载脚本

图 5-160　Logo 转换设置

（4）设置好参数之后，单击 Convert 按钮，开始 Logo 转换，等待软件自动转换完成，转换好的 Logo 图如图 5-161 所示。

（5）如果对导入的 Logo 大小不满意，还可以通过创建"联合"的方式进行调整。框选刚刚导入进来的 Logo 图右击，在弹出的快捷菜单中执行"联合"→"从选中的器件生成联合"命令，如图 5-162 所示。

图 5-161　转换好的 Logo 图

图 5-162　生成联合

（6）生成联合后，在 Logo 上面再次右击，在弹出的快捷键菜单中执行"联合"→"调整联合的大小"命令，如图 5-163 所示。

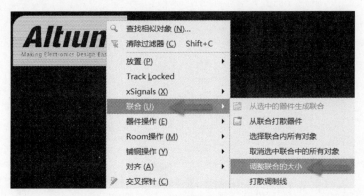

图 5-163　调整联合的大小

（7）这时光标变成十字形状，单击 Logo，会
出现 Logo 的调整顶点，单击顶点拖动即可调整
Logo 的大小，如图 5-164 所示。

（8）还可以将 Logo 做成封装，方便下次调
用。在 PCB 元件库中新建一个元件命名为 Logo，
从 PCB 文件中复制 Logo，然后粘贴到 PCB 元件
库中做成封装。下次调用的时候直接放置即可，
如图 5-165 所示。

图 5-164   调整 Logo 的大小

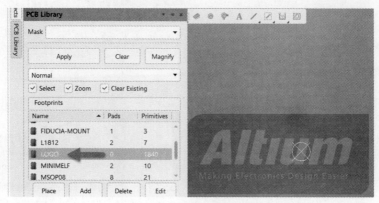

图 5-165   将 Logo 做成封装

2. 利用放置图形功能

Altium Designer 24 在 PCB 编辑器中增加了放置图形功能，用户可在 PCB 上放置 JPG、
BMP、PNG 或 SVG 格式的图形。

（1）执行菜单栏中"放置"→"图形"命令，如图 5-166 所示。

图 5-166   放置图形命令

（2）命令启动后，将提示用户双击以定义要放置图像的矩形区域。区域确定后，用户需要在弹出的 Choose Image File 对话框中选择图形文件，确定好后将弹出 Import Image 对话框，根据需要设置参数，如图 5-167 所示。然后单击 OK 按钮，即可在 PCB 当前层创建图形，显示效果如图 5-168 所示。

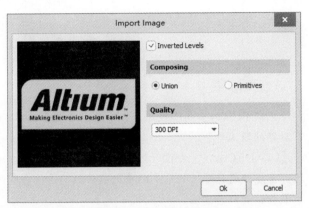

图 5-167　设置导入参数

图 5-168　显示效果

第6章 PCB 后期处理

完成 PCB 的布局布线之后，考虑到后续开发环节的需求，需要做如下后期处理工作。

（1）DRC 检查：即设计规则检查，通过 Checklist 和 Report 等检查手段，重点规避开路、短路类的重大设计缺陷，检查的同时遵循 PCB 设计质量控制流程与方法。

（2）丝印调整：清晰、准确的丝印设计，可以提升电路板的后续测试、组装加工的便捷度与准确度。

（3）PCB 设计文件输出：PCB 设计的最终文件，需要按照规范输出为不同类型的打包文件，供后续测试、加工、组装环节使用。

本章将详细介绍布局布线工作完成之后，如何进行 PCB 的后期处理工作，帮助用户掌握 PCB 后期处理的基本操作，从而避免电气规则问题所带来的一些错误和浪费。

学习目标：
- 掌握 DRC 检查的使用方法及纠错。
- 掌握丝印调整的方法。
- 掌握 PCB 设计文件的输出。

第 11 集
微课视频

6.1 DRC 检查

完成 PCB 的布局布线工作之后，接下来需要进行 DRC 检查。DRC 检查主要是检查整板 PCB 布局布线与用户设置的规则约束是否一致，这也是 PCB 设计正确性和完整性的重要保证。DRC 的检查项目与规则设置的分类一样。

进行 DRC 检查时，并不需要检查所有的规则设置，只需检查用户需要比对的规则即可。常规的检查包括间距、开路及短路等电气性能检查、天线网络检查和布线规则检查等。

在 PCB 编辑界面下，执行菜单栏中"工具"→"设计规则检查"命令，如图 6-1 所示，或者按快捷键 T+D，均可打开设计规则检查器，如图 6-2 所示。

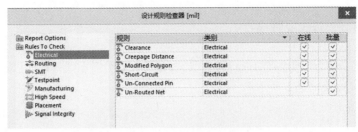

图 6-1　打开 DRC 命令

图 6-2　设计规则检查器

6.1.1　电气规则检查

电气规则检查包含间距、短路及开路设置检查，一般这几项都需要选择。如图 6-3 所示。

图 6-3　电气规则检查

6.1.2　天线网络检查

针对如图 6-4 所示的天线网络，在设计规则检查器中勾选 Net Antennae（天线网络冲突）检查项，如图 6-5 所示，即可检查布线过程中没有注意到的多余线头。

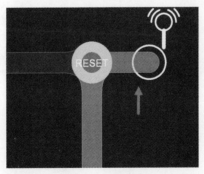

图 6-4　天线网络

图 6-5　天线网络检查

6.1.3　布线规则检查

布线规则检查的内容包含线宽、过孔和差分对布线等设置。根据需要选择是否进行 DRC 检查，如图 6-6 所示。

图 6-6　布线规则检查

6.1.4　DRC 检测报告

（1）勾选需要检查的选项后，单击左下角的"运行 DRC"按钮，如图 6-7 所示。

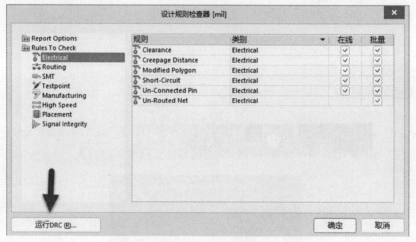

图 6-7　运行 DRC

（2）运行 DRC 完成后，软件会自动弹出一个 Rule Verification Report 文件与 Messages 面板。直接关闭 Rule Verification Report 文件，打开右侧的 Messages 面板。如果 DRC 检测无错误，则 Messages 面板内容为空，反之，则会在其中列出报错类型，如图 6-8 所示。

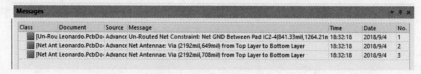

图 6-8　Messages 面板

（3）双击其中的错误报告，光标会自动跳到 PCB 中报错位置，用户需对错误项进行修改，直到错误修改完毕或者错误可以忽略为止。

6.2　位号的调整

在进行元件装配时，需要输出相应的装配文件，而元件的位号图可以方便比对元件装配。隐藏其他层，只显示 Overlay 和 Solder 层可以更方便地进行位号调整。

一般来说，位号大都放到相应元件旁边，其调整应遵循以下原则。

（1）位号显示清晰。位号的字宽和字高可使用常用的尺寸：4/20mil、5/25mil、6/30mil 和 8/40mil 等。具体的尺寸需根据板子的空间和元件的密度灵活设置。若需要将位号信息印制到 PCB 上，其字体大小至少为 6/30mil。

（2）位号不能被遮挡。若用户需要把元件位号印制在 PCB 上，如图 6-9 所示。为了让位号更清晰，调整时避免放置到过孔或者元件范围内，尤其是元件。

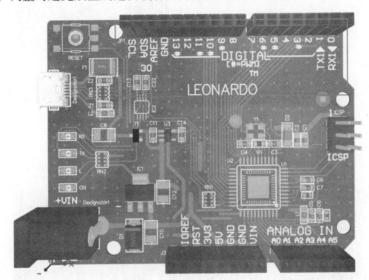

图 6-9　元件位号印制

（3）位号的方向和元件方向尽量统一。一般对于水平放置的元器件是第一个字符放在最左边，对于竖直的元器件是第一个字符放在最下面，如图 6-10 所示。

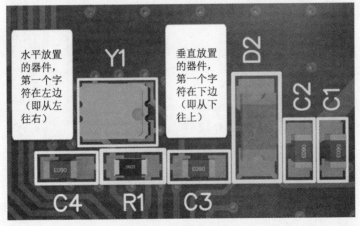

图 6-10　位号方向

（4）元件位号位置调整。如果元件过于集中，位号无法放到元件旁边，有以下解决方法。

① 将位号放到元件内部。先按快捷键 Ctrl+A 全选，再按快捷键 A+P 打开"元器件文本位置"对话框，在"标识符"这一项中选择中间位置，即可将位号放到元件内部，如图 6-11 所示。然后进行方向调整，调整好的位号如图 6-12 所示。

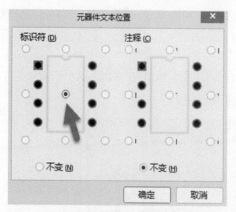

图 6-11　元器件文本位置调整

图 6-12　位号放在元件内部

② 将位号放到对应的元件附近，用箭头加以指示，如图 6-13 所示。或者放置一个外框（常用方形）标识，元件位置和位号位置一一对应，框内放置字符，如图 6-14 所示。

图 6-13　位号集中放在旁边

图 6-14　位号的外框表示

（5）底层位号的调整。底层位号在正常情况下是镜像的，若看不习惯，可按快捷键 V+B 将 PCB 翻转再进行位号调整，改好之后按快捷键 V+B 恢复原来的视图。正常状态与翻转状态的对比效果如图 6-15 所示。

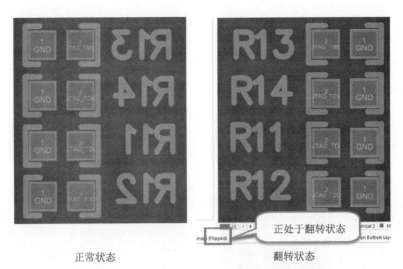

正常状态　　　　　　　　　　翻转状态

图 6-15　底层位号正常状态与翻转状态对比图

6.3　装配图制造输出

6.3.1　位号图输出

（1）利用全局编辑功能将位号显示出来。

① 双击任意一个元件，将其位号显示出来，以 C14 为例，如图 6-16 所示。

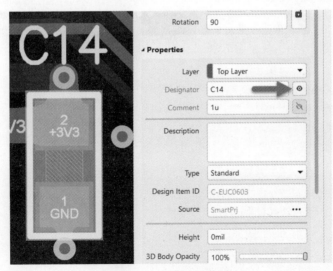

图 6-16　显示 C14 位号

② 选中 C14 字符右击，在弹出的快捷菜单中执行"查找相似对象"命令，如图 6-17 所示。

③ 在弹出的"查找相似对象"对话框中选择 Designator 项并将右侧相似项改为 Same，然后单击"确定"按钮，如图 6-18 所示。

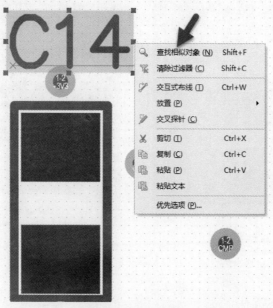

图 6-17　选择"查找相似对象"命令

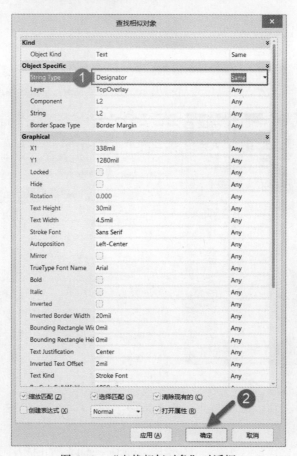

图 6-18　"查找相似对象"对话框

④ 在 PCB 界面右侧的 Properties 面板中根据实际情况进行显示设置和修改，如图 6-19 所示。至此，位号已全部显示。

（2）隐藏相关层，方便调整位号。按快捷键 L，在弹出的 View Configuration（视图配置）面板中，把其他的层全部隐藏，只显示 Top Overlay 和 Top Paste 层（单击对应层旁边的"显示/隐藏"图标 ◉，出现斜线 ◈ 表示已被隐藏），如图 6-20 所示，PCB 显示效果如图 6-21 所示。

图 6-19 位号属性编辑面板

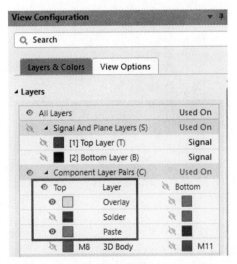

图 6-20 隐藏层

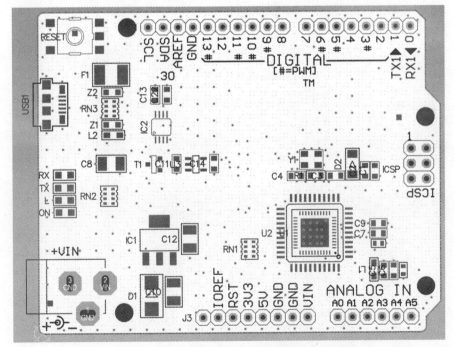

图 6-21 只显示 Top Overlay 和 Top Paste 的效果图

（3）按要求进行位号方向的调整，调整好的效果图如图 6-22 所示。

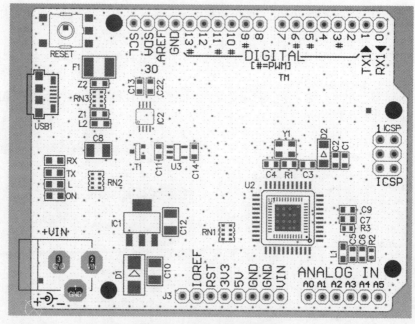

图 6-22　位号调整后的效果

（4）进行位号文件输出操作。执行菜单栏中"文件"→"智能 PDF"命令，或者按快捷键 F+M，如图 6-23 所示。

图 6-23　"智能 PDF"命令

（5）在弹出的"智能 PDF"界面中单击 Next 按钮，如图 6-24 所示。

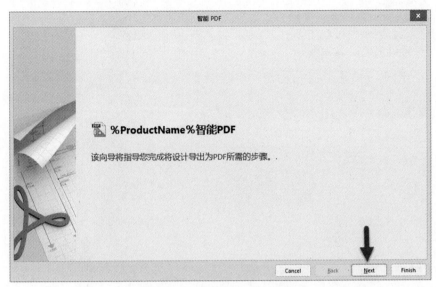

图 6-24 "智能 PDF"对话框

（6）在弹出的"选择导出目标"对话框中，由于输出的对象是 PCB 的位号图，则导出目标选择"当前文档"；在"输出文件名称"文本框中可修改文件的名称和保存的路径；接着单击 Next 按钮，如图 6-25 所示。

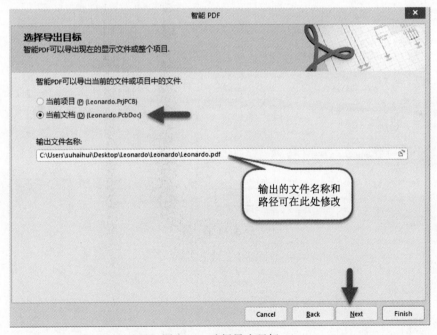

图 6-25 选择导出目标

（7）在弹出的"导出 BOM"界面中，取消勾选"导出原材料的 BOM 表"复选框，接着单击 Next 按钮，如图 6-26 所示。

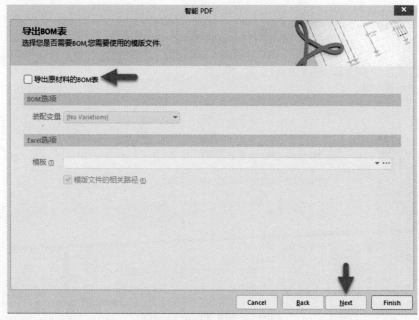

图 6-26　取消勾选 BOM 表

（8）弹出"PCB 打印设置"界面，在 Multilayer Composite Print 处右击，在弹出的快捷菜单中执行 Create Assembly Drawings 命令，如图 6-27 所示，弹出的对话框如图 6-28 所示，可看到 Name 下面的选项有所改变。

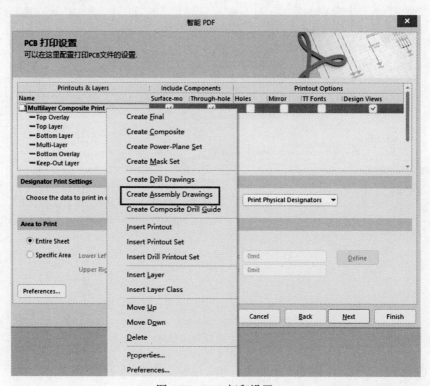

图 6-27　PCB 打印设置

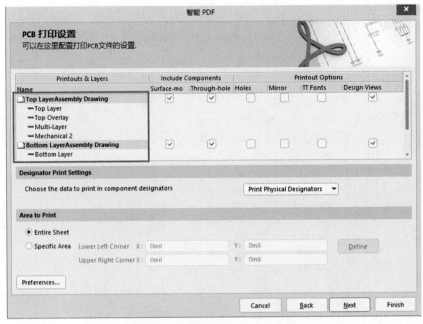

图 6-28　修改后的打印设置效果

（9）按照图 6-29 所示，双击图 6-28 左侧 Top LayerAssembly Drawing 前面的白色图标，在弹出的"打印输出特性"对话框中可以对 Top 层进行打印输出设置。在"层"选项组中对要输出的层进行编辑，此处只需要输出 Top Overlay 和 Mechanical 1（板框层）即可。

提示：输出的层根据实际需求来定，例如，想显示出焊盘，可输出 Solder 或 Paste 层。

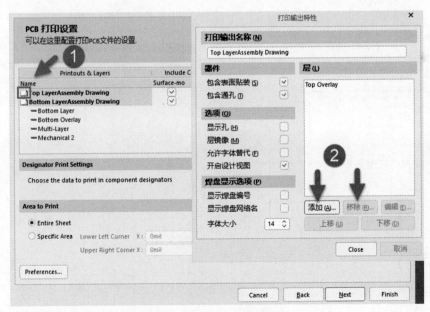

图 6-29　打印输出特性配置

添加层时，在弹出的"板层属性"对话框的"打印板层类型"下拉列表中找到需要的层，单击"是"按钮，如图 6-30 所示。回到"打印输出特性"对话框后，单击 Close 按钮即可。

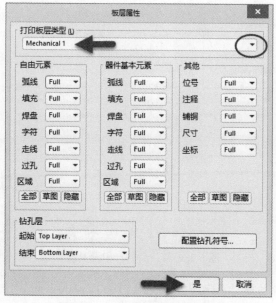

图 6-30 "板层属性"对话框

（10）至此，完成对 Top LayerAssembly Drawing 所输出的层设置，如图 6-31 所示。

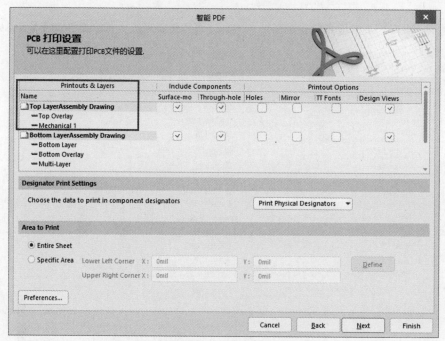

图 6-31 设置好的 Top LayerAssembly Drawing

（11）Bottom LayerAssembly Drawing 的设置重复步骤（9）、（10）即可。

（12）最终的设置如图 6-32 所示，然后单击 Next 按钮。

注意： 底层装配必须勾选 Mirror 复选框。

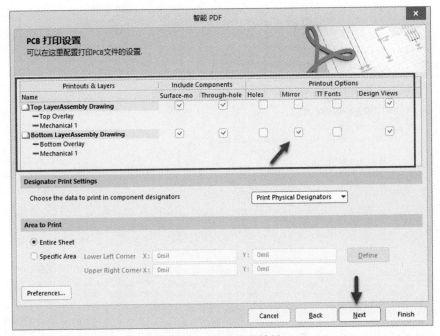

图 6-32　最终设置效果

（13）在弹出的"添加打印设置"界面中，设置"PCB 颜色模式"为"单色"，然后单击 Next 按钮，如图 6-33 所示。

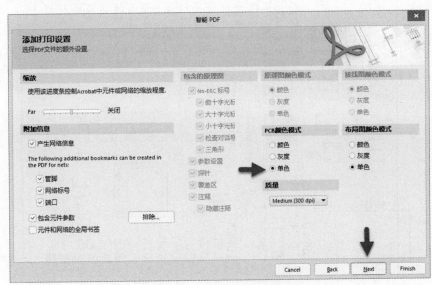

图 6-33　添加打印设置界面

（14）在弹出的"最后步骤"界面中选择是否保存设置到 Output Job 文件，此处保持默认，单击 Finish 按钮完成 PDF 文件的输出，如图 6-34 所示。

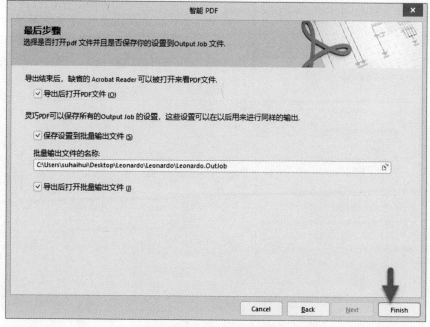

图 6-34　完成 PDF 文件输出

（15）最终输出如图 6-35 所示的元件位号图（此次演示案例底层没有元件，所以底层没有相应输出）。

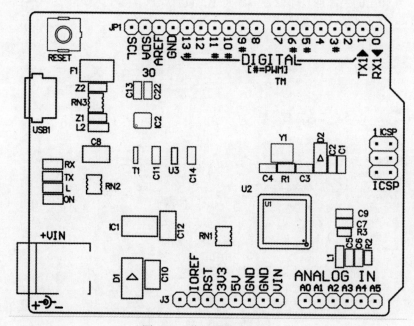

图 6-35　位号图输出效果

6.3.2 阻值图输出

（1）显示并调整注释。只打开 Top Overlay 和 Top Solde 层，显示任意一个元件的阻值，再用全局编译功能全部显示。先选中任意一个阻值右击，在弹出的快捷菜单中执行"查找相似对象"命令，在弹出的"查找相似对象"对话框中按照图 6-36 所示进行操作。

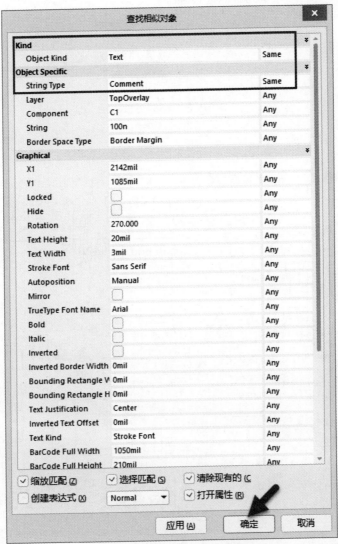

图 6-36　"查找相似对象"对话框

（2）进行阻值的属性设置。如图 6-37 所示，修改箭头所指属性。这样就可以将注释全部显示出来了。

（3）输出阻值图，即输出元件注释，方法与输出位号一致。最终输出效果如图 6-38 所示。

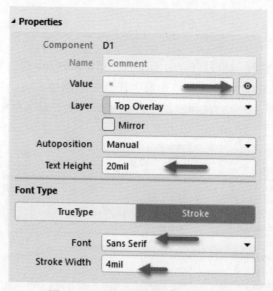

图 6-37　元件阻值属性编辑对话框

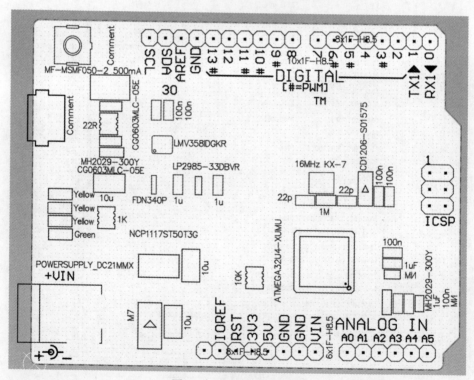

图 6-38　阻值图输出效果

6.4　输出生产文件

　　Gerber 文件是一种符合 EIA 标准，用于驱动光绘机的文件。通过该文件，可以将 PCB 中的布线数据转换为光绘机用于生产 1∶1 高度胶片的光绘数据。当使用 Altium Designer 24

绘制好 PCB 电路图文件之后，需要打样制作，但又不想将工程文件提供给厂家，此时可以将其直接生成 Gerber 文件，提供给 PCB 生产厂家，打样制作 PCB。

输出 Gerber 文件时，建议在工作区打开扩展名为.PrjPCB 的工程文件，生成的相关文件会自动输出到 OutPut 文件夹中，输出操作有 4 步。

6.4.1 输出 Gerber Files

（1）在 PCB 界面中，执行菜单栏中"文件"→"制造输出"→Gerber Files 命令，如图 6-39 所示。

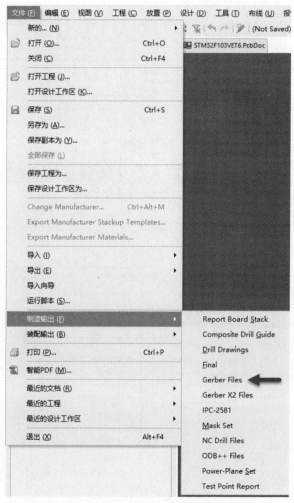

图 6-39　Gerber Files 命令

（2）在弹出的 Gerber Setup 对话框中将 Units 设置为 Inches，即密耳单位；Decimal 设置为 0.1mil，输出文件选择每层生成不同文件，其他默认勾选。在 Plot Layers 选项卡中选择 Select Used，进行层的初步筛选，然后根据实际情况可取消勾选某些层（多为机械层。排除 Mechanical 1，因 Mechanical 1 多用于绘制板框线），如图 6-40 所示。

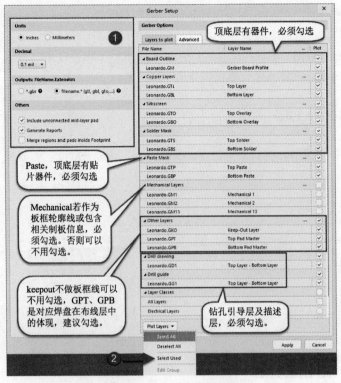

图 6-40　层选择输出设置

（3）切换到 Advanced 选项卡，按图 6-41 所示设置，然后单击 Apply 按钮。

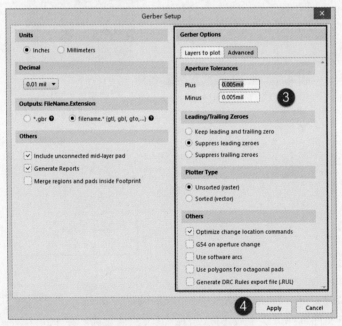

图 6-41　Advanced 选项卡

（4）输出预览效果如图 6-42 所示。

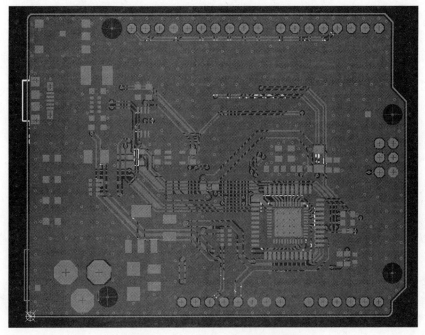

图 6-42　Gerber Files 输出预览效果

6.4.2　输出 NC Drill Files

（1）切换回 PCB 编辑界面，执行菜单栏中"文件"→"制造输出"→NC Drill Files 命令，进行过孔和安装孔的输出设置，如图 6-43 所示。

图 6-43　输出 NC Drill Files

（2）在弹出的"NC Drill 设置"对话框中，"单位"选择"英寸"，"格式"选择"2∶4"，其他项保持默认设置，如图 6-44 所示，单击"确定"按钮。

（3）弹出"导入钻孔数据"对话框，直接单击"确定"按钮即可，如图 6-45 所示。

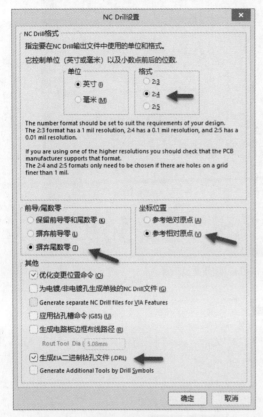

图 6-44　"NC Drill 输出设置"对话框　　　图 6-45　"导入钻孔数据"对话框

（4）输出效果如图 6-46 所示。

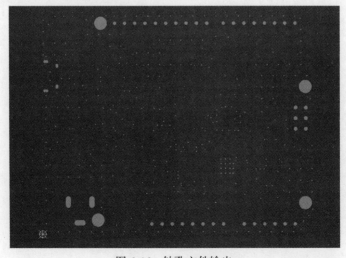

图 6-46　钻孔文件输出

6.4.3 输出 Test Point Report

（1）Test Point Report，即 IPC 网表文件。生成 IPC 网表给板厂核对，制板时可检查出常规的开路、短路问题，避免这些问题在后续生产过程中造成的损失。

（2）切换回 PCB 编辑界面，执行菜单栏中"文件"→"制造输出"→Test Point Report 命令，进行 IPC 网表输出，如图 6-47 所示。

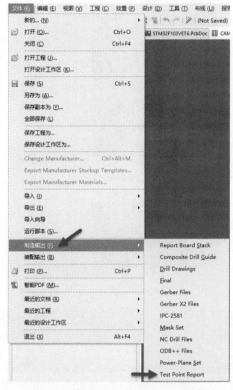

图 6-47　输出 Test Point Report 文件

图 6-48　IPC 网表文件输出设置

（3）在弹出的 Fabrication Testpoint Setup 对话框中进行相应的输出设置，如图 6-48 所示，单击"确定"按钮。

（4）然后在弹出的"导入钻孔数据"对话框里直接单击"确定"按钮即可输出，如图 6-49 所示。

图 6-49　"导入钻孔数据"对话框

6.4.4 输出坐标文件

（1）生产文件输出之后，后期需要对元器件进行贴片，需要用到各个元器件的坐标文件。切换回 PCB 编辑界面，执行菜单栏中"文件"→"装配输出"→Generates pick and place files 命令，进行元件坐标输出，如图 6-50 所示。

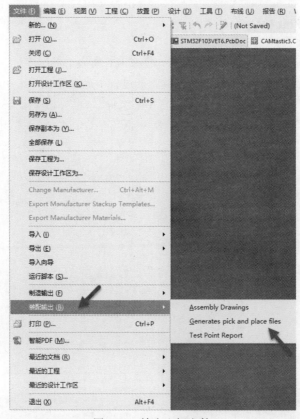

图 6-50　输出坐标文件

（2）在弹出的"拾放文件设置"对话框中进行相应设置，如图 6-51 所示。单击"确定"按钮即可输出坐标文件。

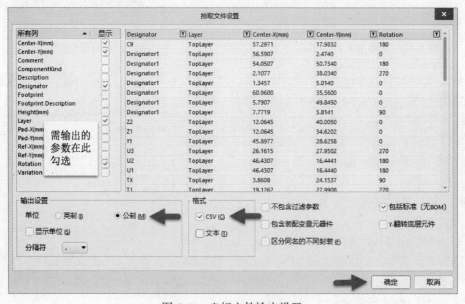

图 6-51　坐标文件输出设置

（3）至此，生产文件输出完成。输出过程中产生的 3 个.cam 文件可直接关闭，不用保存。在工程目录下的 Project Outputs for...文件夹中的文件即为生产文件。可将其重命名"生产文件"，打包发给 PCB 生产厂商制作即可。

6.5 BOM 输出

BOM，即物料清单，其中含有多个电子元器件的信息。输出 BOM，主要是为了方便采购元件。其输出步骤如下：

（1）选择菜单栏中"报告"→Bill of Materials 命令，如图 6-52 所示，打开 Bill of Materials For PCB Document 对话框，如图 6-53 所示。

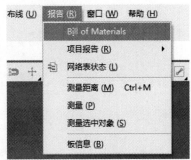

图 6-52　Bill of Materials 命令

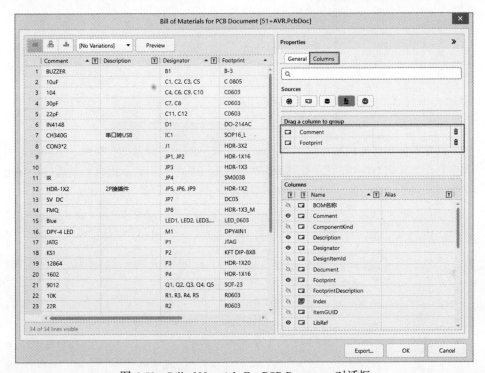

图 6-53　Bill of Materials For PCB Document 对话框

（2）单击右侧的 Columns 按钮，可对相同条件进行筛选。在 Drag a column to group 栏中，Comment 和 Footprint 作为组合条件，符合组合条件的位号会归为一组，如图 6-54 所示。同时满足这两个条件的位号 JP1、JP2 就被列为一组。

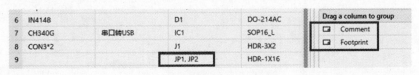

图 6-54　BOM 的组合设置

（3）若不想形成组合条件，将 Drag a column to group 栏中的 Comment 和 Footprint 删除即可，可以看到元件的 BOM 变成单独的形式，如图 6-55 所示。

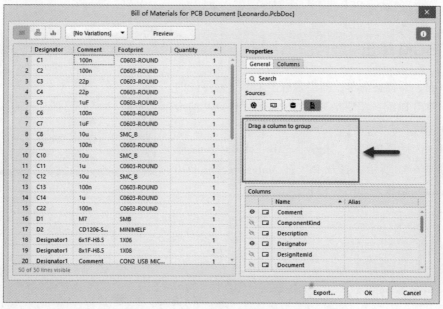

图 6-55　BOM 解除组合

（4）其他需要输出的信息可在 Columns 中查找，如元件的名称、描述、引脚号、封装信息和坐标等，单击对应项前面的图标 ◉ ，即可在 BOM 表中显示出来。然后选择导出的文件格式（一般为.xls 文件），单击 Export 按钮，如图 6-56 所示。

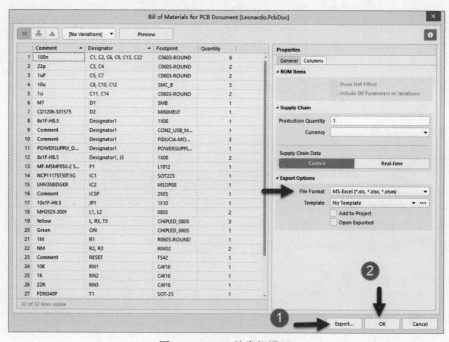

图 6-56　BOM 的常规设置

（5）在弹出的"另存为"对话框中单击"保存"按钮即可输出 BOM，效果如图 6-57 所示。

A1		× ✓ f_x	'Comment	
	A	B	C	D
1	Comment	Designator	Footprint	Quantity
2	100n	C1, C2, C6, C9, C13, C22	C0603-ROUND	6
3	22p	C3, C4	C0603-ROUND	2
4	1uF	C5, C7	C0603-ROUND	2
5	10u	C8, C10, C12	SMC_B	3
6	1u	C11, C14	C0603-ROUND	2
7	M7	D1	SMB	1
8	CD1206-S01575	D2	MINIMELF	1
9	6x1F-H8.5	Designator1	1X06	1
10	Comment	Designator1	CON2_USB_MICRO_B_AT	1
11	Comment	Designator1	FIDUCIA-MOUNT	3
12	POWERSUPPLY_DC21MMX	Designator1	POWERSUPPLY_DC-21MM	1
13	8x1F-H8.5	Designator1, J3	1X08	2
14	MF-MSMF050-2 500mA	F1	L1812	1
15	NCP1117ST50T3G	IC1	SOT223	1
16	LMV358IDGKR	IC2	MSOP08	1
17	Comment	ICSP	2X03	1
18	10x1F-H8.5	JP1	1X10	1
19	MH2029-300Y	L1, L2	0805	2

图 6-57　BOM 输出效果

6.6　原理图 PDF 输出

进行原理图设计时，需要把原理图以 PDF 的格式输出，防止图纸被修改。在 Altium Designer 24 中可以利用"智能 PDF"命令将原理图转换为 PDF 格式。输出方法如下：

（1）在原理图编辑环境下，执行菜单栏中"文件"→"智能 PDF"命令。

（2）在弹出的"智能 PDF"对话框中，单击 Next 按钮。

（3）在弹出的"选择导出目标"对话框中，选中"当前文件"单选按钮（若有多页原理图，则需选中"当前项目"单选按钮，从中选择需要输出的原理图），单击 Next 按钮，如图 6-58 所示。

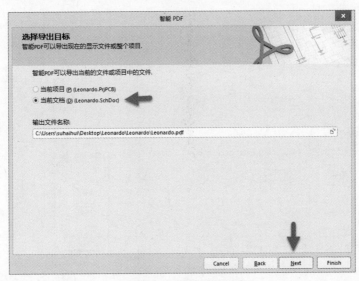

图 6-58　选择导出目标

（4）在弹出的"导出 BOM"对话框中提示是否输出 BOM 表，取消勾选"导出原材料的 BOM 表"复选框，单击 Next 按钮。

（5）在弹出的"PCB 打印设置"对话框中单击 Next 按钮，打开"添加打印设置"对话框。"原理图颜色模式"一般选择"颜色"，其他参数保持默认设置，然后单击 Next 按钮，如图 6-59 所示。

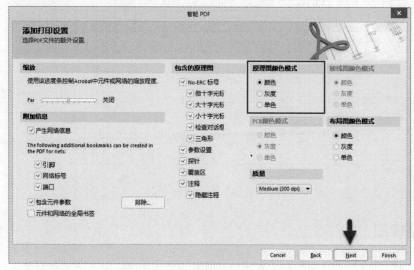

图 6-59　"PCB 打印设置"对话框

（6）在弹出的"最后步骤"对话框中直接单击 Finish 按钮，即可输出 PDF 文件，输出效果如图 6-60 所示。

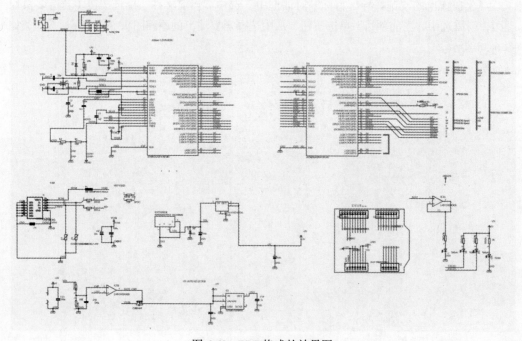

图 6-60　PDF 格式的效果图

6.7　文件规范存档

为避免输出文件出现存放混乱、文件不全等现象，应对文件进行规范存档，以保证产品输出文件达到准确、完整和统一的要求。

（1）新建一个名为"项目+打样资料"的文件夹，将 Gerber 文件以及相关制板说明放到里面。

（2）新建一个名为"项目+生产装配文件"的文件夹，将位号图、阻值图、坐标文件和 BOM 放到里面。

第7章 2层 Leonardo 开发板的 PCB 设计

第 12 集
微课视频

理论是实践的基础，实践是检验真理的唯一标准。本章将通过一个 2 层 Leonardo 开发板的 PCB 设计实例，介绍一个完整的 PCB 设计流程，让读者了解前文所介绍的内容在 PCB 设计中的具体操作与实现，通过实践与理论相结合熟练掌握 PCB 设计的各个流程环节。

学习目标：

- 熟悉两层板的设计要求。
- 通过实际案例操作掌握 PCB 设计的每个流程环节。
- 掌握 PCB 设计后期的调整优化操作。

7.1 实例简介

Arduino Leonardo 是 Arduino 团队最新推出的低成本 Arduino 控制器。它有 20 个数字输入/输出口、7 个 PWM 口以及 12 个模拟输入口。相比其他版本的 Arduino 使用独立的 USB-Serial 转换芯片，Leonardo 创新地采用了单芯片解决方案，只用了一片 ATmega32u4 来实现 USB 通信以及控制。这种创新设计降低了 Leonardo 的成本。ATmega32u4 的原生态支持 USB 特性还能让 Leonardo 模拟成鼠标和键盘，极大地拓宽了应用场合。

Arduino 是一个基于单片机的开放源码的平台，由 Arduino 电路板和一套为 Arduino 电路板编写程序的开发环境组成。Arduino 可以用来开发交互产品，例如，可以读取大量的开关和传感器信号，并且可以控制各式各样的电灯、电机和其他物理设备。Arduino 项目可以单独运行，也可以在运行时和计算机中运行的其他程序进行通信。

本实例采用 2 层板完成 PCB 设计，其性能技术要求如下。

（1）布局布线考虑信号稳定及 EMC。

（2）厘清整板信号线及电源线的流向，使 PCB 走线合理、美观。

（3）特殊重要信号线按要求处理，如 USB 数据线差分走线并包地处理。

7.2 工程文件的创建与添加

（1）执行菜单栏中"文件"→"新的…"→"项目"命令，创建一个新的工程文件 Leonardo.PrjPCB，保存到相应的目录。

（2）在 Leonardo.PrjPCB 工程文件上右击，在弹出的快捷菜单中执行"添加新的...到工程"命令，选择需要添加的原理图文件和 PCB 文件以及集成库文件，如图 7-1 所示。

图 7-1 添加项目文件

7.3 项目验证

打开原理图文件，对其进行验证，检查有无电气连接方面的错误。只有确认没有错误后，才能进行 PCB 设计后续的工作。同时，很多场合要求将原理图打印出来，方便更多的人阅读。因此，原理图的验证是必需的。

对整个 PCB 工程进行验证，执行菜单栏中"项目"→Validate PCB Project Leonardo.PrjPCB 命令，或者按快捷键 C+C，如图 7-2 所示。

项目验证完成后，可以单击原理图编辑界面右下角的 Panels 按钮，在弹出的菜单中选择 Messages 命令，在弹出的 Messages 面板中查看验证结果，如图 7-3 所示，表示原理图无连接性错误。若提示 Compile successful,no errors found，则原理图无电气性质的错误，可以继续下一步的操作；否则需要返回原理图，根据错误提示修改至无错误为止。

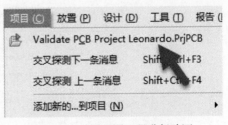

图 7-2 对原理图工程进行验证

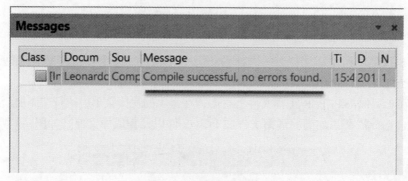

图 7-3　项目验证结果

7.4　封装匹配检查

在本实例中使用的是集成库文件来绘制原理图，虽然集成库中每个元件都关联好了对应的封装，但是为了避免出错，还是要对原理图的元件进行封装匹配检查。执行菜单栏中"工具"→"封装管理器"命令，打开封装管理器，可以查看所有元件的封装信息。

（1）确认所有元件都有对应的封装，如果存在某些元件无对应的封装，在原理图更新到 PCB 步骤中时，就会出现元件网络无法导入的问题。

（2）封装管理器中，可以对元件的封装进行添加、移除和编辑的操作，使原理图元件与封装库中的封装匹配上，如图 7-4 所示。

第 15 集
微课视频

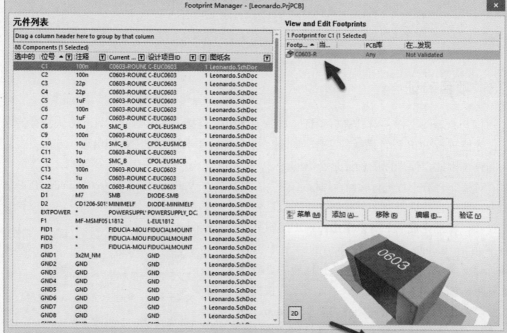

图 7-4　封装库的添加、移除与编辑

（3）选择好对应的封装后，单击"确定"按钮，然后单击"接受变化（创建 ECO）"按钮，在弹出的"工程变更"对话框中单击"执行变更"按钮，完成封装匹配。

7.5　更新 PCB 文件（同步原理图数据）

（1）执行更新命令

验证原理图无误及完成封装匹配之后，接下来要做的就是更新 PCB 文件了，也就是常说的原理图更新到 PCB 的操作，这一步是原理图与 PCB 之间连接的桥梁。执行菜单栏中"设计"→Update PCB Document Leonardo.PcbDoc 命令，或者按快捷键 D+U，如图 7-5 所示。

（2）确认执行更改

① 执行更新操作后会出现如图 7-6 所示的"工程变更指令"对话框，单击"执行变更"按钮。

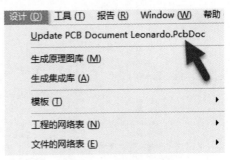

图 7-5　更新 PCB 文件

第 16 集
微课视频

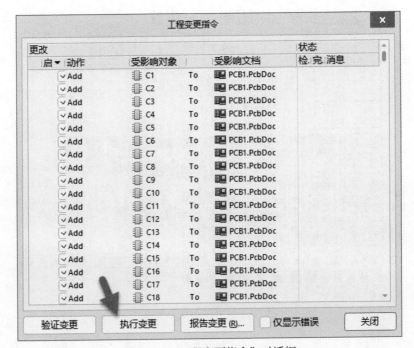

图 7-6　"工程变更指令"对话框

② 若无任何错误，则"完成"这一栏全部显示"正确"图标 ✓，如图 7-7 所示。若有错误则会显示"错误"图标 ✗，这时需要检查错误项并返回原理图修改，直至没有错误提示为止。

③ 关闭"工程变更指令"对话框，可以看到 PCB 编辑界面已经变成如图 7-8 所示，这说明已经完成了原理图更新到 PCB 的操作，成功迈出第一步。

		工程变更指令				
更改					状态	
启用	▼ 动作	受影响对象		受影响文档	检测	完成
☑	Add	≈ RXD1	To	Leonardo.PcbDoc	✓	✓
☑	Add	≈ RXD2	To	Leonardo.PcbDoc	✓	✓
☑	Add	≈ RXD3	To	Leonardo.PcbDoc	✓	✓
☑	Add	≈ RXL	To	Leonardo.PcbDoc	✓	✓
☑	Add	≈ SCK2	To	Leonardo.PcbDoc	✓	✓
☑	Add	≈ SCL	To	Leonardo.PcbDoc	✓	✓
☑	Add	≈ SDA	To	Leonardo.PcbDoc	✓	✓
☑	Add	≈ TXD1	To	Leonardo.PcbDoc	✓	✓
☑	Add	≈ TXD2	To	Leonardo.PcbDoc	✓	✓
☑	Add	≈ TXD3	To	Leonardo.PcbDoc	✓	✓
☑	Add	≈ TXL	To	Leonardo.PcbDoc	✓	✓
☑	Add	≈ USBVCC	To	Leonardo.PcbDoc	✓	✓
☑	Add	≈ USHIELD	To	Leonardo.PcbDoc	✓	✓
☑	Add	≈ VUCAP	To	Leonardo.PcbDoc	✓	✓
☑	Add	≈ XT1	To	Leonardo.PcbDoc	✓	✓
☑	Add	≈ XT2	To	Leonardo.PcbDoc	✓	✓
☑	Add	≈ XVCC	To	Leonardo.PcbDoc	✓	✓
▲ 📁	Remove Component Classes(1)					
☑	Remove	☐ Leonardo	From	Leonardo.PcbDoc	✓	✓
▲ 📁	Remove Differential Pair(2)					
☑	Remove	◇ D_D	From	Leonardo.PcbDoc	✓	✓
☑	Remove	◇ D_RD	From	Leonardo.PcbDoc	✓	✓

图 7-7　正确更新 PCB 文件

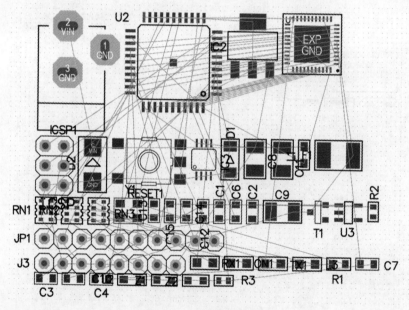

图 7-8　PCB 文件更新完成

7.6　PCB 常规参数设置及板框的绘制

7.6.1　PCB 推荐参数设置

（1）取消不常用的 DRC 检查项。DRC 检查项过多会导致 PCB 布局布线的时候经常出现报错，造成软件的卡顿。如图 7-9 所示，对 DRC 检查项进行设置，将其他检查项关闭，只保留第一个电气规则检查项。

图 7-9　设计规则检查项

（2）暂时隐藏丝印。利用全局操作将元器件的位号调小放到元件中间，或者先将位号隐藏，方便后面的布局布线，如图 7-10 所示。

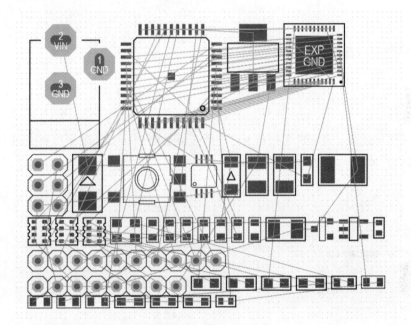

图 7-10　隐藏位号

7.6.2　板框的绘制

（1）按照设计要求绘制板框，切换到 Mechanical 1 层，执行菜单栏中"放置"→"线条"命令，或者按快捷键 P+L，绘制一个符合板子外形尺寸要求的闭合框。

（2）选中绘制好的板框线，执行菜单栏中"设计"→"板子形状"→"按照选择对象定义"命令，或者按快捷键 D+S+D 定义板框。

（3）放置尺寸标注，可在 Mechanical 2 层放置尺寸标注，执行菜单栏中"放置"→"尺寸"→"线性尺寸"命令，单位和模式选择（mm）。得到的板框效果如图 7-11 所示。

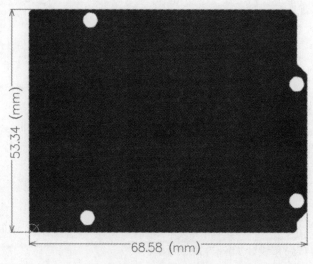

图 7-11　板框的绘制

7.7　交互式布局和模块化布局

7.7.1　交互式布局

交互式布局就是实现原理图和 PCB 之间的两两交互，需要在原理图和 PCB 中都打开"交叉选择模式"，如图 7-12 所示。

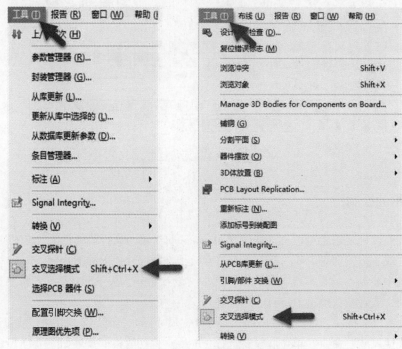

图 7-12　打开"交叉选择模式"

7.7.2 模块化布局

（1）按照项目要求，有固定结构位置的接口或者元件先摆放，然后根据元件信号飞线的方向摆放大元件，按照"先大后小""先难后易"的顺序，把元件在板框内大概放好，完成项目的预布局，如图 7-13 所示。

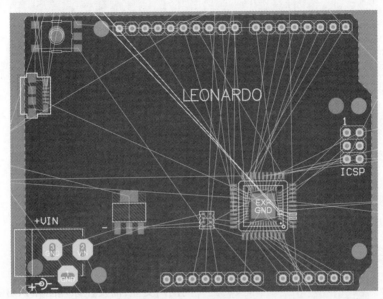

图 7-13　PCB 的预布局

（2）通过"交叉选择"和"在区域内排列器件"功能，把元件按照原理图电路模块分块放置，并把其放置到对应接口或对应电路模块附近，如图 7-14 所示。

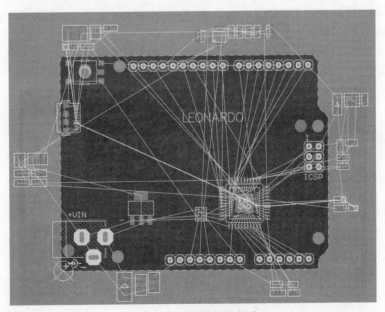

图 7-14　电路模块的划分

（3）结合交互式布局和模块化布局，完成整板的 PCB 布局，如图 7-15 所示。

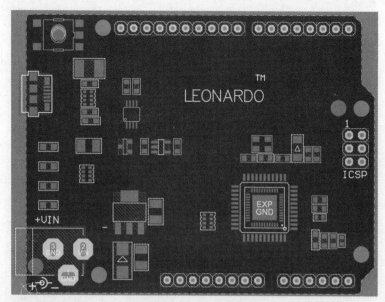

图 7-15　完成 PCB 布局

7.8　PCB 布线

PCB 布线是 PCB 设计当中最重要且最耗时的一个环节，PCB 布线直接影响着 PCB 的性能。在 PCB 设计过程中，布线一般有 3 种境界的划分。

首先是布通，这是 PCB 设计的最基本要求。如果线路都没布通，搞得到处是飞线，那将是一块不合格的板子，可以说还没入门。

其次是电气性能的满足，这是衡量一块印制电路板是否合格的标准。这要求在布通之后，认真调整布线，使其达到最佳的电气性能。

最后是美观。假如布线连通了，也没有什么影响电气性能的地方，但是一眼看过去，五彩缤纷、花花绿绿的，显得杂乱无章，那就算电气性能再好，在别人眼里还是垃圾一块。这样会给测试和维修带来极大的不便。布线要整齐规范，不能纵横交错毫无章法。这些都要在保证电气性能和满足其他个别要求的情况下实现，否则就是舍本逐末了。本例全部采用手工布线，下面在 PCB 布线之前先介绍一些常用的规则等设置。

7.8.1　Class 的创建

为了更好地布线，可以对信号网络和电源网络进行归类，执行菜单栏中"设计"→Classes...命令，或者按快捷键 D+C，打开"对象类浏览器"对话框。这里以创建一个电源类为例，在 Net Classes（网络类）处右击，在弹出的快捷菜单中执行"添加类"命令，将其命名为 PWR，然后将需要归为一类的电源网络从"非成员"列表中划分到"成员"列表中，如图 7-16 所示。

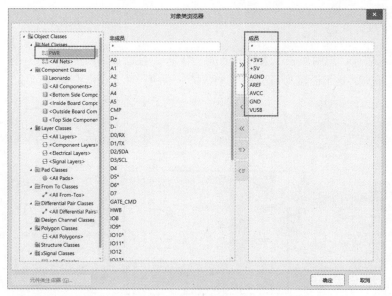

图 7-16 创建 Class

7.8.2 布线规则的添加

1. 安全间距规则设置

（1）按快捷键 D+R，打开 PCB 规则及约束编辑器。

（2）在左边设计规则列表中选择 Electrical→Clearance，在右边编辑区中设置整板间距
规则和 Poly 铺铜间距规则，如图 7-17 所示。

第 19 集
微课视频

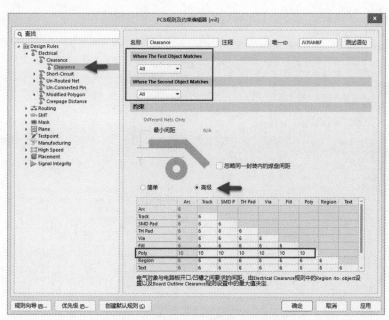

图 7-17 整板间距和铺铜间距的设置

2. 线宽规则设置

（1）在左边设计规则列表中选择 Routing→Width，在右边编辑区中设置一个针对整板信号线的线宽规则，这里设置为最小、首选线宽为 6mil，最大线宽设置为 40mil，如图 7-18 所示。

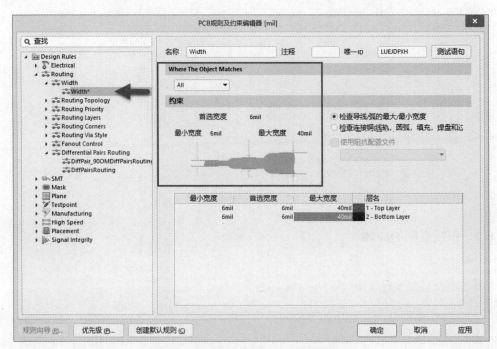

图 7-18　常规信号线的线宽规则设置

（2）创建一个针对电源 PWR 类的线宽规则，对电源网络布线线宽进行加粗设置，如图 7-19 所示。

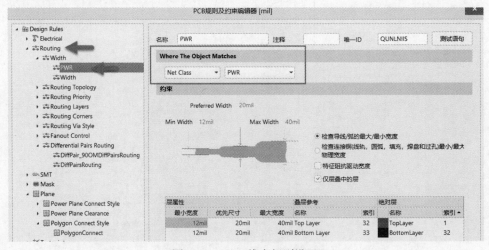

图 7-19　PWR 线宽规则设置

3. 过孔规则设置

在本例中可以采用 20/10mil 的过孔尺寸，过孔尺寸的规则设置如图 7-20 所示。

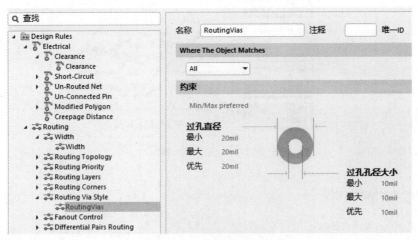

图 7-20 过孔规则设置

4. 铜皮连接样式规则设置

铜皮连接方式设置为 Direct Connect，如图 7-21 所示。

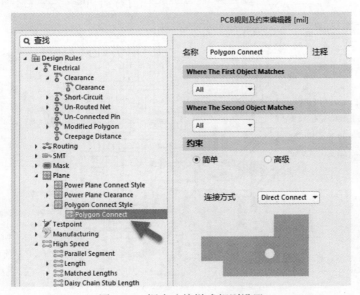

图 7-21 铜皮连接样式规则设置

7.8.3 整板模块短线的连接

在进行 PCB 整板布线时，首先需要把每个模块之间的短线先连通，把布线路径比较远并且不好布的信号线从焊盘上引出并打孔，然后将电源和地孔扇出，如图 7-22 所示。

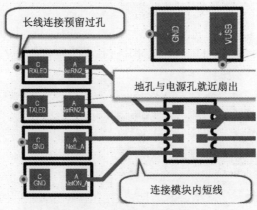

图 7-22　处理模块间的短线

7.8.4　整板走线的连接

整板布线是 PCB 设计当中最重要、最耗时的环节，在本例中全部采用手工布线，整板走线完成后的效果如图 7-23 所示。PCB 布线应大体遵循以下原则。

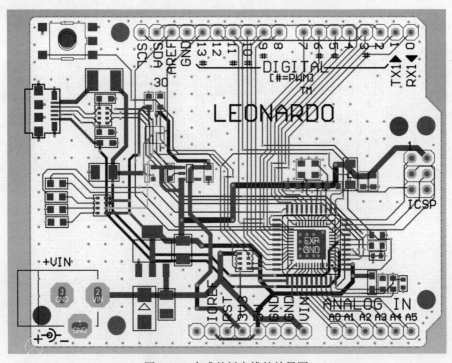

图 7-23　完成整板走线的效果图

（1）走线要简洁，尽可能短，尽量少拐弯，力求走线简单明了（特殊要求除外，如阻抗匹配和时序要求）。

（2）避免锐角走线和直角走线，一般采用 135°拐角，以减小高频信号的辐射（有些要求高的线还要用弧线）。

（3）任何信号线都不要形成环路，如不可避免，环路面积应尽量小；信号线的过孔要尽量少。

（4）关键的线尽量短而粗，并在两边加上保护地；电源和 GND 进行加粗处理，满足载流。

（5）晶振表层走线不能打孔，晶振周围包地处理。时钟振荡电路下面、特殊高速逻辑电路部分要加大地的面积，而不应该走其他信号线，以使周围电场趋近于零。

（6）电源线和其他的信号线之间预留一定的间距，防止纹波干扰。

（7）关键信号应预留测试点，以方便生产和维修检测用。

（8）PCB 布线完成后，应对布线进行优化，同时，经初步网络检查和 DRC 检查无误后，对未布线区域用大面积铺铜进行地线填充，或是做成多层板，电源、地线各占用一层。

7.9　PCB 设计后期处理

在整板走线连通和电源处理完以后，需要对整板的情况进行走线的优化调整及丝印的调整等。下面介绍常见的处理项。

7.9.1　串扰控制

串扰（Cross Talk）是指 PCB 上不同网络之间因较长的平行布线引起的相互干扰（主要是由于平行线间的分布电容和分布电感的作用所引起的干扰）。在平行线间插入接地的隔离线，减小布线层与地平面的距离。

为了减少线间串扰，应保证导线间距足够大，当导线中心间距不少于 3 倍线宽时，则可保持 70% 的电场不互相干扰，这被称为 3W 规则。如图 7-24 所示，调整走线时可以对此进行优化修正。

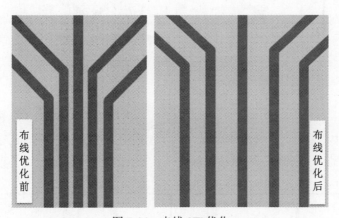

图 7-24　走线 3W 优化

7.9.2　环路最小原则

信号线与其回路构成的环面积要尽可能小，环面积越小，对外的辐射越少，接收外界的干扰也越小。如图 7-25 所示，尽量在出现环路的地方让其面积做到最小。

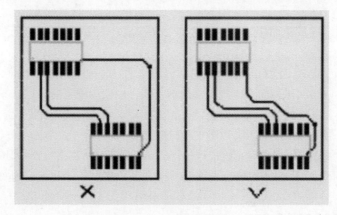

图 7-25　缩减环路面积

7.9.3　走线的开环检查

一般不允许出现一端浮空的布线（Dangling Line），主要是为了避免产生"天线效应"，减少不必要的干扰辐射和接收，否则可能带来不可预知的结果，如图 7-26 所示。

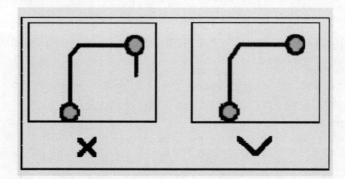

图 7-26　走线的开环检查

7.9.4　倒角检查

PCB 设计中应避免产生锐角和直角，以防造成不必要的辐射，同时工艺性能也不好，一般采用 135° 拐角，如图 7-27 所示。

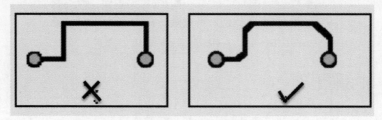

图 7-27　倒角检查

7.9.5　孤铜与尖岬铜皮的修正

为了满足生产的要求，PCB 设计中不应出现"孤铜"的现象，可以通过铺铜的属性设置 Remove Dead Copper 避免出现"孤铜"现象，如图 7-28 所示。PCB 中也应当避免出现尖岬铜皮的情况，这可以通过放置"多边形铺铜挖空"的方式来实现，如图 7-29 所示。

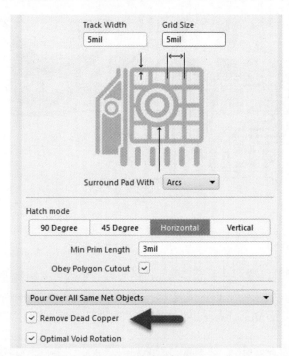

图 7-28　移除死铜设置

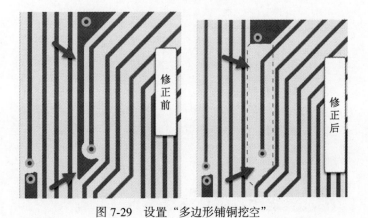

图 7-29　设置"多边形铺铜挖空"

7.9.6　地过孔的放置

为了减小回流的路径以及增加层与层之间的连通性，需要在 PCB 中一些空白的地方和信号线打孔换层的地方放置 GND 过孔，如图 7-30 所示。

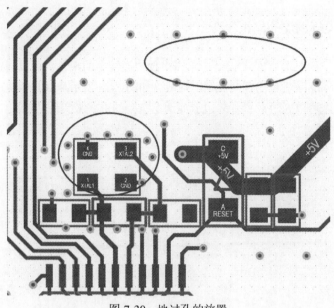

图 7-30　地过孔的放置

7.9.7　丝印调整

在后期元件装配时，特别是手工装配元件的时候，一般都要输出 PCB 的装配图，这时候丝印位号就显得尤为重要了。按快捷键 L，在弹出的 View Configuration 面板中只打开对应的丝印层、Paste 层以及 Multi-Layer 层，方便对丝印进行调整，如图 7-31 所示。

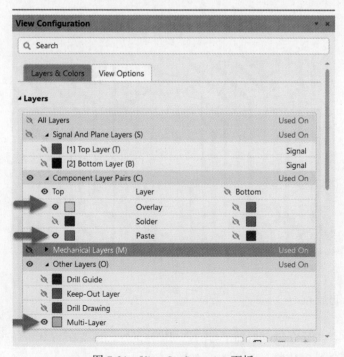

图 7-31　View Configuration 面板

为了使位号清晰，字体大小推荐字宽/字高尺寸：5mil/25mil、6mil/30mil。为了使整板丝印方向一致，字符串方向一般调整为从左到右或从上到下，如图 7-32 所示。

调整好位号后，可针对外露铜皮、孔和板形状丝印重叠的情况进行优化，如图 7-33 所示。

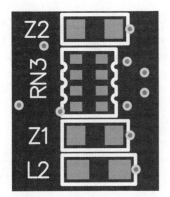

图 7-32　丝印字符串方向

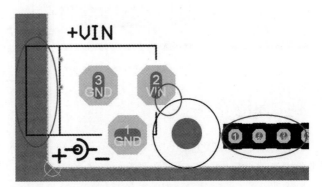

图 7-33　丝印与其他对象重叠

执行菜单栏中的"工具"→"丝印制备"命令，在弹出的 Silkscreen Preparation 对话框中根据自己的需求调整相应参数，如图 7-34 所示。

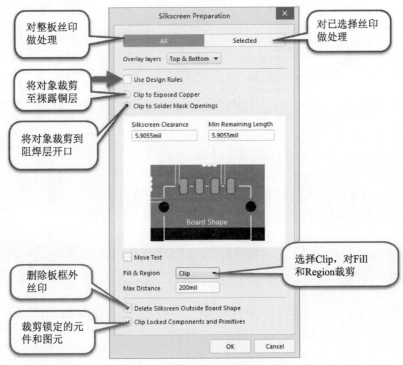

图 7-34　丝印参数调整

如图 7-35 所示是启用 Clip to Exposed Copper 和 Clip to Solder Mask Openings 的丝印对比情况。

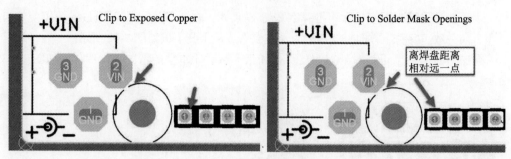

图 7-35　启用 Clip to Exposed Copper 和 Clip to Solder Mask Openings 对比

7.10　DRC 检查

第 23 集
微课视频

第 24 集
微课视频

第 25 集
微课视频

第 26 集
微课视频

通过前面第 6 章关于 DRC 检查的介绍可知，DRC 检查就是检查当前的设计是否满足规则要求，这也是 PCB 设计正确性和完整性的重要保证。执行菜单栏中"工具"→"设计规则检查"命令，或者按快捷键 T+D，打开设计规则检查器，勾选需要的检测项。一般只勾选第一项，即电气规则检查。检查内容包含间距、短路及开路设置，其中几项都需要选中，如图 7-36 所示。在 DRC 的 Messages 报告中，查看和更正错误，直到 DRC 报告无错误为止。

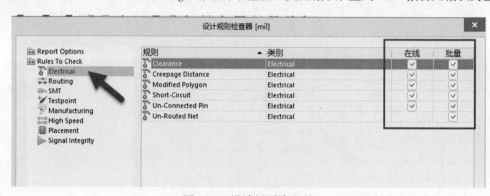

图 7-36　设计规则检查项

7.11　Gerber 输出

PCB 后期走线调整和 DRC 检查都完成后，最后一步就是 PCB 生产资料的输出，按照前文所说的步骤进行资料的输出即可，此处不再赘述。

用户在使用 Altium Designer 24 软件过程中可能会遇到一些问题，为此本章收集了部分常见问题及其解决方法，以供用户参考。

学习目标：
- 养成整理学习笔记的习惯。
- 掌握常见问题的解决办法。

8.1 原理图库制作常见问题

（1）原理图符号引脚带有电气特性的一端，即引脚热点朝里，如图 8-1 所示，将造成原理图在验证时可能会报错；同时，原理图更新到 PCB 后，元件引脚将没有网络。如图 8-2 所示。

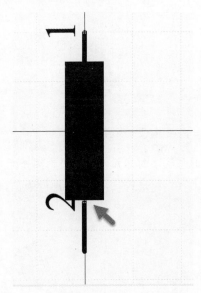

图 8-1 保险丝引脚 2 热点朝里

（2）如图 8-3 所示，移动原理图元件时，为什么元件引脚会移动？

答：到原理图库中，查看元件的 Pins 属性是否锁定引脚；也可双击元件，在弹出的 Pins 属性框中锁定，如图 8-4 所示。

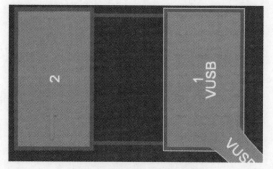

图 8-2　保险丝引脚无网络

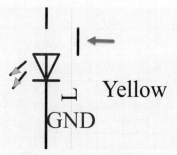

图 8-3　元件引脚移动

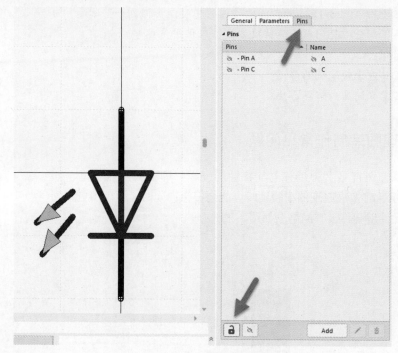

图 8-4　未锁定引脚

（3）为什么有时候将元件放置到原理图中时，元件没有吸附到光标上？如图 8-5 所示。

答：绘制元件库时，将元件放到坐标轴原点位置即可，如图 8-6 所示。

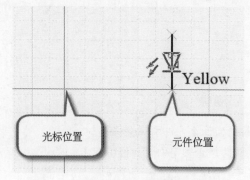

图 8-5　放置元件时没有吸附到光标上

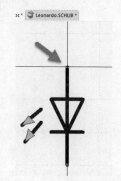

图 8-6　元件置于原点位置

8.2 封装库制作常见问题

有时候因为粗心，所绘制的尺寸与规格书所提供的数据不一致，就会造成封装与实际元件不符的后果。如何能精确画出指定长度的线条？

答：首先任意画一根线条，然后双击该线条，将弹出"线条属性编辑"对话框，如图 8-7 所示。在面板中的 Start（X/Y）文本框中设置起始值，在 End（X/Y）文本框中设置终止值，这是其中一种方法。最直接简便的方法就是在 Length 文本框中输入所需长度。

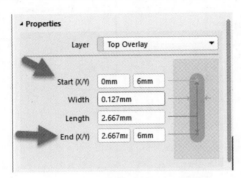

图 8-7 "线条属性编辑"对话框

8.3 原理图设计常见问题

（1）放置元件的时候，为什么元件的移动距离很大，不好控制？

答：栅格设置问题，调小一些即可。按快捷键 G，可在 10mil、50mil、100mil 之间切换。原理图当前的栅格设置，在原理图编辑界面左下角查看。或单击工具栏中的"栅格"按钮，在弹出的下拉列表中选择"设置捕捉栅格"选项，自行设置想使用的栅格大小，如图 8-8 所示。

（2）原理图编辑界面左右两边如 Project、"库"等壁挂式工具栏不小心删除了，如何恢复？

答：单击原理图编辑界面右下角 Panels 按钮，在弹出的菜单中选择相应命令即可。若 Panels 按钮未显示出来，执行菜单栏中"视图"→"状态栏"命令，或者按快捷键 V+S，即可显示 Panels 按钮。

（3）画原理图时出现不想要的连接结点，如图 8-9 所示。如何避免？

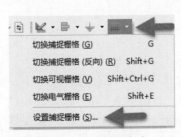

图 8-8 设置栅格大小

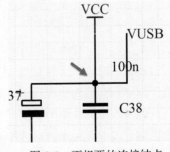

图 8-9 不想要的连接结点

答：走线时往外延伸，即不要将相互交错的走线拉到元件引脚热点，如图 8-10 所示。

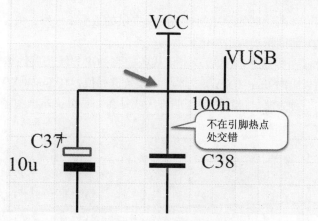

图 8-10　连线时往外延伸

（4）在绘制原理图时智能粘贴元器件，元件位号不自动加 1，哪里可以设置自动加 1？

答：打开"智能粘贴"对话框，在"粘贴阵列"栏下的"文本增量"选项组中设置，在"首要的"文本框中输入用户需要的文本增量，正数为递增，负数为递减，智能粘贴参数设置如图 8-11 所示。

（5）为什么验证命令不可用，如图 8-12 所示，导致无法验证原理图？

图 8-11　智能粘贴参数设置

图 8-12　验证命令不可用

答：原理图只有在工程中才可以进行验证。

（6）项目验证的时候，出现 Off grid pin..的错误提示，如何解决？

答：之所以出现这样的错误提示，是因为对象没有处在栅格点的位置上。找到报错的元件右击，在弹出的快捷菜单中执行"对齐"→"对齐到栅格上"命令，如图 8-13 所示，将元件对齐到栅格上即可。也可以执行菜单栏中"项目"→Project Options...命令，在 Error Reporting 报错选项中设置 Off grid object 为"不报告"。

图 8-13 "对齐到栅格上"命令

（7）项目验证时，出现 Net … has no driving source 的警告，如何解决？

答：网络中没有驱动源。与元件引脚属性和原理图的连接方式相关，例如，一个引脚属性是 passive，与其连接的引脚属性为 output，就会出现警告；若一个是 output，与其连接的是 input，就不会出现警告。一般此类警告若不进行仿真，在原理图中不影响，可忽略；或者在引脚属性编辑面板中修改一下引脚的电气类型即可。

（8）项目验证时，出现 Object not completely within sheet boundaries 的警告，如何解决？

答：元件超出了原理图的范围。在原理图界面外空白区域双击鼠标左键，在弹出面板的 Formatting and Size 栏下的 Sheet Size 下拉列表框中修改原理图图纸大小即可，如图 8-14 所示。

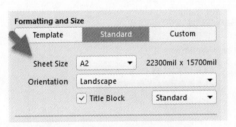

图 8-14 修改原理图图纸大小

（9）新建的工程文件，为什么没有原理图更新到 PCB 的 Update 命令？

答：确保每个文件都保存在同一个工程下即可。

（10）原理图更新到 PCB 中，出现 Footprint Not Found…封装无法匹配的问题（如图 8-15 所示），如何解决？

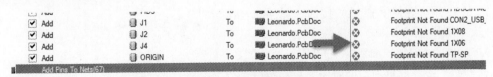

图 8-15 封装无法匹配

答：没有匹配封装所致，添加封装即可解决。检查原理图添加的封装名称和 PCB 库的封装名称是否一致。

（11）Altium Designer 24 原理图更新到 PCB 时，显示 Unknown Pin 错误，如何解决？

答：若是新建的原理图，可考虑元件封装是否匹配，引脚是否对应；若是修改原理图之后出现报错，可将原来的 PCB 文件删除，新建 PCB，再重新导入，或者将 PCB 中的网络全部删除，重新导入。

具体方法如下：

① 执行菜单栏中"设计"→"网络表"→"编辑网络"命令，如图 8-16 所示。

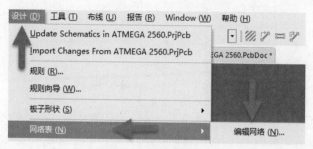

图 8-16   "编辑网络"命令

② 在弹出的"网表管理器"对话框中任选一个网络右击，在弹出的快捷菜单中选择"清除全部网络"命令，如图 8-17 所示。

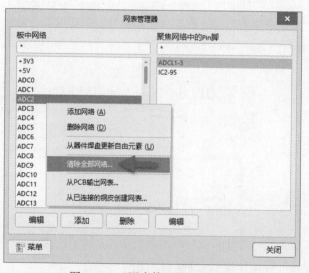

图 8-17   "网表管理器"对话框

③ 弹出 Confirm（确认）对话框，提示清除 PCB 的所有网络，单击 Yes 按钮，如图 8-18 所示。

④ 返回"网表管理器"对话框后，单击"关闭"按钮。清除网络前后的对比效果如图 8-19 所示。

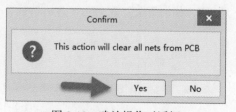

图 8-18   确认操作对话框

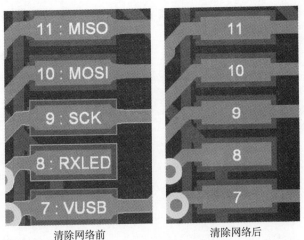

清除网络前　　　　　　　　清除网络后

图 8-19　清除网络前后对比图

⑤ 返回原理图，重新导入网络，执行菜单栏中"设计"→Update PCB Document...命令，如图 8-20 所示。在弹出的 Component Links 对话框中，单击 Automatically Create Component Links 选项，如图 8-21 所示。

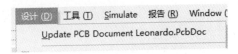

图 8-20　网络表导入操作

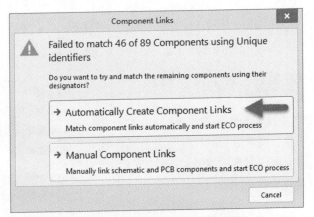

图 8-21　Component Links 对话框

⑥ 在弹出的 Information 对话框中单击 OK 按钮，如图 8-22 所示。在弹出的 Comparator Results 对话框中单击 Yes 按钮，如图 8-23 所示。

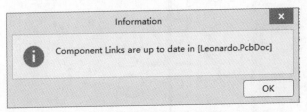

图 8-22　Information 对话框

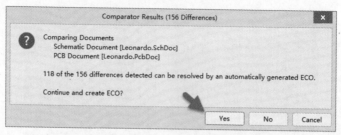

图 8-23　Comparator Results 对话框

⑦ 在弹出的"工程变更指令"对话框中，取消勾选 Add Rooms 选项下的 Add 复选框，单击"执行变更"按钮，状态检测完成之后，单击"关闭"按钮，如图 8-24 所示。至此，网络就全部被重新导入 PCB 中，Unknown Pin 错误便解决了。

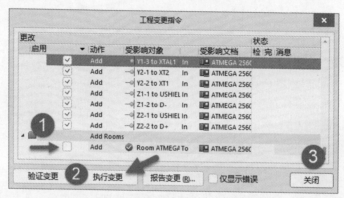

图 8-24　工程变更指令对话框

（12）为什么原理图更新到 PCB 后个别元件无网络？

答：① 在原理图中检查元件是否连接好，比如，走线相交的地方有无结点，或者放置的导线是否是具有电气属性的线条，不具有电气属性的线条如图 8-25 所示。

② 如果仍然有问题，检查原理图元件引脚和封装的引脚标号是否一致。如图 8-26 所示，原理图元件引脚标号是 A、C，而封装的引脚标号是 1、2。

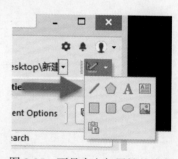

图 8-25　不具有电气属性的线条

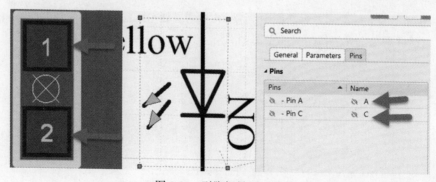

图 8-26　引脚标号不一致

8.4 PCB 设计常见问题

（1）定义 PCB 框时，出现 Could not find board outline using primitives...的错误提示，如图 8-27 所示，如何解决？

答：根据提示可知原因为 Could not find closed shape，即板框轮廓没有闭合。检查并完善板框轮廓，保证其是一个闭合的区域。再执行菜单栏中"设计"→"板子形状"→"按照选择对象定义"命令，或者按快捷键 D+S+D，重新定义板框即可。

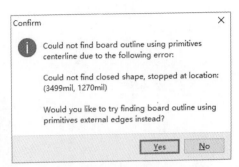

图 8-27 定义板框的错误提示

（2）导入原理图后，有部分元件跑到 PCB 编辑界面外，如图 8-28 所示。如何把元件移回来？

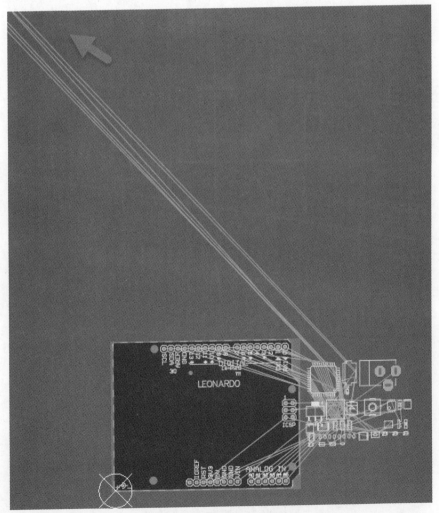

图 8-28 元件在 PCB 界面之外

答：① 执行菜单栏中"编辑"→"选中"→"区域外部"命令，如图 8-29 所示，或者按快捷键 E+S+O，然后框选视线区域里的所有元件，就可以反选区域外部的元件。

② 单击工具栏中的"在区域内排列器件"按钮，如图 8-30 所示，将元件放到 PCB 的可视范围内即可。

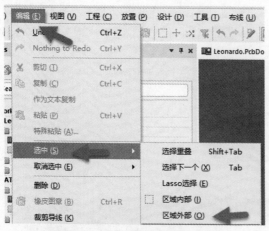

图 8-29　执行"区域外部"命令

图 8-30　"在区域内排列器件"按钮

③ 或者按快捷键 Ctrl+A 选中所有元件，按 Delete 键删除。回到 PCB 库编辑界面检查封装的参考点。若偏离元件过远，执行菜单栏中"编辑"→"设置参考"→"中心"命令，如图 8-31 所示，将参考点设置到元件中心并保存好，然后重新执行导入操作即可。

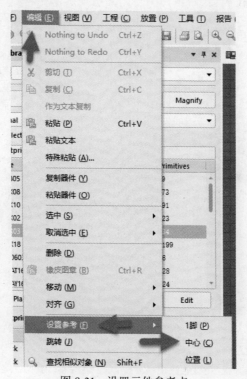

图 8-31　设置元件参考点

（3）AutoCAD 结构导入 AD 后，文字变成乱码，如图 8-32 所示，如何解决？

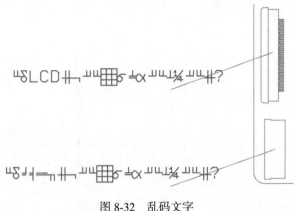

图 8-32　乱码文字

答：双击文字，在文本属性编辑面板的 Font Type 选项组中单击选中 True Type 标签，在 Font 下拉列表框中修改字体属性参数，如图 8-33 所示。修改之后，文字效果如图 8-34 所示。

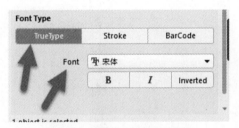

图 8-33　修改字体属性参数

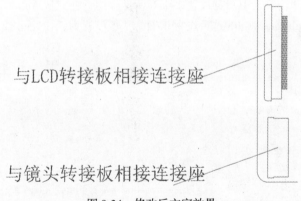

图 8-34　修改后文字效果

（4）AutoCAD 结构导入 AD 后，PCB 出现 The imported file was not wholly contained in the valid PCB...的警告，如何解决？

答：原因是导入的 CAD 图形超出了 AD 的 PCB 编辑界面所能容纳的范围。根据提示，建议从 AutoCAD 导入的时候，在"定位 AutoCAD 零点（0，0）在"选项组中输入适当的原点坐标，尝试将 CAD 图形放到 PCB 编辑界面的有效范围内，如图 8-35 所示。

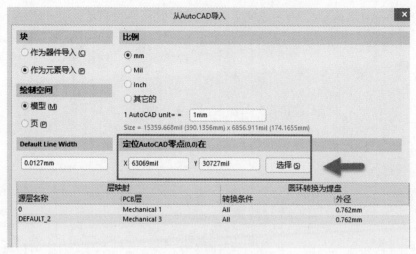

图 8-35　设置零点位置

（5）AutoCAD 结构导入 AD 后，PCB 出现 Default line width should be greater than 0 的警告，如图 8-36 所示。如何解决？

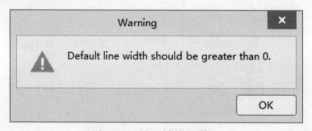

图 8-36　导入结构的警告

答：由警告可知，这是由线宽设置小于 0 所导致的，在"从 AutoCAD 导入"对话框中检查默认线宽 Default Line Width 是否设置正确，一般设置为 0.127mm 或 0.2mm 即可解决，如图 8-37 所示。

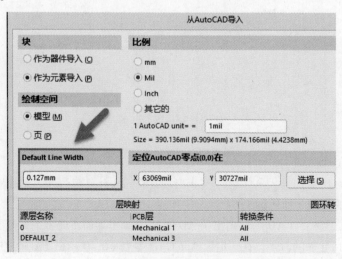

图 8-37　设置默认线宽

（6）元件导入之后，IC 芯片引脚变绿，怎么解决？

答：这是引脚间距过小引起的问题，直接更改安全间距规则就可以了，如图 8-38 所示。或者针对报错的元件焊盘进行规则设置，如图 8-39 所示。

图 8-38　修改安全间距规则

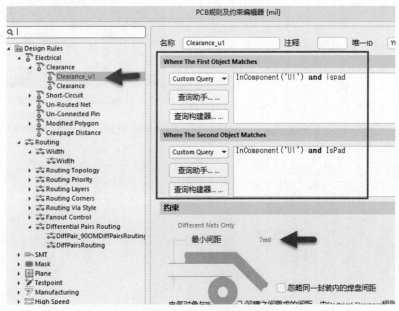

图 8-39　Pad 间距规则设置

（7）不小心将 PCB 弄成了图 8-40 所示的情况，元件像被覆盖住，无法操作。如何恢复到正常操作界面？

答：原因是按了键盘左上角的数字键 1 将二维模式切换到了板子规划模式，按数字键 2 即可切换回来。

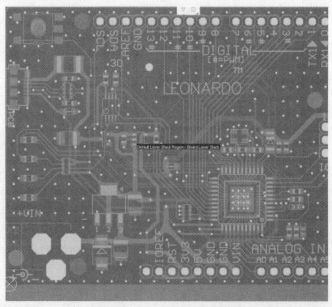

图 8-40　PCB 界面显示异常

（8）PCB 编辑界面的左上角总是出现一些
坐标信息，如图 8-41 所示，如何隐藏？

答：按快捷键 Shift+H 切换坐标信息的显示
和隐藏。

（9）在 PCB 中添加的差分对，每次重新执
行原理图更新到 PCB 操作后都会被 Remove 了，
有什么方法让它不移除？

答：在原理图更新到 PCB 时弹出的"工程
变更指令"对话框中取消勾选 Remove Differential Pair 复选框即可，如图 8-42 所示。

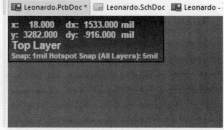

图 8-41　坐标显示信息

提示：若不想 PCB 建立的 Class 在重新导入时移除，也可依此方法解决。

图 8-42　取消移除差分对设置

（10）交互式布局的时候，在原理图中选中元件，PCB 中相应的元件和网络都会高亮，
如图 8-43 所示，如何操作才能只选中元件？

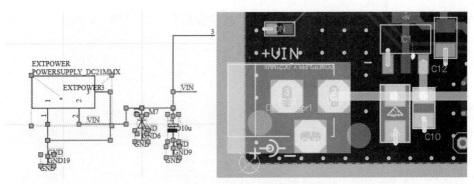

图 8-43 交互式选择

答：在系统参数的优选项中进行修改。按快捷键 O+P，打开"优选项"对话框，在左侧 System 选项卡下选择 Navigation 子选项卡，在右侧的"交叉选择的对象"选项组中只勾选"元件"复选框即可，如图 8-44 所示。

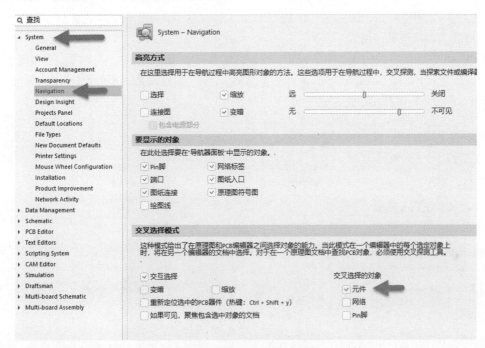

图 8-44 Navigation 子选项卡

（11）PCB 中没有显示飞线，如何打开？

答：之所以没有显示飞线，可能是因为存在以下 3 种情况。

① 飞线被隐藏了。按快捷键 N，在弹出的菜单中执行"显示连接"→"全部"命令，如图 8-45 所示。

② PCB 面板顶部的下拉框处于 From-To Editor 状态，改回 Nets 或者其他状态即可，如图 8-46 所示。

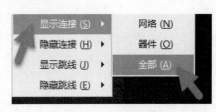

图 8-45 显示连接

③ 视图配置里把飞线显示一栏隐藏了。按快捷键 L，显示 Connection Lines 即可，如图 8-47 所示。

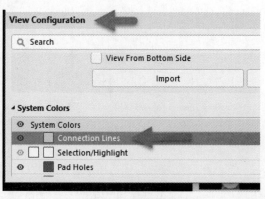

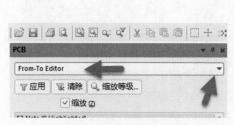

图 8-46　From-To Editor 状态　　　　　　　图 8-47　视图配置

（12）在利用 Altium Designer 24 进行 PCB 设计过程中，如何做到将光标放在某条网络线上时会自动高亮此网络线？

答：可在系统参数的优选项中设置，按快捷键 O+P 打开"优选项"对话框，在左侧 PCB Editor 选项卡下选择 Board Insight Display 子选项卡，在"实时高亮"选项组中勾选"使能的"复选框，如图 8-48 所示。

图 8-48　实时高亮设置

（13）布线时自动切换到其他层，比如想在顶层画线，结果走线自动切换到底层，如何解决？

答：按快捷键 Shift+S 单层显示，再布线就不会出现此类情况；若仍无法解决，建议重启软件。

（14）如何实现过孔或者元件的精确移位？

答：① 先按快捷键 G 或者按快捷键 G+G，设置栅格大小，然后选中过孔或元件，按 Ctrl+方向键进行移动。

② 也可以按快捷键 M，在弹出的菜单中执行"通过 X, Y 移动选中对象…"命令，在弹出的"获得 X/Y 偏移量"对话框中输入 X/Y 偏移量即可按照相应的数值移动，如图 8-49 所示。

提示：单击"X偏移量"或"Y偏移量"右边的"-"或"+"按钮可设置方向，"+"为向右或向上，"-"为向左或向下。

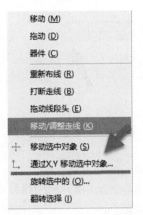

图 8-49　X/Y 偏移量设置

（15）请问为什么 Altium Designer 24 中，按 Shift+空格键，没有任何反应，画不了圆角？

答：① 输入法的问题，需切换到美式键盘输入法。② 如果切换输入法之后还是画不了圆角，就需要按快捷键 O+P，打开"优选项"对话框，在左侧选择 PCB Editor 选项卡下的 Interactive Routing 子选项卡，在"交互式布线选项"选项组中取消勾选"限制为 90/45"复选框，如图 8-50 所示。

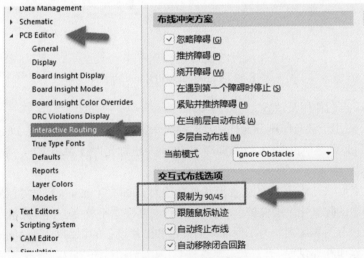

图 8-50　布线参数设置

（16）PCB 布线的时候总会不可控制地遗留一个小线头，如图 8-51 所示。如何解决？

答：PCB 布线过程中按键盘左上角的数字键"1"即可。

（17）在 Altium Designer 24 中怎么快速切换层？

答：① 利用 Altium Designer 24 自带快捷键"*"可以切换层，但是"*"键只能在当前使用的信号层中进行依次切换。② 按键盘右上角的"+""-"键可以在所有层之间来回切换。③ 利用快捷键 Ctrl+Shift+鼠标滚轮也可以切换层。

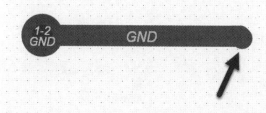

图 8-51　遗留线头

（18）如何将 PCB 的可视栅格改为点状？

答：按快捷键 Ctrl+G，在弹出的 Cartesian Grid Editor（笛卡儿网格编辑器）面板中进行如图 8-52 所示的设置，将"精细""粗糙"的状态改为 Dots，然后依次单击"应用"→"确定"按钮即可。

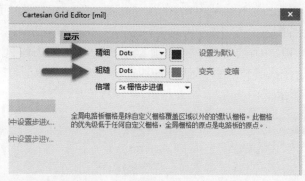

图 8-52　Cartesian Grid Editor 面板

（19）Mark 点的作用及放置。

答：Mark 点用于锡膏印刷和元件贴片时的光学定位。根据 Mark 点在 PCB 上的作用，可分为拼板 Mark 点、单板 Mark 点和局部 Mark 点（也称元件级 Mark 点）。放置 Mark 的 3 个要点如下。

① Mark 点形状：Mark 点的优选形状是直径为 1mm（±0.2mm）的实心圆，材料为裸铜（可以由清澈的防氧化涂层保护）、镀锡或镀镍，需注意平整度，边缘光滑、齐整，颜色与周围的背景色有明显区别。为了保证印刷设备和贴片设备的识别效果，Mark 点空旷区应无其他走线、丝印和焊盘等。

② 空旷区：Mark 点周围应该有圆形的空旷区（空旷区的中心放置 Mark 点），空旷区的直径是 Mark 直径的 3 倍。

③ Mark 位置：PCB 每个表贴面至少有一对 Mark 点位于 PCB 的对角线方向上，相对距离尽可能远，且关于中心不对称。Mark 点边缘与 PCB 边距离至少 3.5mm（圆心距板边至少 4mm），即以两 Mark 点为对角线顶点的矩形，所包含的元件越多越好（建议距板边 5mm 以上）。

在 Altium Designer 24 中设置 Mark 点的方法如下。

① 在板子合适的位置放置焊盘，按 Tab 键，在弹出的属性编辑面板中修改焊盘属性，如图 8-53 所示。效果如图 8-54 所示。

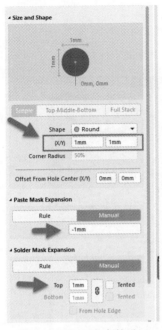

图 8-53　Mark 点参数设置

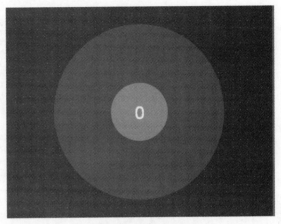

图 8-54　Mark 点

② 在 Mark 点周边放置禁止铺铜区域。先在 Mark 点周边放置一个线宽 1mil 的圆，如图 8-55 所示。

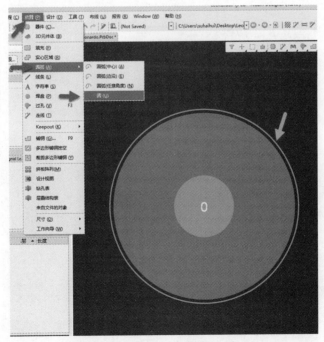

图 8-55　放置圆

③ 选中该圆，执行菜单栏中"工具"→"转换"→"从选择的元素创建非铺铜区域"命令，如图 8-56 所示，或者按快捷键 T+V+T，得到一个圆形的禁止铺铜区域；最后把放置的圆删除即可。最终效果如图 8-57 所示。

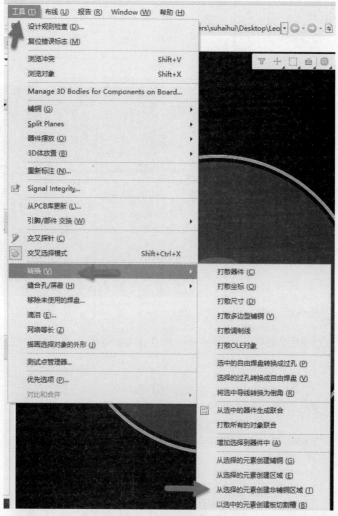

图 8-56　创建非铺铜区域

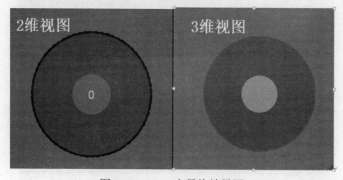

图 8-57　Mark 点最终效果图

（20）如何在 PCB 中挖槽？

答：① 先切换到 Keep-Out Layer，然后执行菜单栏中"放置"→Keepout 命令，绘制想要挖的槽轮廓。此处以圆形为例，效果如图 8-58 所示。

注意：所绘制的槽轮廓应与板子的边框放置在同一层。

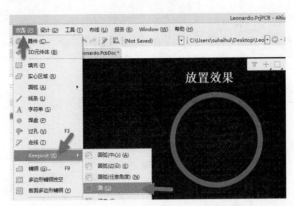

图 8-58 在 Keep-Out Layer 放置圆

② 选中该圆，执行菜单栏中"工具"→"转换"→"以选中的元素创建板切割槽"命令，如图 8-59 所示，或者按快捷键 T+V+B，即可在 PCB 中挖槽，效果如图 8-60 所示。

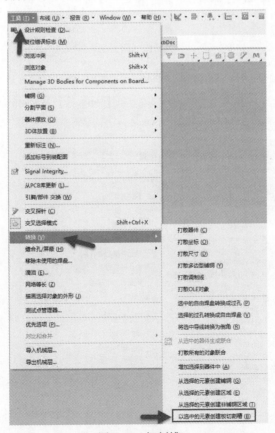

图 8-59 切割槽

图 8-60　挖槽效果

（21）布线过程中，出现闭合回路无法自动删除，如图 8-61 所示，能不能通过设置使其自动移除？

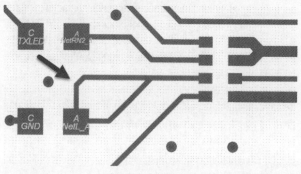

图 8-61　闭合回路

答：按快捷键 O+P，打开"优选项"对话框，在左侧 PCB Editor 选项卡下选择 Interactive Routing 子选项卡，在"交互式布线选项"选项组中勾选"自动移除闭合回路"复选框，如图 8-62 所示。

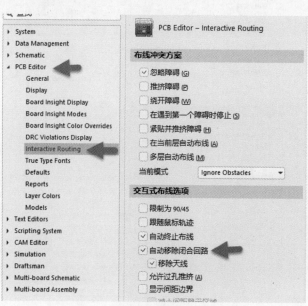

图 8-62　自动移除闭合回路设置

（22）如何在布线过程中快速切换布线线宽？

答：① 在规则中设置好线宽，在布线状态下，按键盘左上角的数字键"3"可快速切换规则设置 Min/Preferred/Max Width 中的 3 种线宽规格。② 布线状态下，按快捷键 Shift+W，在弹出的 Choose Width 对话框中选择需要的线宽即可。Choose Width 对话框中列出的可选线宽可到"优选项"→ PCB Editor → Interactive Routing →"偏好的交互式布线宽度"中设置，如图 8-63 所示。

注意：此方法受规则限制，需保证所选线宽规格在 Width 的规则设置范围之内。

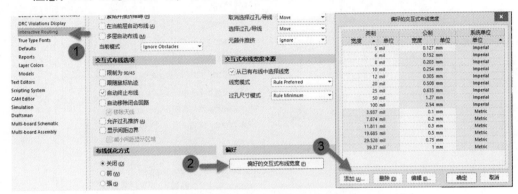

图 8-63　偏好的交互式布线宽度设置

（23）Altium Designer 24 中是否有走线的保护带显示？要实现图 8-64 所示的效果，该怎么设置？

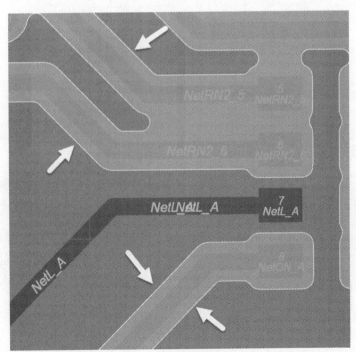

图 8-64　走线边界距离显示

答：打开"优选项"对话框，在左侧的 PCB Editor 选项卡下选择 Interactive Routing 子选项卡，在"交互式布线选项"选项组中勾选"显示间距边界"复选框，如图 8-65 所示。

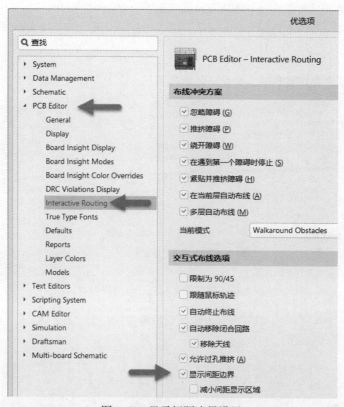

图 8-65　显示间距边界设置

（24）在 3D 状态下旋转板子之后，很难将板子归回原位，如图 8-66 所示，如何快速恢复原状？

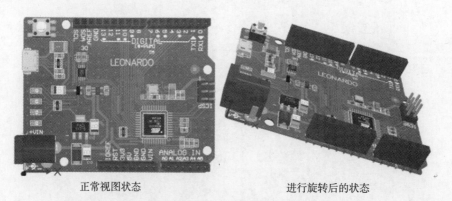

正常视图状态　　　　　　　　　　　　　进行旋转后的状态

图 8-66　3D 旋转情况

答：在 3D 视图状态下选择菜单栏中"视图"→"0 度旋转"命令，或者按快捷键 0 即可。

（25）铺铜的时候，相同网络不能一起覆盖，如图 8-67 所示，如何解决？

答：双击铜皮，查看铺铜的属性设置，选择 Pour Over All Same Net Object 即可。

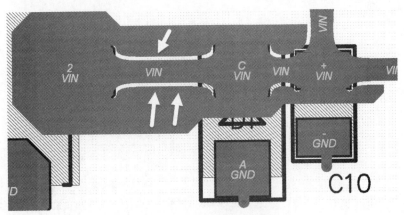

图 8-67　铜皮未完全覆盖

（26）如何快速进行整板铺铜，而不是沿着板框绘制？

答：执行菜单栏中"工具"→"铺铜"→"铺铜管理器"命令，或者按快捷键 T+G+M，如图 8-68 所示。打开 Polygon Pour Manager 对话框，单击"从...创建新的铺铜"右侧的下拉按钮，在弹出菜单中执行"板外形"命令，如图 8-69 所示。在弹出的"多边形铺铜"属性编辑对话框中，根据需要设置好铜皮的连接方式和网络等属性即可。

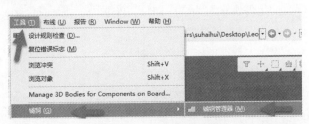

图 8-68　打开铺铜管理器

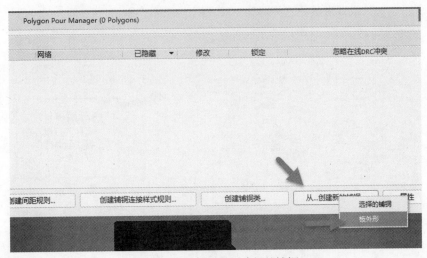

图 8-69　从板外形创建新的铺铜

（27）想要使走线或者铜皮与 Keep-Out 线保持 20mil 的间距，请问如何设置？

答：这属于规则设置问题。按快捷键 D+R，打开 PCB 规则及约束编辑器，按照图 8-70 所示进行设置即可。

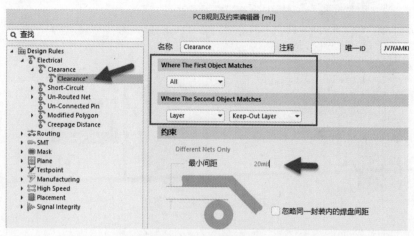

图 8-70　Keep-Out 的间距设置

（28）遇到异形焊盘，出现单个焊盘冲突报错的问题，如何解决？

答：双击元件，先将其原始锁定解除，如图 8-71 所示。然后将异形焊盘的组件都设置为同一网络，再重新锁定即可。

（29）将 Keep-Out 线作为板框使用时，当接口元件放置到板边时就会报错，如何设置让它不报错？

答：在 PCB 规则及约束编辑器中针对这些元件设置间距规则，如图 8-72 所示。

图 8-71　原始锁定解除

（30）铺铜时总会有些铜皮灌进元件焊盘之间，如图 8-73 所示。如何设置来避免这种情况，或者把这些铜皮删掉？

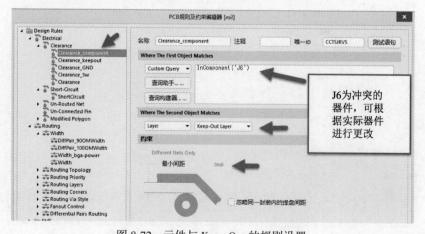

图 8-72　元件与 Keep-Out 的规则设置

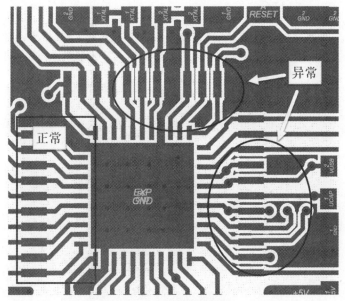

图 8-73　铜皮灌铜情况

答：① 执行菜单栏中"放置"→"多边形铺铜挖空"命令，将尖岬铜皮挖空删除。
② 将铜皮与其他元素对象间距设置得大一些，如图 8-74 所示。

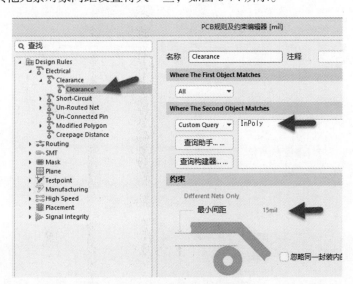

图 8-74　铺铜间距设置

（31）智能 PDF 输出时只有一部分内容，没显示完，如图 8-75 所示，怎么解决？

答：操作问题，输出区域未选对。按图 8-76 所示在 Area to Print 选项组中选中 Entire
Sheet 单选按钮即可（下方的 Specific Area 可以输入用户想要输出的范围）。

（32）移动过孔的时候，走线随之移动了，怎么设置让走线不动？

答：打开"优选项"对话框，在左侧 PCB Editor 选项卡下选择 Interactive Routing 子选
项卡，在"拖曳"选项组中将"取消选择过孔/导线"设置为 Move，如图 8-77 所示。

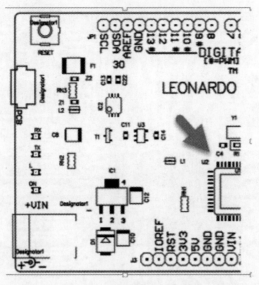

图 8-75　PDF 输出不完整

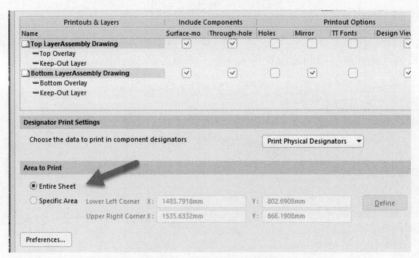

图 8-76　Area to Print 设置

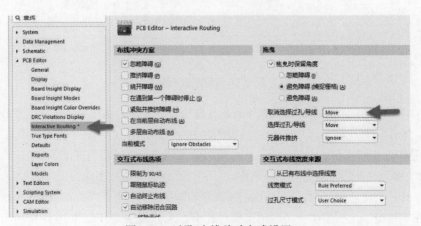

图 8-77　过孔/走线移动方式设置

（33）想要给板边框放置一个尺寸标注，怎么操作？

答：切换到 Mechanical1 层（任意一个机械层皆可），执行菜单栏中"放置"→"尺寸"→"线性尺寸"命令，或者按快捷键 P+D+L。放置尺寸标注，选择起点和终点拖拉即可。放置的过程中按空格键可以改变放置的方向，按 Tab 键可以修改标注的属性，例如，可以修改 Unit（单位）和 Format（格式）。放置好后如图 8-78 所示。

图 8-78　放置尺寸标注

（34）如何实时显示布线长度？

答：布线的过程中按快捷键 Shift+G，即可打开或者关闭实时显示布线长度。

第9章 Altium 365 平台

Altium 365 是一个集 PCB 设计、MCAD、数据管理和团队协作于一体的电子产品设计平台。

Altium 365 的一个关键功能是它与 Altium Designer 24 的无缝集成，Altium Designer 24 和 Altium 365 的结合可以帮助设计团队避免沟通失误、缩短重新设计迭代和上市时间。

Altium 365 允许用户将项目团队（包括电子、机械和软件设计、采购和制造等人员）聚集在一起，可以共享、可视化和标记设计，以及为所有成员添加评论，同时在 Altium Designer 24 中连接其他设计师到同一个 PCB 设计进行审查和修改。

Altium 365 为设计带来的主要优势如下。

- 共享项目以实现安全协作。
- 允许多人协作，可突出标记特定元件或区域，实现更有效的设计意图和审查。
- 通过网络浏览器共享设计以方便查看。
- 内置存储和版本控制功能确保可随时从任何平台或设备获取最新数据。
- 与多种 MCAD 软件工具实现本地集成。
- 减少制造环节的错误沟通和再设计迭代。

9.1 登录 Altium 365 平台

1. 从软件登录 Altium 365

（1）打开 Altium Designer 24 软件，单击界面右上角"设置系统参数"按钮✿，打开"优选项"对话框。单击 System→Account Management 子选项卡中的 Altium Account Management Servers 下拉列表框，选择 portal365.altium.com，如图 9-1 所示。

（2）单击 Altium Designer 24 软件界面右上角 Not Signed In 下拉框，在列表中选择 Sign in 命令，如图 9-2 所示。

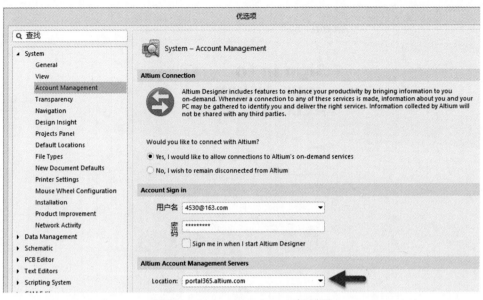

图 9-1　Account Management 标签页

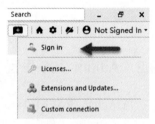

（3）将弹出如图 9-3 所示的 Sign in 对话框。输入 Email 和密码，然后单击 Sign in 按钮进行登录。

（4）成功登录后，当前用户信息将显示用户头像，然后单击旁边的"活动服务区"按钮，打开 MY WORKSPACES 对话框，单击"浏览器"按钮⊕，如图 9-4 所示，即可进入 Altium 365 平台。

图 9-2　登录账号

2. 从浏览器登录Altium 365

打开任意浏览器，输入网址 https://altium-inc-2852.365.altium.com，以便打开 Altium 365 的登录界面，如图 9-5 所示。输入 Email 和 Password 即可登录。

图 9-3　Sign in 对话框

图 9-4　打开浏览器

图 9-5　网页登录界面

9.2　Altium 365 界面介绍

就 Altium 365 工作区而言，假设用户已被添加到至少一个工作区的团队中——即本组织或其他组织的工作区。如果本组织尚未拥有 Altium 365 工作区，那么尝试连接时，Altium Designer 24 将引导用户完成工作区激活过程。

Altium 365 界面主要包括 4 个区域，如图 9-6 所示。

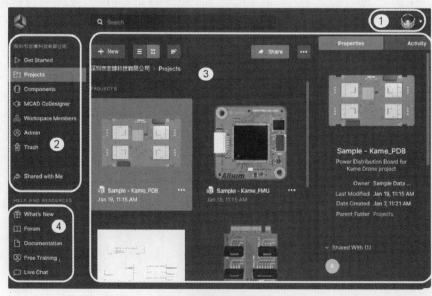

图 9-6　Altium 365 界面

（1）当前用户，反映当前已登录到 Altium 365 平台的用户图标。工作区名称等相关用户信息如图 9-7 所示，列出了用户有权访问的所有其他工作区。

（2）活动工作区界面。在连接到工作区时，将显示该区域基于浏览器的界面，用户可在该活动工作区提供关键技术和服务，例如，邀请团队成员，对项目进行审查等。

（3）主页视图界面。该界面显示了左侧导航窗格中当前所选条目的展开内容。

（4）帮助和资源。为用户提供关于 Altium 365 平台的入门指南及社区交流。

Altium 365 平台包含个人、标准、专业和企业 4 个服务级别，实际显示的页面以及可用的功能将取决于用户在工作区中的权限。

图 9-7 用户登录信息

9.3 上传项目到 Altium 365

9.3.1 上传本地项目到 Altium 365

使本地项目在线可用，本质上是在工作区中"注册"该项目并为其创建"镜像"。用户可以享受 Altium 365 可用的协作功能，同时也可以将原始项目保持在原位置。

（1）在 Altium Designer 24 中打开需要上传的本地项目，然后在 Projects 面板中右击项目名称，在弹出的快捷菜单中执行"使项目在线可用"命令，如图 9-8 所示。

图 9-8 上传至服务器

（2）在弹出的 Make Available Online 对话框中设置相关参数。如图 9-9 所示，Project Name 可以修改项目名称，Description 可输入针对项目的描述，Version Control（版本控制）需要勾选，否则后期团队成员只能查看项目，不能评论和反馈该项目。Advanced 按钮的

Folder 下拉列表框可修改云端路径。按需求设置好后，单击 OK 按钮。

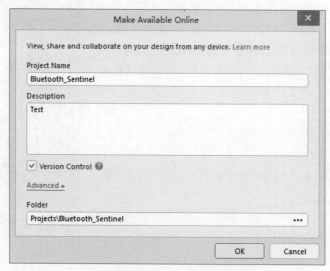

图 9-9　Make Available Online 对话框

（3）文件即可进行上传，上传过程提示如图 9-10 所示。

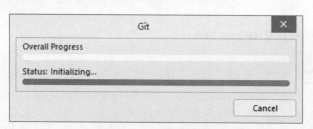

图 9-10　上传过程提示

（4）项目上传完成后，会弹出 Project Available in Altium 365 Workspace 对话框提示，如图 9-11 所示。用户可勾选对话框左下角的 Do Not Show Again 复选框，之后上传的项目将不再提示该对话框。或者单击 Open Project in Web Browser 按钮，以打开 Altium 365 中的项目。

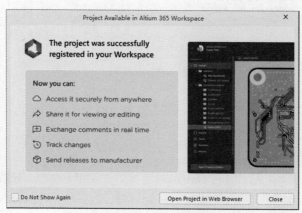

图 9-11　上传成功提示

（5）Projects 面板显示了本地项目与 Altium 365 工作区项目已联机的图标 ✓，如图 9-12 所示，表示本地项目与工作区项目完全同步。

图 9-12　本地项目关联 Workspace 项目

（6）若文件有修改，在 Altium Designer 24 中修改并保存好，然后单击 Projects 面板中工程名称旁的 Save to Server 命令，即可将修改项上传至 Altium 365 工作区，用户可通过文件图标判断关联状态，绿色图标 ✓ 表示完全关联，红色图标 ◎ 表示本地项目已修改，未上传至云端，本地项目和云端项目有版本冲突。

9.3.2　直接在工作区创建项目

（1）执行菜单栏"文件"→"新的"→"项目"命令，在弹出的 Create Project 对话框中设置好相关参数，然后单击 Create 按钮创建项目，如图 9-13 所示。

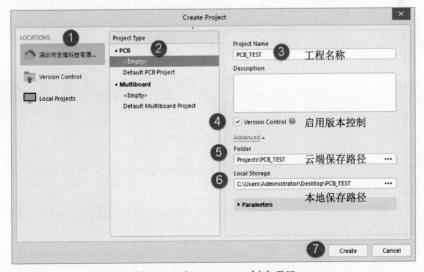

图 9-13　在 Workspace 创建项目

（2）给工程添加原理图和 PCB 等文件，此处给工程添加已有的文件。在工程目录上右击，在弹出的快捷菜单中执行"添加已有的到项目"命令，如图 9-14 所示。

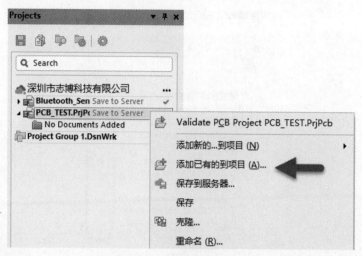

图 9-14　添加已有文件

（3）选择需要添加到项目的文件，如图 9-15 所示，然后单击"打开"按钮即可添加文件。

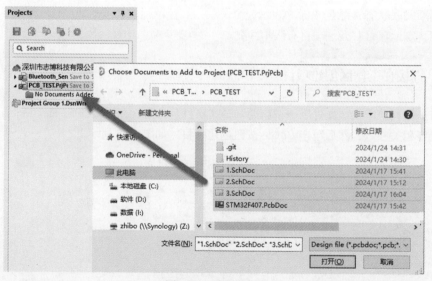

图 9-15　选择文件

（4）文件添加之后，用户就可以在相应设计界面上进行原理图和 PCB 的设计，就像平时的软件操作一样。

（5）按快捷键 F+L 保存好整个项目，然后在 Projects 面板单击执行 Save to Server 命令，即可同步保存到 Altium 365，如图 9-16 所示。

（6）在 Projects 面板中右击工程名称，弹出的快捷菜单中执行"在 Web 浏览器中显示"命令，可打开 Altium 365，查看已上传的文件，如图 9-17 所示。

图 9-16 上传整个项目

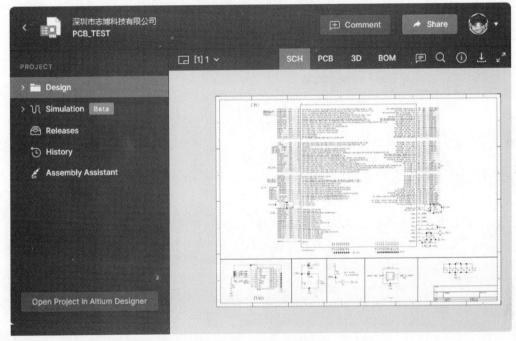

图 9-17 查看已上传项目

9.3.3 控制项目是否同步

一旦本地项目在线使用,用户可以对其在线可用性和同步性进行控制。

若要停止本地项目与其在 Altium 365 工作区中的托管实例之间的同步,执行菜单栏中"项目"→Projects Options 命令,在弹出的 Options for PCB Project PCB_TEST.PrjPcb 对话框中选择 General 选项卡,单击页面中的"关闭同步"按钮,如图 9-18 所示。

在弹出的 Turn off project synchronization 对话框中单击 Unlink 选项,如图 9-19 所示,本地项目将不再与工作区中的项目关联,工作区的项目保持不变,此操作不会将其删除。

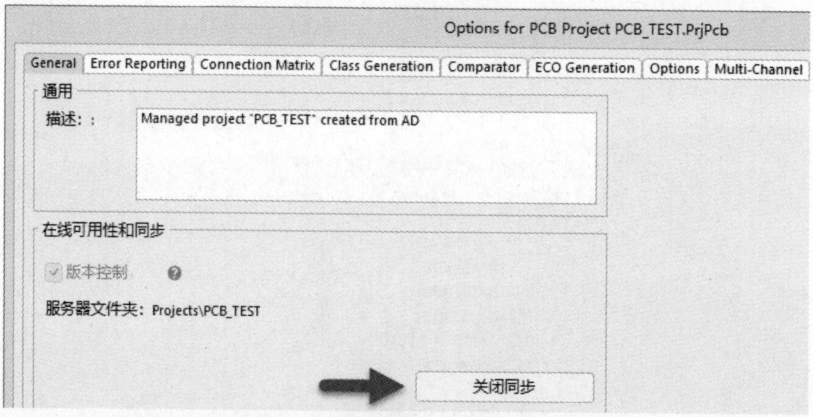

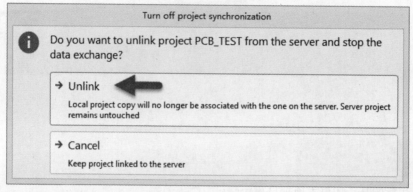

图 9-18　关闭同步

图 9-19　确认关闭同步

若有需要，用户还可以使本地项目再次联机。用户可执行菜单栏中"项目"→Projects Options 命令，在 General 选项卡中单击"使项目在线可用"按钮，在弹出的 Make Available Online 对话框中设置相关参数，如图 9-20 所示。

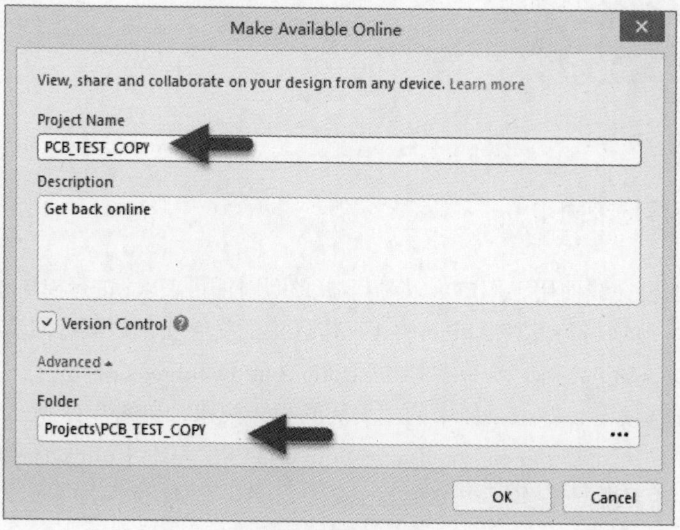

图 9-20　重新联机

重新联机之后的项目对比如图 9-21 所示。

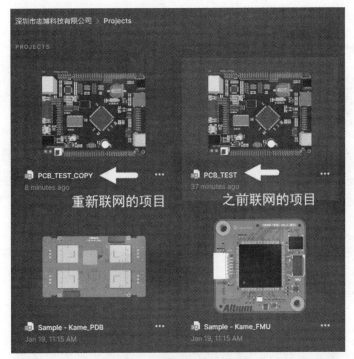

图 9-21　重新联机项目对比

需要注意的是，如果本地项目再次联机，则需要更改本地项目的名称。由于关闭同步不会删除工作区中的项目，因此该项目（前一次联机的项目名称及位置相同）可能仍然存在。如果需要使用相同的项目名称，则需要删除工作区中前一个同名的项目实例。

9.4　设计项目的协同工作

产品开发不是一个人的工作，Altium 365 允许邀请其他用户到自己的工作区进行项目协作，并且可以在单个工作区中组织整个公司的工作。同时，受邀的团队成员将始终可以访问项目和元件的最新版本。

9.4.1　邀请工作区成员

用户可以通过工作区的 Web Browser 邀请其他用户加入工作区。管理员可以同时邀请多个用户，还可以将多个角色分配给同一用户。

（1）单击 Altium Designer 24 右上角的工作区名称，在下拉选项中单击工作区的 Web Browser 按钮，即可在浏览器中打开 Altium 365 工作区，如图 9-22 所示。

图 9-22　打开工作区

（2）从浏览器的左侧菜单中单击 Workspace Members 菜单，打开团队管理界面，如图 9-23 所示，单击 Invite Members 按钮。

图 9-23　成员管理界面

（3）弹出的 Invite Workspace Members 对话框中，在 Add Members 文本框中输入待邀请用户的电子邮件地址，也可以在 Add a Note 文本框中备注待邀请用户的职位等信息，然后单击 Invite 按钮，如图 9-24 所示。

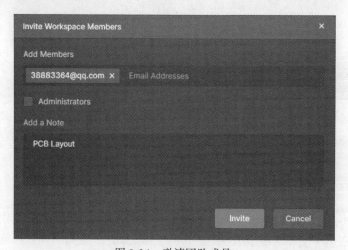

图 9-24　邀请团队成员

（4）然后网页会弹出非成员提示，如图 9-25 所示，继续单击 Invite 按钮即可。

图 9-25　确认是否邀请

（5）成员将通过对应的电子邮件地址收到邀请，如图 9-26 所示。单击 Accept Invite 按钮后，新的团队成员将有权访问工作区并能够与其他参与者进行协作。

图 9-26　成员接受邀请

（6）管理员可在团队条目下看到成员列表，如图 9-27 所示。

图 9-27　成员列表

Admin 条目，只能由该活动工作区的管理员（Administrator）访问。加入该工作区的团队成员，除 Admin 菜单之外，可自由访问活动工作区的其他界面元素，要访问具体界面，单击对应条目即可打开。

Administrator 可以分配管理员权限给到成员，若勾选图 9-27 所示的 Administrator 复选框，对应成员将拥有和工作区管理员一样的权限。

9.4.2　在软件端分享项目

Altium Designer 24 支持以下级别的共享。

（1）与团队成员共享——用于编辑或查看。受邀的团队成员可以通过 Altium Designer 24 或 Altium 365 平台界面查看设计，仅通过 Altium Designer 24 进行编辑。

（2）与团队之外的人员共享——仅可通过电子邮件邀请查看和评论。这样，受邀的用户就可以通过浏览器查看正在进行的项目，而无须安装软件。

当工作区团队的相关成员对设计进行更改并提交更改时，这些更改可以被外部人员实时查看。实现项目分享方法如下。

（1）打开一个设计项目，登录 Altium 365 账号之后，执行菜单栏中"项目"→"分享"命令，或单击软件界面右上角"分享"按钮，如图 9-28 所示。

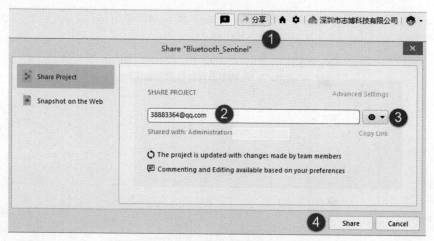

图 9-28　项目分享

（2）在弹出的 Share "Bluetooth Sentinel" 对话框中，单击选择 Share Project 选项，然后输入待邀请用户的邮箱地址，并单击右侧图标 ⊙，将访问权限切换为 View（查看）或 Edit（编辑），最后单击 Share 按钮进行分享。

（3）接着弹出 Confirm 对话框，再次确认将项目分享给工作区以外的人员，如图 9-29 所示，单击 OK 按钮。

（4）Share "Bluetooth Sentinel" 对话框中将显示项目分享成功，如图 9-30 所示。可单击 Who has access 按钮，查看有哪些用户可参与项目，如图 9-31 所示。

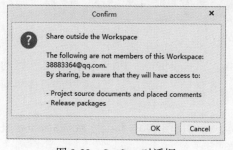

图 9-29　Confirm 对话框

图 9-30　分享成功

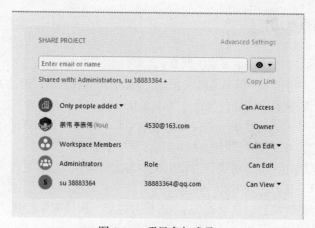

图 9-31　项目参与成员

（5）成员可通过邮箱中的邀请登录 Altium 365 平台查看项目，或者直接登录 Altium 365 平台，单击 Shared with Me 菜单以查看项目。

9.4.3　在 Altium 365 平台分享项目

（1）Altium 365 平台中，单击打开 Projects 菜单，然后选择其中需要共享的项目，单击 Share 按钮，如图 9-32 所示。

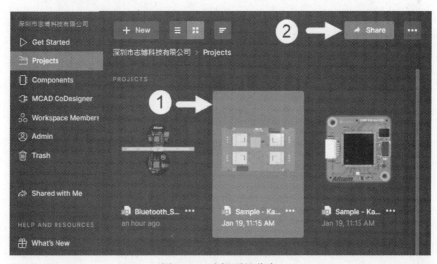

图 9-32　选择项目分享

（2）在弹出的 Share:Sample-Kame_PDB 对话框中，如图 9-33 所示，填写待分享用户的邮箱地址，然后设置访问权限为仅查看或可编辑，再限定可以进入工程的人员身份，最后单击 Share 按钮，即可实现项目分享。

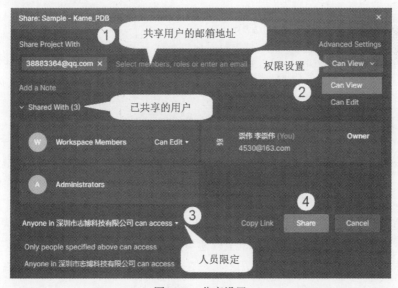

图 9-33　分享设置

（3）若分享的用户不是工作区成员，将弹出再次确认的对话框，再次单击 Share 按钮即可，如图 9-34 所示。

图 9-34　再次确认是否分享

（4）成功分享之后，Shared with 选项组的显示如图 9-35 所示。

图 9-35　完成项目分享

（5）同样，受分享成员可直接登录 Altium 365 平台，单击 Shared with Me 菜单查看。

9.5　云端项目下载编辑并上传

这里介绍 Altium Designer 24 配合 Altium 365 之间交互操作的流程。包括从 Altium Designer 24 打开 Altium 365 中的项目，进行编辑、修改并保存，然后回传云端服务器。

9.5.1　打开 Altium 365 中的现有项目

执行菜单栏中"文件"→"打开项目"命令，在弹出的 Open Project 对话框中会出现四类选项：最近的项目 Recent、托管项目 Workspace、共享项目 Shared with Me 和本地存储项目 Local Project。该对话框看起来与以前版本的 Altium Designer 略有不同，现在可以显示项目位置。打开托管项目，选择 Bluetooth sentinel 项目，然后单击 Open 按钮打开，如图 9-36 所示。此处将在本地计算机上创建项目的副本，而无须直接连接到服务器，并且该项目将在 Project 面板中打开。用户可以在项目中工作，进行任何必要的更改，然后保存。

图 9-36　打开托管项目

打开后的 Project 面板如图 9-37 所示。

图 9-37　Project 面板

9.5.2　在 Altium Designer 24 中编辑项目

（1）查看元件属性。由于元件来自托管服务器云端，因此生命周期状态和其他信息都将显示在 Properties 面板中。在原理图界面中双击元件（如 C2）时，Properties 面板将显示该元件的属性，如图 9-38 所示。

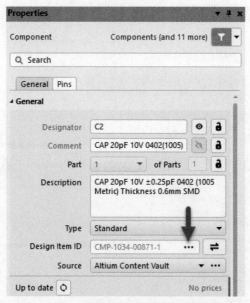

图 9-38　元件属性

（2）更换元件。若希望在服务器上用任何其他元件替换该元件，单击 Properties 面板中 Design Item ID 旁边的三点图标 •••，如图 9-38 箭头所示。

（3）在弹出的 Replace Capacitor 对话框中，打开 Capacitors 列表，然后在展示的列表中单击选择需要的元件，同时单击 Component Details 按钮 ⓘ，可以在对话框右侧查看器件详细信息。单击 OK 按钮，如图 9-39 所示，即可替换原始元件。

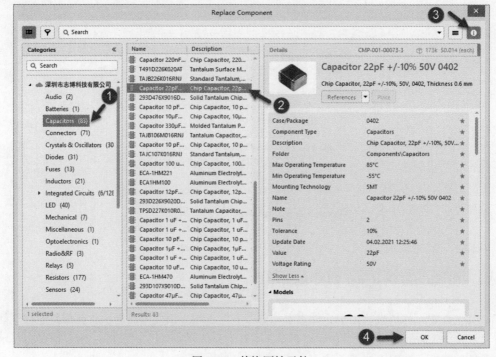

图 9-39　替换原始元件

（4）更换之后的元件变化如图 9-40 所示。

（5）将元件周期更新为最新版本。若项目中的某元件在生命周期中处于不合适的状态（过时或停产），需要更换为最新版本的元件，此时在 Altium Designer 24 中也可以轻松进行更新。使用的元件过时，其属性状态将显示为 Not applicable，如图 9-41 所示。

（6）单击 Update to the Latest Revision 按钮 ⟳，其状态将更新到最新版 Up to date，如图 9-42 所示。

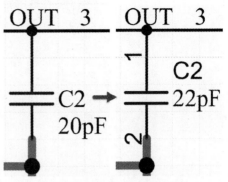

图 9-40　更换之后的元件变化

图 9-41　元件生命周期状态

图 9-42　元件最新版本

（7）根据设计需求，所有针对项目的修改，包括修改电路图纸、更换封装等，都需要在 Altium Designer 24 中处理。

9.5.3　保存项目并回传云端服务器

原理图编辑更改之后，在项目面板上会有相应的红色标记 ⊙，显示该原理图被改动过，本地项目与服务器中的项目存在差异，此时需按快捷键 F+L 保存项目。

将更改从本地项目副本回传至云端服务器。在 Projects 面板中右击项目名称旁的 Save to Server 命令。

在弹出的 Save Bluetooth Sentinel to Server 对话框中的 Comment 文本框中添加所需的注释，实现项目更改的可追溯性，之后单击 OK 按钮提交项目更改，如图 9-43 所示。

完成对服务器中的项目更新后，项目及其文档将显示绿色的图标 ✔，表示本地项目与服务器上的项目完全同步。

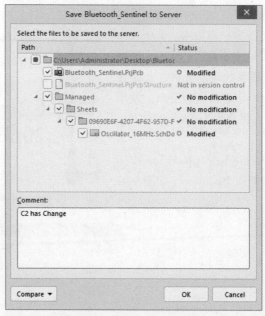

图 9-43　提交已修改文件

用户可通过在 Projects 面板中右击项目名称，在弹出的快捷菜单中执行"历史记录版本控制"→Show Project History 命令，如图 9-44 所示，以便查看项目提交记录。

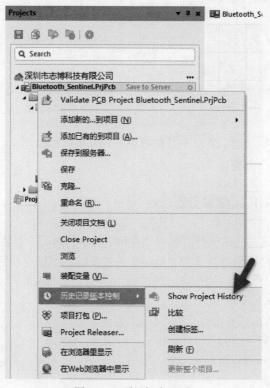

图 9-44　项目提交记录

项目提交记录显示如图 9-45 所示，可看到 C2 的变动情况。

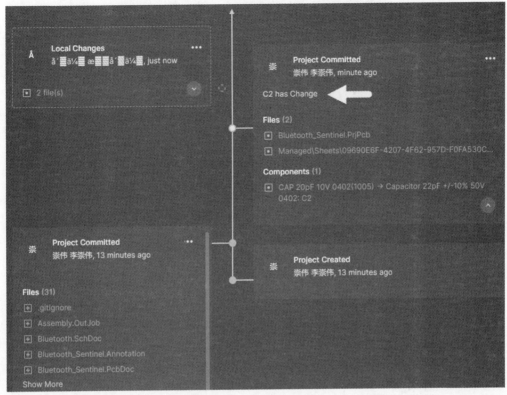

图 9-45　项目提交记录

9.6　项目审查与评论

在 Altium Designer 24 的原理图和 PCB 界面中，用户可以执行菜单栏中"放置"→"注释…（Ctrl+Alt+C）"命令，进行项目评论，然后保存项目并上传到云端即可。同样，在 Altium 365 也可以对设计进行审查和评论，双击打开工作区 Projects 条目中的一个项目，工作区成员可在 SCH 或 PCB 界面添加评论。评论可以有以下三种放置方式。

（1）在对象上评论。点击某个对象，对其添加评论。

（2）针对某一区域评论。绘制一个区域，对其进行评论。

（3）手写评论。灵活地放置在某一地方，使用画笔进行评论。

以 SCH 为例，单击网页右上角的 Comment 按钮，此时会弹出一个十字光标，用户可直接单击设计对象，或者按住左键框选相应区域。然后在弹出的评论设置文本框中，根据需要填写评论，同时可以@团队成员，勾选 Assign to 复选框，指定某个成员解决评论内容，如图 9-46 所示。单击 Post 按钮后，即可放置评论。

在 Altium Designer 24 中也能实时查看云端放置的评论，使得协作即时且高效。如图 9-47 所示。单击软件右下角 Panels 按钮，打开 Comments 面板，可查看项目中的所有评论。

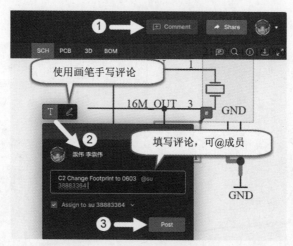

图 9-46　放置评论并指定成员

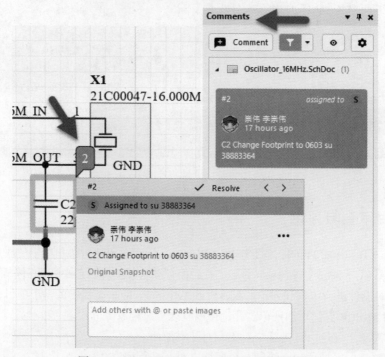

图 9-47　Altium Designer 24 中查看云端的评论

若已经对评论内容做出相应的处理，可单击评论中的√Resolve 按钮，可以消除该评论。同理，云端的评论也可以在处理好后进行消除。

9.7　基于云端的标准元器件库

Altium 365 有效地托管了 Altium Designer 24 中的所有元件信息，用户可以使用来自全球供应商的准确和最新的价格信息来定位和放置任何特定元件。供应商每天都会更新可用性和价格信息，以确保元件始终拥有最新的信息。

9.7.1　元件查找和放置

使用 Altium Designer 24 的 Components 面板来搜索现有元件，本节需了解如下操作。
- 元件类别和详细信息
- 元件搜寻
- 比较元件参数
- 放置元件
- 制造商生命周期

1. 元件类别和详细信息

当 Components 面板打开时，将列出服务器上托管的所有元件以及所有现有的基于文件的库。面板有紧凑视图和扩展视图两种显示方式，由屏幕上面板的宽度控制。面板左侧为元件类别窗口，此处可以添加、编辑或删除任何元件类别。单击左边 Categories 按钮 可以打开类别窗口，单击右边 Component Details 按钮 打开器件详细信息窗口，Components 面板扩展如图 9-48 所示。

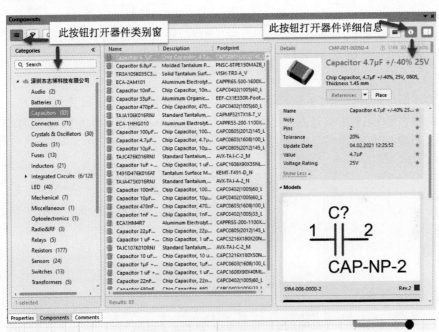

图 9-48　Components 面板扩展

2. 元件搜寻

详细的筛选功能仅在连接服务器时可用，元件的所有参数信息均已索引以便进行搜索。附加的 Filters（过滤器）功能可以微调面板中列出的元件，以便快速筛选出满足设计需求的确切元件。在 Components 面板使用过滤器来精准查找元件的操作如下。

（1）在 Components 面板元件类别 Categories 中找到器件的类目。

（2）使用 Filters 区域中的滚动条找到过滤器参数 Value，然后根据需求选择。例如，搜索一个容值 10μF、封装为 1206 的电容，搜索结果如图 9-49 所示。

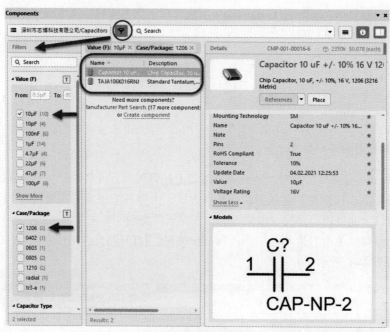

图 9-49　筛选器件

　　元件详细信息窗口如图 9-50 所示。所选元件的常规详细信息显示了大多数的元件参数信息。例如，元件名称和描述以及定价，库存和元件版本状态等。单击 Place 按钮即可放置该元件到原理图。

图 9-50　元件详细信息

- Reference：显示用于快速访问元件信息的所有附加资源，例如，元件数据手册或二进制文件。
- Models：显示原理图符号、封装和任何仿真模型。可以在 2D 和 3D 视图中切换。在 3D 模式下，按住 Shift 键+右键单击可拖动封装模型。
- Part Choices：显示动态的供应商链接，包含每个供应商给定元件关联的价格、可用性、制造商零部件编号和供应商零部件编号。
- Where used：显示了该元件在哪个项目中有使用以及使用的时间和日期。用户可利用该功能来跟踪各个设计中该元件的使用情况，并将有故障的元件更新为多个设计中的最新版本。或者根据显示发现该元件在其他设计中的使用很成功，那么在此时就可以借鉴此信息而将该元件用在当前的设计中。

3. 比较元件参数

用户可利用搜索结果中的信息，通过比较元件信息来确保使用正确的元件。可以验证设计元件是否具有替代件选择和供应链信息，以确保实际可用性和可追溯性。

在搜索结果中同时选择两个元件后，详细信息窗口将打开一个比较视图，该视图以红色字体显示参数差异的部分，以黑色字体显示参数相同的部分。在这种情况下，可以明显区分两个元件之间不同的参数，如图 9-51 所示，可帮助用户了解最适合当前设计的元件。

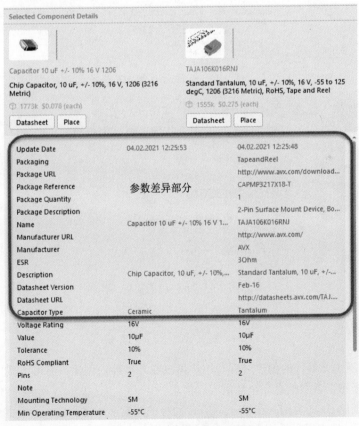

图 9-51　元件部分参数对比图

4. 放置元件

在搜索及比较之后，确定选择使用某个元件，这时就可以使用 Place 按钮放置元件，或将元件从列表中拖到原理图上。放置过程中，单击 Tab 键可以打开元件属性面板以便在放置期间更改元件位号。

5. 制造商生命周期

为了解决元件被市场淘汰的问题，面板中显示了元件制造商的生命周期信息。由于制造商没有使用统一的方法来反映元件的生命周期状态，因此该状态是基于制造商、全球分销商和全球销售分析（包括所有分销商的实时和历史库存可用性）汇总的信息。所以，此生命周期状态并不总是与制造商提供的状态一致，用户如有疑问，请与制造商仔细核对以获取授权的生命周期信息。

元件的生命周期也可以从详细信息窗口中查看，如图 9-52 所示。突出显示的绿色指示（图中以箭头指示）表示批量生产，并且该元件随时可用，可以安全地用于当前设计需求。

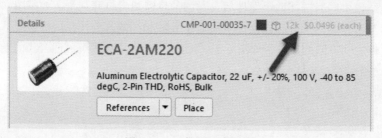

图 9-52　元件的生命周期

突出显示如果为红色（图中以箭头指示），如图 9-53 所示。则很可能是该元件停产或缺货，表示该元件不再生产，并且将来可能很难找到，那么用户最好更换元件。

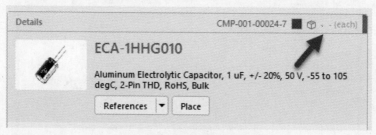

图 9-53　元件可能缺货

9.7.2　元件创建

本小节将演示元器件的创建过程。用户可以在几秒钟内创建具有可下载内容的复杂元件，包括 3D 模型、参数信息和全球供应链信息。

以创建排阻 TC124 为例，在 Components 面板的搜索文本框中输入所需的元件 TC124，如图 9-54 所示。搜索栏中将给出提示，需要更多元件，可在 Manufacturer Part Search（制造商零部件搜索，以下简称 MPS）面板中查找或直接创建元件。

图 9-54　搜索 TC124

MPS 面板提供了基于类别和参数过滤的综合搜索功能，可以根据元器件成本和可用性选择首选供应商，最终尽快地找到所需的元器件。

该面板里的海量元器件资源均来自合作的制造商及供应商所提供的最新的元件数据。选定的元器件，可以直接下载到本地或获取到自己的工作区，也可以将其参数和数据表添加到自己创建的元器件中；还可以设定首选供应商，并将其作为供应商链接参数添加到现有设计元器件中。

1．MPS获取元件

（1）单击 Manufacturer Part Search 链接，将自动打开 Manufacturer Part Search 面板。

（2）将元件类型定义为电阻阵列 Resistor Arrays 来缩小查找范围。

（3）在搜索文本框中输入 TC124，即可看到对应的元件，如图 9-55 所示。在搜索结果中，元件旁边带有绿色图标 ▯（图中已圈出），表示这些元件包含符号库和封装模型。

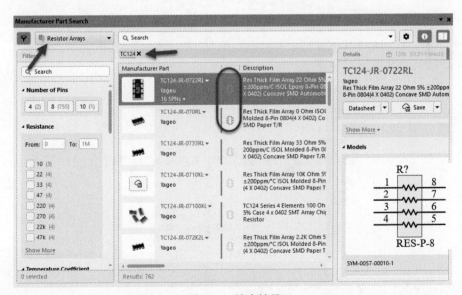

图 9-55　搜索结果

（4）选择元件 TC124-JR-0722RL，然后右击，从弹出的快捷菜单中选择 Save to My Workspace...命令，即可保存到工作区，如图 9-56 所示。

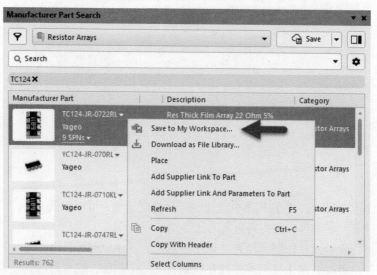

图 9-56　保存到工作区

（5）在弹出的"创建新元件"对话框中选择 Resistors 类别以加载元件模板和基本参数，然后单击"确定"按钮，如图 9-57 所示。

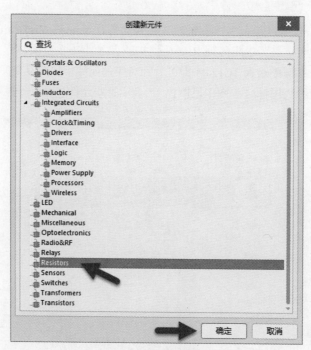

图 9-57　选择元件类别

（6）弹出 Use Component Data 对话框将询问需要从供应商下载哪些元件参数数据，用户可以全选或根据需要选择，如图 9-58 所示，然后单击 OK 按钮。

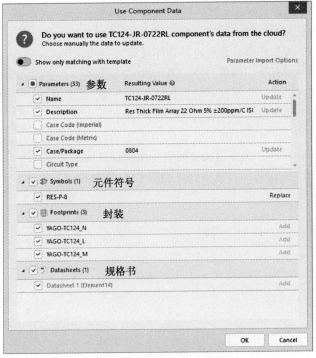

图 9-58　选择元件参数数据

（7）在弹出的"单元件编辑器"对话框中，如图 9-59 所示，按照设计需求设置，可以修改元件符号，修改或者添加 PCB 封装模型，元件符号和封装模型的修改与在常规库中的操作方式一致。请注意，模板基础参数 Parameters 是必需的，可以修改，但不能删除。

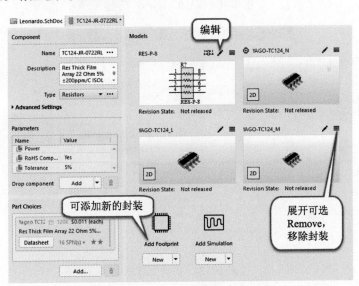

图 9-59　"单元件编辑器"对话框

（8）设置完成之后，按快捷键 Ctrl+S 保存，然后执行菜单栏中"文件"→"发布到服务器"命令，如图 9-60 所示。

（9）之后将弹出 Edit Revision 对话框，如图 9-61 所示。此对话框可以添加有关此元件的可选注释，或者默认空白也可以，然后单击 OK 按钮。消息面板将打开并显示当前元件的所有问题。在这种情况下，面板为空，表示没有问题。当然，如果元件数据有错误，会有提示信息在面板中出现，要求进行解决。数据正确无误之后才可以发布。

（10）再次打开 Components 面板，搜索 TC124，即可检索到该器件的存在。右击，在弹出的快捷菜单中执行 Place TC124-JR-0722RL 命令，可将器件放置到原理图中，如图 9-62 所示。

图 9-60　发布到服务器命令

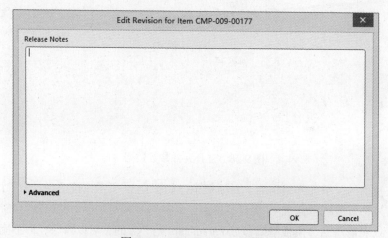

图 9-61　Edit Revision 对话框

图 9-62　搜索 TC124，并将器件放置到原理图

2. 直接创建元件

（1）开始元件创建过程，执行菜单栏中"文件"→"新的"→"元件"命令。以 ATMEGA32U4

为例，在弹出的"创建新元件"对话框中为元件选择 Integrated Circuits 类别，单击"确定"按钮，如图 9-63 所示。

（2）单元件编辑器随即打开，在 Name 字段中输入 ATMEGA32U4，然后单击选择推荐的制造商选项，如图 9-64 所示。

图 9-63　选择 Integrated Circuits 类别

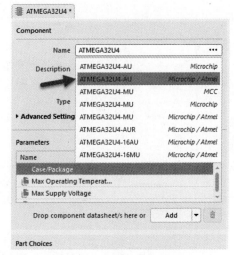

图 9-64　选择制造商选项

（3）选择该元件后，Use Component Data 对话框将加载该元件的所有信息，用户可以全选或根据需要选择，如图 9-65 所示，然后单击 OK 按钮。

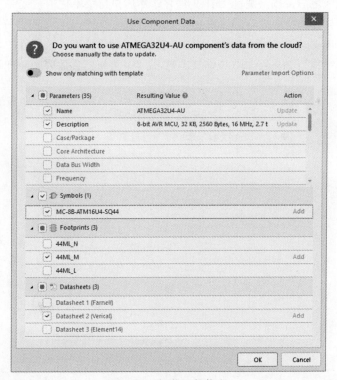

图 9-65　加载元件信息

（4）打开的单元件编辑器中，可根据需要编辑元件符号和封装，如图 9-66 所示。

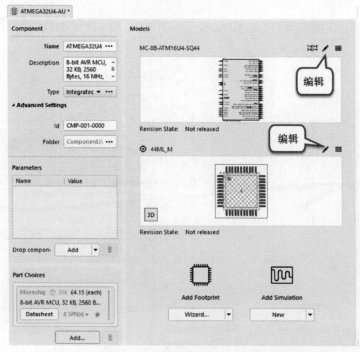

图 9-66　编辑元件符号和封装

（5）设置完成之后，按快捷键 Ctrl+S 保存，然后执行菜单栏中"文件"→"发布到服务器"命令。同样弹出空白内容的 Edit Revision 对话框，单击 OK 按钮即可。

（6）打开 Components 面板，搜索 ATMEGA32U4，即可检索到该器件的存在。右击，在弹出的快捷菜单中执行 Place ATMEGA32U4-AU 命令，可将器件放置到原理图中，如图 9-67 所示。

图 9-67　搜索 ATMEGA32U4，并将器件放置到原理图

9.7.3　元件编辑

用户可以编辑或删除任何元件参数、零部件选择和模型，例如，元件符号、封装和仿真模型。还可以重复使用其他元件中的模型，或使用内置 IPC 兼容向导创建元件符号和封装。

以电阻 316KR2F 添加直插封装为例。

（1）打开 Components 面板，单击选择 Resistors 类别，然后在搜索文本框中填入 316KR2F，右击元件，在弹出的快捷菜单中选择 Edit 命令，如图 9-68 所示。

（2）若用户想添加一些参数选项，可在弹出的单元件编辑器中进行属性修改及调整。比如，器件高度 Height。需在 Parameters 选项卡中选择 Add 下拉列表框中的 Parameter，如图 9-69 所示。

图 9-68　编辑元件

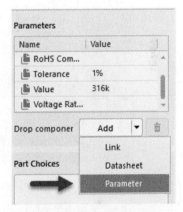

图 9-69　添加 Parameter

（3）将新增的 Parameter1 改为 Height，并设置其 Value 值，如图 9-70 所示。若不想要这些参数，可选中之后单击垃圾桶图标🗑以删除。必需的模板参数无法删除。

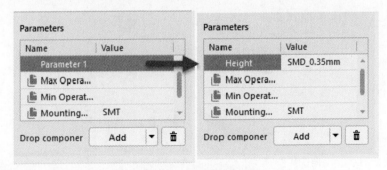

图 9-70　修改 Parameter

（4）现在，为元件添加直插封装。单击 Add Footprint 选项卡中 Wizard 下拉列表框，选择 New 命令，如图 9-71 所示。

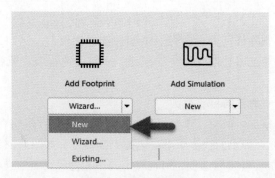

图 9-71　添加直插封装

（5）将弹出单独的空白 PCB 库，按照常规方式在 PCB 库中绘制新的封装，如图 9-72 所示。设置好之后按快捷键 Ctrl+S 保存文件。

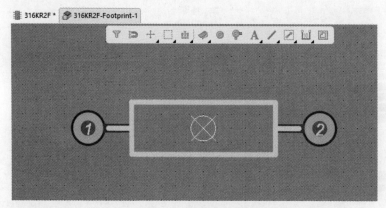

图 9-72　绘制新封装

（6）新增的封装如图 9-73 所示，在 Models 选项卡中包含两个封装模型。

图 9-73　新增的封装

（7）按快捷键 Ctrl+S 保存单元件编辑器，然后执行菜单栏中"文件"→"发布到服务器"命令。将弹出空白内容的 Edit Revision 对话框，直接单击 OK 按钮即可。

（8）在 Components 面板中搜索 316KR2F，然后打开元件详细信息窗口，如图 9-74 所示，即可看到元件已包含两个封装。

（9）用户若想针对模型进行编辑，可单击模型右上角的"选项"图标≡，如图 9-75 所示，以查看模型相关的各项操作。

图 9-74　元件详细信息

- Select Model...：选择模型，可以用现有模型替换当前模型。
- Clone：复制后，可以在不更改原始模型的情况下对现有模型进行修改。
- Show in Explorer：在浏览器中显示元件信息。
- Update to Latest：更新为最新版本，将提取模型信息，以确保正在使用最新版本。
- Remove：删除，将从编辑器中删除任何模型。

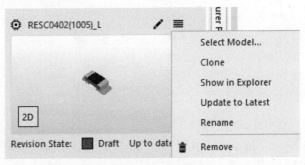

图 9-75　模型操作

9.8　本地元件库迁移至工作区

Altium Designer 24 软件可以与 Altium 365 无缝结合，只需登录连接到云端，即可提供一个简化且高度自动化的流程，将现有的库快速迁移到 Altium 365 工作区。

库导入器适用于与旧元件管理方法相关的所有类型的库，包括 SchLib、PcbLib、IntLib、DbLib 和 SVNDbLib，是快速构建工作区库的完美解决方案，并且针对此类元件提供诸多有优势的功能，包括高完整性、集中的存储和管理、便利的设计重用、实时提供供应链信息。

库导入器会根据对源库与连接的工作区的分析，软件会在导入时进行分析并自动分类，然后库迁移器的对话框会显示导入结构的摘要，包括每种项目类型的总数。若系统识别不出来具体属于哪一类的元器件，都将放在 Uncategorized（未分类）文件夹里。

之后只需要点击一下导入命令然后将结果呈现在器件分类文件夹中。操作非常简单，用户不需要做任何额外的操作。

（1）打开 Components 面板，单击 Operations 按钮，在弹出的快捷菜单中执行 Import Library...命令，如图 9-76 所示。

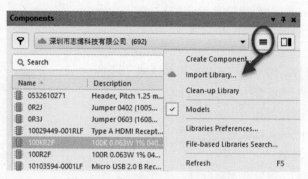

图 9-76　执行 Import Library...命令

（2）接着弹出"打开"对话框，在此选择希望导入的库文件，如图 9-77 所示。

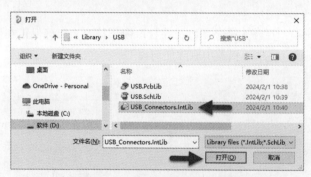

图 9-77　选择希望导入的库文件

（3）在弹出的 Library Importer 对话框中，以结构模式列出软件分析过后自动对元器件进行分类的结果，该元件库有 5 个器件，其中包含 5 个符号库模型和 5 个封装模型，因无法识别器件类型，软件将其归类于 Uncategorized 文件夹。直接单击 Import 按钮，进行导入，如图 9-78 所示。

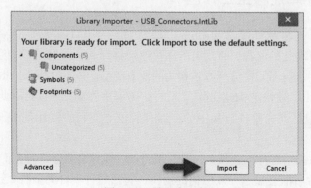

图 9-78　导入库文件

（4）导入过程会有提示，接着弹出导入成功的提示，如图 9-79 所示。用户可单击 Open Log 按钮，查看库导入报告。

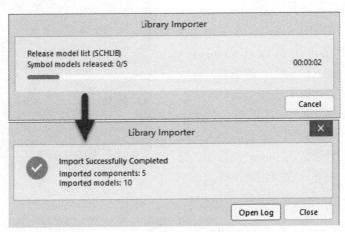

图 9-79　导入成功提示

（5）作为新创建的 Workspace 元件，库导入的结果可以在 Explorer 和 Components 面板中看到，如图 9-80 所示。在 Altium 365 的 Components 条目下，也可以在 Uncategorized 分类中看到导入的器件，如图 9-81 所示。

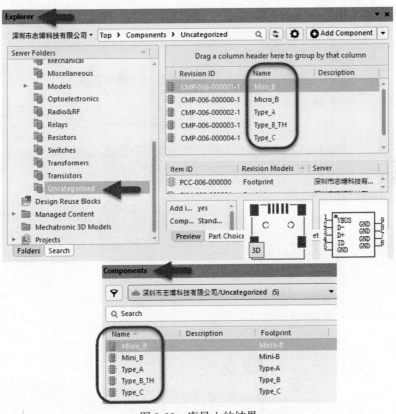

图 9-80　库导入的结果

（6）若想修改器件在 Altium 365 的器件类别，比如，将 Micro_B 由 Uncategorized 移动到 Connectors。打开 Components 面板，在 Uncategorized 分类中右击 Micro_B 器件，在弹出的快捷菜单中执行 Operations→ Change Component Type 命令，然后在 Choose component type 对话框中选择 Connectors 选项，再单击 OK 按钮即可，如图 9-82 所示。

（7）若出于某些原因需要删除导入的器件，可以在资源管理器 Explorer 面板中，选择导入的元件，右击，在弹出的快捷菜单中执行 Delete Items 命令，如图 9-83 所示。

图 9-81　导入的器件

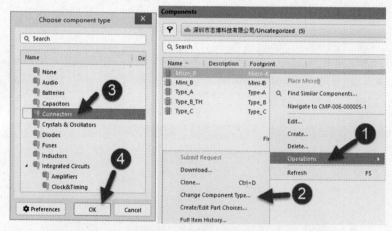

图 9-82　修改器件类别

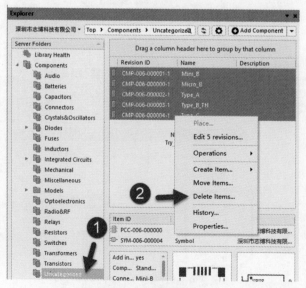

图 9-83　删除器件

（8）在弹出的 Delete Items 对话框中，勾选 Delete related items (10)复选框，删除相关联的模型（如果其他器件不使用），再按 Delete 按钮即可，如图 9-84 所示。

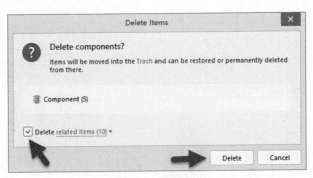

图 9-84　删除设置

（9）删除成功后，将弹出 Deletion Summary 对话框，同时查看 Altium 365 平台，可以看到在 Components→Uncategorized 路径下不存在器件，如图 9-85 所示。

图 9-85　删除完成

（10）也可以在 Components 面板中，选择器件右击，在弹出的快捷菜单中执行 Delete 命令进行删除。

1．Leonardo开发板的完整原理图

Leonardo 开发板的完整原理图如图 A-1 所示。

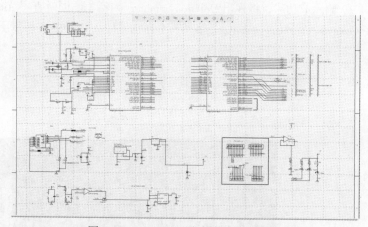

图 A-1 Leonardo 开发板的完整原理图

2．PCB版图参考设计

PCB 版图参考设计如图 A-2 所示。

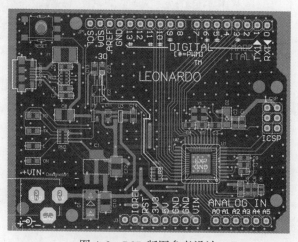

图 A-2 PCB 版图参考设计

3. 三维PCB示意图

三维 PCB 示意图如图 A-3 所示。

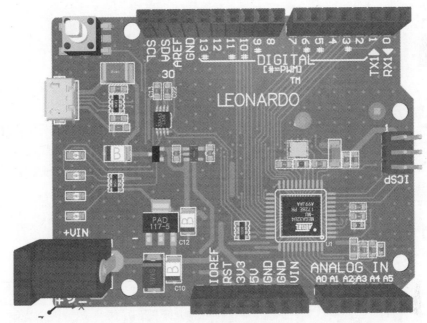

图 A-3 三维 PCB 示意图

附录 B

Altium Designer 24 快捷键

　　一旦熟悉了软件的快捷键,可以提高工作效率。本节将各种设计域中常用的默认快捷收集在一起,以供用户查阅。在使用快捷方式时,加号(+)表示按指示顺序在键盘上按住多个键。例如,Shift + F1 表示按住 Shift 键然后按 F1 键。

　　1. 通用Altium Designer 24环境快捷键列表(表B-1)

表B-1　环境快捷列表

快　捷　键	描　述
F1	访问当前光标下资源的技术文档,特别是命令、对话框、面板和对象
F5	刷新活动文档(当该文档是基于Web的文档时)
F4	切换所有浮动面板的显示
Ctrl + O	打开任何现有文档
Ctrl + S	保存活动文档
Ctrl + F4	关闭活动文档
Ctrl + P	打印活动文档
Alt + F4	退出Altium Designer 24
Shift + F4	平铺所有打开的文档
移动面板时按住Ctrl键	防止自动对接,分组或捕捉

　　2. 通用编辑器快捷键列表(表B-2)

表B-2　编辑器快捷键列表

快　捷　键	描　述	快　捷　键	描　述
Ctrl + C	复制选择	Delete	删除选择
Ctrl + X	剪切选择	Ctrl + Z	撤销
Ctrl + V	粘贴选择	Ctrl + Y	重做

3. Sch / Schlib编辑器快捷键列表（表B-3）

表B-3　Sch / Schlib编辑器快捷键列表

快　捷　键	描　　述
Ctrl + F	查找文本
Ctrl + H	查找并替换文本
Ctrl + A	全选
空格键	逆时针旋转选择90°
Shift + F	访问"查找相似对象"功能（单击要用作基础模板的对象）
PgUp	相对于当前光标位置放大
PgDn	相对于当前光标位置缩小
单击	选择/取消选择光标下当前的对象
双击	修改当前光标下对象的属性
F5	打开或关闭 Net Color Override（网络颜色覆盖）功能
F11	相应地切换"属性"面板的显示
Shift + E	打开或关闭电气栅格
G	向前循环预定义的捕捉网格设置
Ctrl + M	测量活动原理图文档上两点之间的距离
Alt+单击网络	高亮网络
Shift + C	清除当前应用于活动文档的过滤器
Shift + Ctrl + L	按左边对齐选定的对象
Shift + Ctrl + R	按右边对齐选定的对象
Shift + Ctrl + T	按上边缘对齐所选对象
Shift + Ctrl + B	按下边缘对齐所选对象
Shift + Ctrl + H	使所选对象的水平间距相等

4. Pcb / Pcblib编辑器快捷键列表（表B-4）

表B-4　Pcb / Pcblib编辑器快捷键列表

快　捷　键	描　　述
Ctrl + A	选择当前文档中的所有对象
Ctrl + R	复制所选对象并在工作区中需要的位置重复粘贴
Ctrl + H	选择连接到同一块铜线的所有电气对象
1	将PCB工作区的显示切换到Board Planning Mode
2	将PCB工作区的显示切换到2D布局模式
3	将PCB工作区的显示切换到3D布局模式
PgUp	相对于当前光标位置放大
PgDn	相对于当前光标位置缩小

快 捷 键	描 述
F5	可以打开或关闭 Net Color Override（网络颜色覆盖）功能
Q	在公制（mm）和英制（mil）之间切换当前文档的测量单位
L	访问"视图配置"面板的"图层和颜色"选项卡，用户可以在其中配置电路板的图层显示和分配给这些图层的颜色
Ctrl + D	访问"视图配置"面板的"视图选项"选项卡，您可以在其中配置用于显示工作空间中每个设计项的模式
F11	相应地切换"属性"面板的显示
单击	选择/取消选择光标下当前的对象
双击	修改当前光标下对象的属性
Ctrl +单击	在网络对象上突出显示整个布线网络，即高亮
Ctrl + G	访问当前光标下的捕捉网格的专用网格编辑器对话框
Shift + A	ActiveRoute选定的连接
Ctrl + M	测量并显示当前文档中任意两点之间的距离
Shift + Ctrl + L	按左边对齐选定的对象
Shift + Ctrl + R	按右边对齐选定的对象
Shift + Ctrl + T	按顶部边缘对齐所选对象
Shift + Ctrl + B	按下边缘对齐所选对象
Shift + Ctrl + H	使所选对象的水平间距相等
Shift + Ctrl + V	使所选对象的垂直间距相等
+（在数字小键盘上）	切换到下一个启用的图层
−（在数字小键盘上）	切换到先前启用的图层
Shift+ S	循环可用的单层查看模式